电气工程、自动化专业系列教材

电力电子实用技术及典型案例

主　编：杭阿芳
副主编：王志凌　李永琳　严建海
参　编：应明峰　王菲菲　田小敏　管旻珺
主　审：李国利　李　忠

电子工业出版社
Publishing House of Electronics Industry
北京·BEIJING

内 容 简 介

本书以培养应用型人才为目标,结合工程教育认证的要求,将电力电子技术的理论与实践相结合,培养学习者分析问题和实践操作的能力。本书有 6 个模块(单相整流电路、三相整流电路及有源逆变电路、无源逆变电路、直流-直流变换电路、交流调压电路、变频电路),每个模块的重要知识均配有教学视频的二维码,且每个模块均有"理实一体化线上线下混合学习导学"和"典型案例"。"实训提高"部分涉及基础实训台操作、SIMULINK 建模仿真、电路板焊接调试。理论教学、实践教学、案例教学相辅相成,有利于加强学习者的感性认识。全书内容深入浅出、简明扼要、实用性强。

本书既可作为应用型本科学校电气工程及其自动化、自动化等专业的教材,也可作为从事电力电子技术工作的工程技术人员的参考书。

图书在版编目(CIP)数据

电力电子实用技术及典型案例 / 杭阿芳主编. —北京:电子工业出版社,2023.11
ISBN 978-7-121-46782-0

Ⅰ. ①电… Ⅱ. ①杭… Ⅲ. ①电力电子技术-高等学校-教材 Ⅳ. ①TM76

中国国家版本馆 CIP 数据核字(2023)第 228414 号

责任编辑:杜 军

印 刷:北京盛通数码印刷有限公司
装 订:北京盛通数码印刷有限公司
出版发行:电子工业出版社
　　　　 北京市海淀区万寿路 173 信箱　　邮编:100036
开　　本:787×1 092　1/16　印张:18.25　字数:528 千字
版　　次:2023 年 11 月第 1 版
印　　次:2024 年 12 月第 2 次印刷
定　　价:55.00 元

前　言

　　电力电子技术是电气工程及其自动化、自动化等专业的必修课程。本书立足于应用型本科院校的特点，以培养高素质综合型人才为目标，结合工程教育认证的要求，根据编者十几年教学经验，本着"教学—实践—教学"的思路编写而成。

　　本书由高校一线教师、企业技术骨干共同编写，体现了理实一体化的教学模式，弥补了本科传统教材"重理论、轻实践"的缺陷。本书有 6 个模块，包括单相整流电路、三相整流电路及有源逆变电路、无源逆变电路、直流-直流变换电路、交流调压电路、变频电路。每个模块的重要知识均配有教学视频的二维码，且本书对电路的电流通路和波形进行了加粗处理，便于学习者理解，使其能够有效进行预习、自学、复习。学习者在自学时可根据"理实一体化、线上线下混合学习导学"部分进行有效学习，教师亦可根据"理实一体化、线上线下混合学习导学"部分组织教学。6 个模块均有"典型案例"部分，学习典型案例有利于拉近学校教学与市场、企业的距离，开阔学习者的学习视野。"实训提高"部分涉及基础实训台操作、SIMULINK 建模仿真、电路板焊接调试，有利于对学习者进行多维度的实操训练，提高学习者的学习积极性，以及动手、动脑能力，体现了应用型本科院校的教学目标。

　　另外，本着教书育人的原则，编者将爱国主义情怀、科技兴国理念、绿色环保理念、节约精神、使命感与从业热情、工匠精神等育人元素融入本书，让学习者既能学到科学文化知识，又能培养正确的世界观、人生观、价值观。

　　本书由杭阿芳任主编，王志凌、李永琳、严建海任副主编，应明峰、王菲菲、田小敏、管旻珺任参编。杭阿芳完成了绪论、模块一、模块二理论部分的编写，田小敏完成了模块三理论部分的编写，王菲菲完成了模块四理论部分的编写，王志凌完成了模块五理论部分的编写，李永琳完成了模块六理论部分的编写，严建海完成了全书典型案例的搜集与编写，应明峰完成了模块一、模块二、模块三实训提高部分的编写，管旻珺完成了模块四、模块五、模块六实训提高部分的编写。龚奎铭、王坤赛两位同学完成了全书图表的绘制与排版。南京国臣直流配电科技有限公司为本书提供了部分案例图稿，并给予了技术支持，在此表示感谢。

　　由于编者水平有限，书中难免有疏漏和不妥之处，恳请广大读者批评指正！

编　者

目　录

绪 论

0.1 电力电子技术基本概念

1. 电力电子技术的定义

电力电子技术（电力电子学）是将电子技术和控制技术引入传统电力技术领域，利用半导体电力开关器件组成各种电力变换电路，实现电能的变换与控制的技术。

什么是电力电子技术

电力可分为交流和直流两种。电力变换电路分为四种：交流变直流（AC-DC）电路、直流变交流（DC-AC）电路、直流变直流（DC-DC）电路、交流变交流（AC-AC）电路。

交流变直流电路：把交流电变换成电压固定或可调的直流电的电路，通常称为整流电路。

直流变交流电路：把直流电变换成频率、电压固定或可调的交流电的电路，是整流的逆过程，通常称为逆变电路。它可分为有源逆变电路和无源逆变电路。将变换的交流电回馈给电网的电路为有源逆变电路；将变换的交流电供给无源负载的电路为无源逆变电路。

直流变直流电路：把一种固定的直流电变换成另一种固定或可调的直流电的电路。它可分为直接直流变换电路（斩波电路）和间接直流变换电路。

交流变交流电路：把一种形式的交流电变换成另一种形式的交流电的电路。若在变换过程中频率不变只进行降压，则称此种电路为交流调压电路。若在变换过程中既降频又降压，则称此种电路为交-交变频电路。

上述四种变换电路均进行了变流，因此电力电子技术又称半导体变流技术。它的核心思想在于精密的可调。电力电子技术就是通过电力变换电路的变换和处理，把电网上的交流电（"粗电"）精炼到使电能在稳定、抗干扰、高效率、高质量等方面都符合用电设备需求的"细电"。

2. 电力电子技术的分支

电力电子技术的分支包括电力电子器件制造技术和电力电子变流技术。

电力电子器件制造技术是电力电子技术的基础，其理论基础是半导体技术。

电力电子变流技术是电力电子技术的核心，其理论基础是电路理论。电力电子变流技术是将电力电子器件组成电力变换电路/装置/系统，并对电力电子器件进行控制的技术。电力电子变流技术包括相控技术、脉宽调制（Pulse Width Modulation，PWM）技术、硬开关技术、软开关技术、闭环控制技术等。

3. 电力电子技术和各学科的关系

电力电子技术是一门融合了电子技术、电力工程和控制理论的交叉学科。它是一门新兴学科。图 0-1 描述了电力电子技术和其他学科的倒三角关系，具体描述如下。

1）电力电子技术和电子技术（信息电子技术）的关系

在器件制造技术方面：电力电子技术和信息电子技术具有相同的理论基础，大多数制造工艺、制造设备相同。

在器件工作状态方面：在信息电子技术中，器件可以工作在放大状态和开关状态；在电力电子技术领域中，器件用作

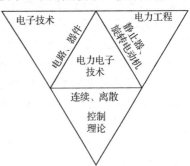

图 0-1 电力电子技术和其他学科的倒三角关系

开关，只工作在开关状态。

在电路分析方法方面：电力电子技术和信息电子技术有许多分析方法是一致的，大量运用了电路分析理论。

在技术应用方面：信息电子技术是应用于信息领域的电子技术；电力电子技术是应用于电力工程领域的一门新兴应用技术。

2）电力电子技术与电力工程的关系

通常把电力电子技术归属于电力工程学科，它是学科中一个最活跃的分支，被广泛用于电力工程中，如柔性交流输电技术（Flexible Alternating Current Transmission Systems，FACTS）、高压直流输电（High Voltage Direct Current，HVDC）技术、静止无功补偿装置（Static Var Compensator，SVC）、电力机车牵引、交直流电力传动、电解、电镀、电加热等。

3）电力电子技术与控制理论的关系

控制理论被广泛用于电力电子技术。电力电子技术可看作"弱电控制强电"的技术，电力电子主电路为强电电路，驱动控制电路为弱电电路，电力电子器件是"弱电和强电的接口"，通过电力电子器件可以实现"弱电控制强电"，控制理论是实现该接口强有力的纽带。

0.2　电力电子技术发展史

电力电子技术的发展依赖于电力电子器件的发展，器件性能的优劣直接影响电路性能的优劣。电力电子技术发展史是以电力电子器件发展史为纲的。

1．不可控器件——电力二极管

20世纪30年代到20世纪50年代，科研人员研制出的水银整流器、汞弧整流器、硒整流器被广泛用于电化学工业、电气铁道直流变电所、轧钢用直流电动机，甚至直流输电等领域。此时，各种电力变换电路的理论已发展成熟并得到应用。1947年，美国贝尔实验室发明了晶体管，引发了电子技术（信息电子技术）的一场革命。以此为基础，1956年，美国研制出应用于电力领域的半导体器件——电力二极管（硅整流二极管），其管压降（为1V左右）远远低于汞弧整流器的管压降（为10~20V），大大提高了电力变换电路的效率。由于电力二极管没有控制极，因此不能通过驱动控制电路来精密控制电能。电力二极管为不可控器件，应用领域受限，但它在不可控整流领域有着重要的地位。20世纪80年代中后期，管压降和损耗更低的同步整流管诞生，进一步提高了整流装置的性能。

2．半控型器件——晶闸管

1957年，美国的通用电气公司研制出第一个晶闸管，标志着电力电子技术的诞生，该管为半控型器件，可通过对控制极（门极）的控制实现导通（开通），但不能实现截止（关断）。晶闸管的诞生意味着"可调"思想的引入，电力电子技术的概念就是因晶闸管及晶闸管变流技术的发展而确立的。晶闸管迅速被应用到各个领域，如铁道电气机车、钢铁工业（轧钢用电气传动、感应加热等）、电化学工业、电力工业（直流输电、无功补偿等）。但是晶闸管主要采用的是相位控制方式——相控方式，需要依靠电网电压等外部条件才能实现截止，因此应用受到限制。

相对来说我国晶闸管的研制起步较晚。1960年，我国研制成功硅整流管，1962年，我国研制成功晶闸管。之后多年，我国相关人员的器件与技术研究一直处于紧追猛赶、促发展阶段。

3．全控型器件

20世纪70年代后期，以门极可关断晶闸管（GTO）、双极型电力晶体管（GTR）和电力场效应晶体管（Power-MOSFET）为代表的全控型器件迅速发展。全控型器件通过对控制极（门极、基极、栅极）的控制就可以实现通断，并且开关速度大大快于晶闸管，这一优点把电力电子技术的发展推到一个新的高度。全控型器件的电力变换电路采用的是PWM技术，它在电力电子变流技术中占有非常重要的位置，使四大变换电路的控制性能得到很大改善，对电力电子技术的发展有着深远影响。

20 世纪 80 年代后期，复合型电力电子器件异军突起，其中绝缘栅双极型晶体管（IGBT）最具有代表性。IGBT 是 MOSFET 和 GTR 的复合，兼顾了两管的优点，即 MOSFET 驱动功率小、开关速度快、输入阻抗高、热稳定性好的优点和 GTR 低导通压降、耐压高、电流密度高的优点，成为现代电力电子技术的主导器件之一。另外，MOS 控制晶闸管（MOS Controlled Thyristor，MCT）和集成门极换流晶闸管（IGCT）也是复合管，这两种派生系列的晶闸管都是 MOSFET 和 GTO 的复合，它们综合了 MOSFET 和 GTO 的优点。

IGBT 的应用非常广泛，其技术与产品早年被国外公司垄断，主要集中在德国、美国和日本等国家。国外 IGBT 芯片的设计与生产厂家有 Infineon、ABB、MITSUBISHI、PHILIPS、MOTOROLA、宝应、IXYS、International Rectifier 等。我国轨道交通应用领域所需高压 IGBT 早年依赖进口。2008 年，株洲南车时代电气公司完成对英国 Dynex Prower Inc.75%股权收购案，成立了海外研发中心，迅速掌握了先进的 1200～6500V IGBT 芯片各方面技术，并且在株洲建成了一条先进的 8 英寸 IGBT 芯片及其封装生产线，并于 2014 年年初实现了 IGBT 芯片量产。我们作为电气领域的相关人员应该抓住机遇，攻克难关，积极为 IGBT 的研发和生产做贡献。

4. 模块化器件

20 世纪 90 年代初，为了使电力电子装置结构紧凑、体积减小，人们将若干个电力电子器件及必要的辅助元件和电路做成模块形式，各种集成电路应运而生。高压集成电路（High Voltage Integrated Circuit，HVIC）集成横向高压器件和逻辑、模拟控制电路；智能功率集成电路（Smart Power Integrated Circuit，SPIC）集成纵向功率器件和逻辑、模拟控制电路；功率集成电路（Power Integrated Circuit，PIC）集成功率器件和驱动、控制、保护电路；智能功率模块（Intelligent Power Module，IPM）集成 IGBT、辅助器件和保护驱动电路。

5. 宽禁带器件

20 世纪 90 年代，以碳化硅（Silicon Carbide，SiC）和氮化镓（Gallium Nitride，GaN）为主的宽禁带半导体材料开始被应用于电力电子器件的制造。1991 年，基于碳化硅材料制造的肖特基二极管研制成功；1994 年，基于碳化硅材料制造的 MOSFET 研制成功。2005 年后超宽禁带半导体（氧化镓、金刚石、氮化铝）研制成功。宽禁带半导体器件的优点在于开关速度更快、导通电阻更小、耐压能力更强等。在宽禁带半导体材料制造的电力电子器件方面，我国与国外差距较小。虽然宽禁带半导体开关器件在电力变换电路中应用不多，但这是一个发展前景非常好的方向，我们必须肩负起时代责任和国家使命，积极地投入到宽禁带/超宽禁带器件的研究中，以促进我国电力电子学飞速发展。

0.3　电力电子技术应用

近几十年来，电力电子技术迅猛发展，各种电力电子装置被应用到各行各业中。经过变流技术处理的电能具有稳定性好、电能质量高、效率高的特点，电力电子技术在电力系统和其他工业技术行业中起到重要的作用。电力电子技术大致有如下应用。

1. 运用 PWM 技术可以制造各种精密电源

电力电子技术实际上就是电源技术，通过电力电子技术处理的电力电子装置，送出的电能为"细电"。电力电子装置送出的"细电"具有功率因数高、效率高、基本无谐波、稳定性好、可调性高等优点。四大电力变换电路通过不同组合，可构成开关电源、不间断电源、电解电源、电镀电源、中高频感应加热电源、淬火电源、直流电弧炉电源、航空电源、通信电源、交流电子稳压电源、脉冲功率电源、电力牵引及传动控制（如电力机车、电传动内燃机车、矿井提升机）用电源等。这些电源被广泛用在工业、交通运输、家用电器、高精密电子设备中。

例如，为工业中大量应用的各种交/直流电动机供电的可控整流电源或直流斩波电源是由电力电子装置构成的，交通运输车辆中的各种辅助电源也是由电力电子装置构成的。

又如，各种精密电子装置一般需要由不同电压等级的直流电源供电。通信设备中的程控交换机所用直流电源采用的是全控型器件的高频开关电源，大型计算机所用工作电源、微型计算机内部的电源采用的也是高频开关电源。电视机、空调、音响设备、家用计算机等家用电器的电源也都需要使用电力电子装置。

传统的发电方式有火力发电、水力发电，后来兴起了核能发电。能源危机后，各种新能源、可再生能源及新型发电方式受到越来越多的关注。其中，太阳能发电、风力发电的发展较快，燃料电池更是备受关注。太阳能发电和风力发电受环境制约，发出的电力质量较差，常需要储能装置缓冲，以提高电能质量。作为未来储能方式的超导储能需要强大的直流电源供电，这离不开电力电子技术装置；同时电力系统联网更离不开电力电子技术装置。除此之外，核聚变反应堆在产生强大磁场和注入能量时，需要使用大容量的脉冲电源。

2. 运用电力电子变频技术可以制造出各种变频器

变频器可实现电机的平滑调速，减少无功功率，节能效果明显；可实现电机的软启动，延长电机寿命。因此，只要有电机并且需要实现上述功能的地方，都需要使用变频器。

例如，为了合理地利用水力发电资源，抽水储能发电站受到重视。其中，大型电机的启动和调速都需要使用电力电子变频技术。

又如，工业领域，大到数千瓦的轧钢机，小到几百瓦的数控机床的伺服电机都广泛采用电力电子交直流变频调速技术。一些对调速性能要求不高的大型鼓风机等，为达到节能目的，也采用了变频装置。还有一些不调速的电机为了避免启动时的电流冲击，也采用了软启动装置。

再如，变频空调、变频洗衣机、变频电冰箱、变频微波炉等家用电器都应用了电力电子变频技术。

电气机车中的交流机车采用的变频装置也应用了电力电子变频技术。电动汽车的电机靠电力电子装置进行电力变换和驱动控制；汽车蓄电池的充电离不开电力电子装置；一台高级汽车需要许多控制电机，电机也要靠变频器和斩波器驱动并控制。电梯的运行也需要通过交流变频调速来实现。

3. 电力电子技术在电力系统中的应用

电力电子技术在电力系统中有着非常广泛的应用。

高压直流输电技术：在输电线路的输送端将工频交流电变为直流电（整流阀），在接收端再将直流电变回工频交流电（逆变阀），该技术具有损耗低、不存在趋肤效应等优点。

柔性交流输电技术：在输电线路的输送端通过设置交流-交流变换装置来控制调节交流电力系统的各种参数，优化电力系统的运行状态，提高交流电力系统线路的输电能力。

静止无功补偿装置：可实现无功功率的完全补偿，它在本质上相当于一个逆变电路，通过产生与电网大小相等、相位相反的无功电流，实现对无功功率的补偿。

有源电力滤波器（Active Power Filter，APF）：通过产生与电网中谐波电流或谐波电压幅值相等、大小相反的电流或电压，来抵消谐波，达到滤除电网中的谐波的目的。有源电力滤波器不仅可以用来滤波，还可以作为功率补偿器、电压稳定器及不对称负载的电压调节器。

在配电网系统中，电力电子装置可用来防止电网瞬时停电、瞬时电压跌落、闪变等，以控制电能质量。

在变电所中，给操作系统提供可靠的交直流电源，给蓄电池充电等都需要使用电力电子装置。

4．电力电子技术在电动汽车中的应用

电动汽车的核心是由 IGBT 构成的电机驱动电源。电动汽车还存在蓄电池充电问题，一个可靠的基于直流变换技术的蓄电池充放电系统可以缩短充电时间，延长电池寿命。电动汽车中还应用了无线充电技术，该技术通过电磁耦合或谐振来实现电能传输，这是电力电子技术发展进行中的新课题。

5．电力电子技术在照明中的应用

日常生活中使用的日光灯需要扼流圈（电感）启辉，所有电流流过扼流圈，无功电流大，不能达到节能效果，电子镇流器解决了这个问题。电子镇流器是一个交-直-交变换器。据统计，电子镇流器用于 20～40W 的日光灯可使每盏灯每年节省电费 30～70 美元。

LED 在日常生活中得到了大量应用。LED 驱动电路中的主要器件为整流器，这个整流器能够输出恒定的直流电流，目前传统的整流器使用的电解电容寿命仅为 2000h 左右，成为 LED 发展中的瓶颈，因此无电解电容的 LED 驱动电路成为研究热点。

6．电力电子技术在新能源发电技术中的应用

新能源发电技术的发展离不开电力电子技术。例如，光伏发电装置输出的是低压直流电，需要先使用升压直流变换器将该低压直流电转变为高压直流电，然后使用逆变器将高压直流电转变为交流电并网。这个过程中需要使用新型的高增益直流变换器，目前主要的研究方向包括开关电感技术、开关电容技术、阻抗源变换器技术等。此外，提高光伏电池的效率也是需要考虑的问题，目前在这方面的主要研究方向是最大功率点追踪技术。

对于风力发电，变速恒频风力发电机组将取代恒速恒频风力发电机组，变速恒频风力发电机组的核心是交流-交流变换器。风速是经常变化的，风力发电系统中的变换器的工作状况要随之变化，这大大缩短了变换器的寿命。目前风力发电机组中的电力电子变换器的可靠性是一个重要的研究方向，最大功率点追踪技术也是一个重要的研究方向。

总之，电力电子技术的应用范围十分广泛。随着新型半导体材料的研发、新型电力电子器件的使用及电力变换电路性能的提高，电力电子技术的应用领域将会有新的突破。

0.4　本书学习内容、方法及要求

党的二十大报告指出"当前，世界之变、时代之变、历史之变正以前所未有的方式展开"。本书为适应新形势，结合工程教育认证的要求，将理论教学、实践教学、案例教学相辅相成。本书理论部分主要涉及几种常用电力半导体开关器件的工作原理、特性及使用方法，几种基本电力电子变换电路的工作原理、波形分析、设计计算、控制方法，PWM 技术和软开关技术等；实践部分涉及基础实训台操作、SIMULINK 建模仿真、电路板焊接调试；案例部分涉及自动控温电热毯、内圆磨床主轴电动机直流调速系统、电力机车控制系统、高压直流输电技术、双向柔性互联装置、纯正弦波逆变器、电磁炉、不间断电源、TCG-1 型无轨电车、UC3842A 开关电源、有源功率因数校正器、储能双向变换器、直流光伏变换器、线圈电压暂降保护电源、工业锅炉温度控制器软启动器、中频感应加热电源、变频器电压暂降保护电源等。案例部分有利于拉近学校教学与市场、企业的距离。学习者通过学习本书可获得电力电子技术必要的基础理论、基本分析方法，以及基本实践技能的培养与训练，提高解决复杂问题的思维能力和创新能力，以便为学习后续课程及将来从事电气、电力等领域的工作奠定必要的基础。

在学习本书时要重视基本概念与基本分析方法的学习，理论联系实际，通过理实一体化的学习尽量做到器件、电路、系统（包括控制技术）应用三者结合。理论指导实践，实践检验理论。在学习本书时，要特别注意电路的波形与相位分析，抓住电力电子器件在电路中导通与截止的变化过程，从波形分析中进一步理解电路的工作情况，同时要注意分析图形、选择器件参数、计算/

测量/调整电路参数及分析电路故障等。最后通过案例部分加深对电力电子技术的理解。

通过学习本书，学习者应达到如下要求。

（1）掌握晶闸管、GTR、电力 MOSFET、IGBT 等电力电子器件的结构、工作原理、特性和使用方法；具备合理选择电力电子器件的能力。

（2）掌握各种基本的相控整流电路、直流变换电路、逆变电路、交流变换电路的结构、工作原理、波形分析方法、参数计算。掌握相控技术、PWM 技术在电力变换电路中的应用；具备对具体问题进行建模求解的能力，以及对典型电路进行分析的能力。

（3）掌握基本电力电子装置、电路板的实训、调试、制作方法；有一定的软件仿真熟练操作度及实物操作度；具备对结果进行有效分析，并得出有效结论的能力及勇于实践、坚持不懈的精神。

（4）了解电力电子技术相关典型案例，紧跟行业发展新动向；通过学习案例具备分析问题、解决问题的研究性思维能力，锻炼工程实践能力。

（5）培养爱国主义情怀、科技兴国理念、绿色环保理念、节约精神、使命感与从业热情、工匠精神等，具备正确的世界观、人生观、价值观。

【课后自主学习】

1．查阅资料，了解我国在宽禁带半导体材料的研发方面做了哪些工作。

2．查阅资料，了解我国的电力电子技术研究方向有哪些。

习　题

1．什么是电力电子技术，四种电力变换电路是什么？

2．如何理解电力电子技术是一门交叉新兴学科？

3．电力电子技术经历了哪些时代？

模块一　单相整流电路

整流电路就是将交流电能转变为直流电能的电路。整流电路应用广泛，可带的直流负载有直流电动机、电容、电镀电源、同步发电机励磁、通信系统电源等。

针对本模块，先学习半控型器件——晶闸管的外形、内部结构、符号，工作原理及导通/截止条件，特性、主要参数型号、测试。然后利用晶闸管构成几种单相整流电路，学习这几种单相整流电路的结构、波形、相关参数等。理解负载性质对整流电路的影响。通过学习典型例题，掌握整流电路的分析方法、数量关系，学会推导整流电路输出电压与移相控制角的关系等。在学习整流电路的同时，了解驱动电路的构成与原理。学生通过实训操作和案例分析，可加深对单相整流电路的理解。

理实一体化、线上线下混合学习导学：

1．学生在学习"1.1 晶闸管"中的"1.1.2 晶闸管的工作原理及导通/截止条件"前，可先进行"实训 1 晶闸管半控特性测试"，通过实际动手测试晶闸管，加深对晶闸管工作原理的理解。

2．学生在学习"1.2 单相半波可控整流电路"时，配合进行"实训 2 单相半波可控整流电路仿真实践"，边学习理论边进行仿真实践，用实践验证理论。

3．鉴于学生有学习"1.2 单相半波可控整流电路"的基础，可自主学习并讨论"1.3 单相桥式全控整流电路"，自行完成"实训 3 单相桥式全控整流电路仿真实践"。教师随堂指导并安排课堂学习检测。

4．若学时充裕，教师可课内讲授"1.4 单相桥式半控整流电路"和"1.5 典型例题"；若学时不充裕，学生可课后自学"1.4 单相桥式半控整流电路"和"1.5 典型例题"，教师在网络课堂上安排学习任务和网络测试题。

5．学生在学习"1.6 单相相控电路的驱动控制"后，完成"实训 4 锯齿波触发电路及单相桥式全控整流电路调试"。

6．学生在学习"1.8 典型案例"后，完成一个小的实物制作，即"实训 5 调光电路的制作"。

1.1　晶闸管

晶闸管（Thyristor），又称可控硅整流器（Silicon Controlled Rectifier，SCR）。1956 年，美国贝尔实验室发明了晶闸管；1957 年，美国的通用电气公司研制出第一个晶闸管产品并实现商业化。晶闸管具有体积小、质量轻、速度快、维护简单等特点，可控制导通时刻，达到调压目的，目前在相控整流、逆变、调压、变频、电子开关等电路中得到广泛应用。

1.1.1　晶闸管的外形、内部结构、符号

晶闸管是一种大功率的四层（PNPN）三结半导体器件，其外形、内部结构、符号和散热装置如图 1-1 所示。晶闸管外形如图 1-1（a）所示，分为螺栓型、平板型、塑封型。

晶闸管的外型、结构、符号

晶闸管符号如图 1-1（c）所示，引脚分为阳极（A）、阴极（K）和门极（G）。不同型号的塑封型晶闸管的引脚定义不同。例如，MCR100-6 型晶闸管的中间引脚为门极、两边引脚为阴极和阳极；CR3AM 型晶闸管的中间引脚为阳极、左边引脚为阴极、右边引脚为门极。塑封型晶闸管的

背面有大面积的金属散热片，通过紧贴片状金属散热片进行散热，一般用于小功率电路中。螺栓型晶闸管带螺纹引脚为阳极、粗引脚为阴极、细引脚为门极，阳极 A 处的螺纹可使晶闸管紧紧地拴在铝制散热片上，一般用于额定电流小于 200A 的电路中。平板型晶闸管的两个面分别为阳极和阴极，细引脚为门极，在使用时，两个互相绝缘的散热片把它夹在中间以进行散热，散热效果较好，一般用于额定电流大于 200A 的电路中。

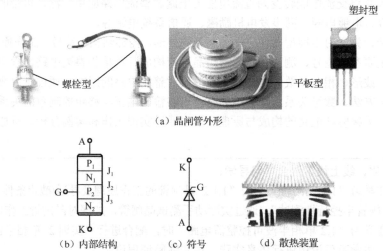

图 1-1　晶闸管外形、内部结构、符号和散热装置

1.1.2　晶闸管的工作原理及导通/截止条件

1. 晶闸管的工作原理

晶闸管的内部结构为四层（P_1、N_1、P_2、N_2）三结（J_1、J_2、J_3）型，图 1-2（a）所示为晶闸管分割图，它可等效成一个 NPN 晶体管和一个 PNP 晶体管互补连接的结构，如图 1-2（b）所示。将图 1-2（b）放置于如图 1-2（c）所示的等效电路中，对晶闸管的工作原理进行分析。

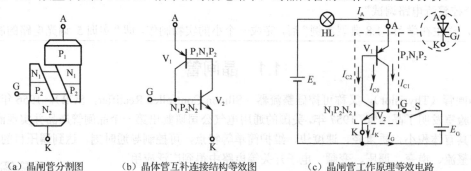

（a）晶闸管分割图　　（b）晶体管互补连接结构等效图　　（c）晶闸管工作原理等效电路

图 1-2　晶闸管的分割图、等效图与工作原理等效电路

如图 1-2（c）所示，当 $E_a > E_G$ 时，施加在晶闸管上的是正向阳极电压，开关 S 闭合后，若门极所加的电压 E_G 足够大，就有足够大的电流 I_G 流入晶体管 V_2 的基极，使晶体管 V_2 满足导通条件，进入放大状态，输入的 I_G 电流被放大 β_2 倍，得到电流 I_{C2}。电流 I_{C2} 流出晶体管 V_1 的基极，又使得晶体管 V_1 满足导通条件，进入放大状态，I_{C2} 电流被放大 β_1 倍，得到电流 I_{C1}。此时比电流 I_G 大得多的晶体管电流 I_{C1} 一方面取代了电流 I_G，使得门极电压 E_G 失效，门极失去控制作用；另一方面电流 I_{C1} 流入晶体管 V_2 的基极，如此循环，产生电流不断增大的强烈正反馈，最终两个晶体管快速进入饱和导通状态，使得晶闸管由断态变为通态。流过晶闸管的电流大小取决于外加电压 E_G

的大小和主回路负载阻抗的大小。晶闸管正反馈过程示意图如图 1-3 所示。

$$I_G\uparrow \longrightarrow I_{B2}\uparrow \longrightarrow I_{C2}\ (=\beta_2 I_{B2})\uparrow \longrightarrow I_{B1}\uparrow \longrightarrow I_{C1}\ (=\beta_1\beta_2 I_{B1})\uparrow$$

图 1-3　晶闸管正反馈过程示意图

另外，晶闸管在正反馈过程中，由于 I_{C1} 电流取代了 I_G 电流，门极失去控制作用，若要使晶闸管截止，只有降低阳极电压 E_a 到零，或者给晶闸管的阳极施加反向电压，使得 V_2 进入接近截止状态，即晶闸管的阳极电流 I_A 降至维持电流 I_H（刚好能维持晶闸管导通必需的最小阳极电流）以下。

2. 晶闸管的导通/截止条件

（1）当晶闸管阳极承受正向电压（阳极接正极、阴极接负极）时，仅在门极有正向触发电流（电压）的情况下才能导通。

（2）晶闸管一旦导通，门极就失去控制作用。

晶闸管的通断条件

（3）要使晶闸管截止，晶闸管阳极需要承受反向电压（阳极接负极、阴极接正极），使晶闸管的电流降到接近零的某一数值（维持电流以下）。

> **讨论**：为什么晶闸管在阳极承受正向电压时，不能通过在门极加反向触发电流（电压）来截止？
>
> **答**：晶闸管在阳极承受正向电压时，若给门极加反向触发电流（电压），看上去像是从门极往外抽出电流，希望形成电流不断减小的正反馈，让两个晶体管从放大状态进入截止状态，从而实现门极的触发截止的作用。事实上，晶闸管导通后进入的是**深度饱和**状态，此时门极的反向电流并不能使得两个晶体管退出饱和状态，因此无法形成电流不断减小的强烈正反馈，即使门极加反向触发电流（电压）直至晶闸管击穿，也不能退出饱和状态。晶闸管由于具有这种只能门极触发导通，不能门极触发截止的特点，因此被定义为**半控型器件**。

3. 晶闸管的其他触发条件

（1）阳极电压升高至相当高的数值造成雪崩效应。

（2）结温较高。

（3）阳极电压上升率 $\mathrm{d}u/\mathrm{d}t$ 过高。

（4）用光直接照射硅片，即光触发。光触发可以保证控制电路与主电路间良好绝缘，可应用于高压电力设备中。通过光触发导通的晶闸管被称为光控晶闸管（Light Triggered Thyristor，LTT）。

只有门极触发（包括光触发）是最精确、迅速且可靠的控制手段。

1.1.3　晶闸管的特性

1. 静态特性

晶闸管的静态特性就是伏安特性。晶闸管阳极与阴极间的电压 U_A 与阳极电流 I_A 之间的关系曲线称为伏安特性曲线，如图 1-4 所示。

正向特性：晶闸管的正向特性分为截止状态和导通状态。在截止状态时，晶闸管的伏安特性曲线是一组因门极电流 I_G 的不同而不同的曲线簇。当 $I_G=0$ 时，逐渐增大正向阳极电压 U_A，若没有达到正向转折电压 U_{BO}，则晶闸管正向阻断，有很小的正向电流，一般可忽略不计；若超过正向转折电压 U_{BO}，则漏电流突然急剧增大，晶闸管进入正向导通状

晶闸管的静态特性

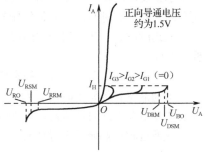

图 1-4　晶闸管的伏安特性曲线

态。这种在 $I_G = 0$ 时，依靠增大正向阳极电压强迫晶闸管导通的方式称为"**硬开通**"。多次"**硬开通**"会使晶闸管损坏，一般不允许这样处理。一般情况下通过在门极加电流来实现晶闸管的导通，门极电流 I_G 越大，正向转折电压 U_{BO} 越小。当 I_G 足够大时，晶闸管的正向转折电压很小（与普通二极管一样），施加正向电压 U_A，即可导通。晶闸管正向导通的伏安特性与二极管的正向特性相似，即使是流过较大的阳极电流，晶闸管本身的压降也很小。晶闸管在正向导通后，要使它恢复阻断，只有逐步减小阳极电流 I_A，当阳极电流 I_A 低于维持电流 I_H 时，晶闸管将由正向导通状态恢复至正向阻断状态。

反向特性：晶闸管的反向特性与普通二极管的反向特性相似。晶闸管在承受反向阳极电压时处于反向阻断状态，只有很小的反向漏电流流过，可忽略不计。当反向阳极电压增加到反向击穿电压 U_{RO} 时，反向漏电流增加较快，继续增大反向阳极电压，会导致晶闸管反向击穿，造成永久性损坏。

由晶闸管的伏安特性可知，晶闸管可作为一个单向无触点开关。只是晶闸管在正向阻断和反向阻断时的电阻不是无穷大；在正向导通时的电阻不为零，有一定的管压降。

2. 动态特性

晶闸管的动态特性，即开关特性，是指晶闸管在通态和断态间转换的过程中电压 u_{AK} 和阳极电流 i_A 的变化情况。晶闸管的内部结构使得其开通和关断并不是瞬时完成的，存在瞬态过渡过程。晶闸管的动态特性分为开通过程和关断过程。

晶闸管动态特性曲线如图 1-5 所示。

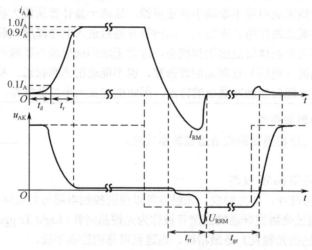

图 1-5　晶闸管动态特性曲线

开通过程：由图 1-5 可知，在晶闸管阳极、阴极之间正偏且门极加入触发信号后，由于晶闸管内部正反馈的建立需要时间，因此阳极电流 i_A 不会马上增大，需要延迟一段时间。这段时间称为晶闸管的开通时间 t_{gt}，其值等于延迟时间 t_d 和上升时间 t_r 之和。

延迟时间 t_d：从晶闸管的门极获得触发信号时刻开始，到阳极电流 i_A 上升到稳态值的 10% 需要的时间。

上升时间 t_r：阳极电流从稳态值的 10% 上升到稳态值的 90% 需要的时间。

普通晶闸管的延迟时间 t_d 为 0.5～1.5μs，上升时间 t_r 为 0.5～3μs。在一般情况下，要求触发脉冲的宽度稍大于开通时间 t_{gt}，以保证晶闸管可靠触发。

关断过程：晶闸管在导通时内部存在大量载流子，为了关断晶闸管，需要使阳极电压为零或加反向电压。另外，当阳极电流 i_A 刚好下降到零时，晶闸管内部各 PN 结附近仍然有大量载流子，此时如果马上重新加正向阳极电压，那么晶闸管仍会不经触发而立即导通。为了保证可靠关断，晶闸管需要再经过一段时间，等其中的载流子通过复合基本消失后，才能完全恢复正向阻断能力。这段时间称为晶闸管的关断时间 t_q，其值等于反向阻断恢复时间 t_{rr} 和正向阻断恢复时间 t_{gr} 之和。

反向阻断恢复时间 t_{rr}：正向电流降为零到反向恢复电流衰减至接近零需要的时间。

正向阻断恢复时间 t_{gr}：反向恢复过程结束后，载流子复合到恢复正向阻断需要的时间。

普通晶闸管的关断时间 t_q 为几十至几百微秒。

1.1.4　晶闸管的主要参数

晶闸管的主要参数

在实际应用晶闸管时，只有选择参数合适的晶闸管，才能达到预期的控制要求，并取得满意的经济效果。晶闸管的主要参数有电压参数、电流参数和动态参数。

1. 电压参数

1）断态不重复峰值电压

断态不重复峰值电压用 U_{DSM} 表示，是晶闸管在门极断路时，施加于晶闸管的正向阳极电压上升到正向伏安特性曲线急剧弯曲处对应的电压。它是一个不能重复且每次持续时间不大于 10ms 的断态最大脉冲电压。U_{DSM} 小于正向转折电压。

2）断态重复峰值电压

断态重复峰值电压用 U_{DRM} 表示，是晶闸管在门极断路、结温为额定值时，允许重复加在器件上的正向峰值电压。国标规定重复频率为 50Hz，每次持续时间不超过 10ms，且 $U_{DRM}=90\%U_{DSM}$。

3）反向不重复峰值电压

反向不重复峰值电压用 U_{RSM} 表示，是晶闸管在门极断路时，施加于晶闸管的正向阳极电压上升到反向伏安特性曲线急剧弯曲处对应的电压。它是一个不能重复且每次持续时间不大于 10ms 的反向最大脉冲电压。

4）反向重复峰值电压

反向重复峰值电压用 U_{RRM} 表示，是晶闸管在门极断路、结温为额定值时，允许重复加在器件上的反向峰值电压。国标规定重复频率为 50Hz，每次持续时间不超过 10ms，且 $U_{RRM}=90\%U_{RSM}$。

5）额定电压

额定电压用 U_{Tn} 表示，其值是实测断态重复峰值电压与反向重复峰值电压中的较小值的标准电压级别对应的值。晶闸管断态重复峰值电压、反向重复峰值电压标准电压级别如表 1-1 所示。

表 1-1　晶闸管断态重复峰值电压、反向重复峰值电压标准电压级别

级　别	断态重复峰值电压、反向重复峰值电压/V	级　别	断态重复峰值电压、反向重复峰值电压/V	级　别	断态重复峰值电压、反向重复峰值电压/V
1	100	8	800	20	2000
2	200	9	900	22	2200
3	300	10	1000	24	2400
4	400	12	1200	26	2600
5	500	14	1400	28	2800
6	600	16	1600	30	3000
7	700	18	1800	—	—

例如，测得某晶闸管的断态重复峰值电压为 550V，反向重复峰值电压为 430V，取较小者

430V，查表 1-1 可知，相应的标准电压为 400V，则额定电压为 400V，电压级别为 4 级。在实际使用时，可根据具体情况进行调整。

另外，由于环境温度、散热条件等会对晶闸管的参数产生影响，因此在选用晶闸管时其额定电压要留有一定裕量，一般取额定电压为晶闸管正常工作时承受的峰值电压的 2～3 倍。

6）通态平均电压

在规定环境温度、标准散热条件下，向晶闸管中通正弦半波额定电流，阳极与阴极间电压降的平均值被称为通态平均电压（又称管压降），用 $U_{T(AV)}$ 表示。管压降越小，说明元器件的耗散功率越小，晶闸管质量越好。晶闸管管压降分组如表 1-2 所示。

表 1-2　晶闸管管压降分组

组　别	A	B	C
管　压　降/V	$U_{T(AV)} \leqslant 0.4$	$0.4 < U_{T(AV)} \leqslant 0.5$	$0.5 < U_{T(AV)} \leqslant 0.6$
组　别	D	E	F
管　压　降/V	$0.6 < U_{T(AV)} \leqslant 0.7$	$0.7 < U_{T(AV)} \leqslant 0.8$	$0.8 < U_{T(AV)} \leqslant 0.9$
组　别	G	H	I
管　压　降/V	$0.9 < U_{T(AV)} \leqslant 1.0$	$1.0 < U_{T(AV)} \leqslant 1.1$	$1.1 < U_{T(AV)} \leqslant 1.2$

7）门极触发电压

在室温下，为晶闸管施加 6V 正向阳极电压，使得晶闸管完全导通的最小门极电流对应的门极电压就是门极触发电压，用 U_{GT} 表示。只要不超过晶闸管的允许值，脉冲电压的幅值可以远远高于门极触发电压。

2. 电流参数

1）额定电流——通态平均电流

晶闸管在环境温度为 40℃和规定的冷却状态下，稳定结温不超过额定结温时允许流过的最大工频正弦半波电流的平均值就是额定电流。额定电流是根据正向电流造成的元器件本身的通态损耗的发热效应来确定的，即根据实际波形的电流与晶闸管允许的最大正弦半波电流（通态平均电流，用 $I_{T(AV)}$ 表示）所造成的**热效应相等**（电流有效值相等）的原则来确定晶闸管的额定电流。通常根据热效应相等，额定电流为晶闸管正常工作时的电流的 1.5～2 倍。

电流平均值 I_{dT} 是在电源电压的一个周期内，元器件中流过电流的平均值，根据晶闸管的通态平均电流定义可知，通态平均电流为

$$I_{T(AV)} = \frac{1}{2\pi}\int_0^\pi I_m \sin\omega t \mathrm{d}(\omega t) = \frac{I_m}{\pi} \tag{1-1}$$

额定电流有效值为

$$I_T = \sqrt{\frac{1}{2\pi}\int_0^\pi (I_m \sin\omega t)^2 \mathrm{d}(\omega t)} = \frac{I_m}{2} \tag{1-2}$$

波形系数 K_f 为电流有效值 I_T/电流平均值 I_{dT}，则额定情况下的波形系数为

$$K_{f'} = \frac{I_T}{I_{T(AV)}} = \frac{\pi}{2} = 1.57 \tag{1-3}$$

含义：晶闸管额定电流为 100A，则额定电流有效值为 $1.57 I_{T(AV)} = 157A$，不同波形的电流的平均值和有效值不同，因此波形系数不同。表 1-3 给出了四种实际波形电流平均值为 100A 时的晶闸管通态平均电流。

在实际选用晶闸管时，确定额定电流的原则：晶闸管在额定电流下的电流有效值大于它所在

电路中允许流过的电流有效值，取 1.5～2 倍裕量，即

$$I_{T(AV)} \geq (1.5 \sim 2)\frac{I_T}{1.57} \qquad (1-4)$$

表 1-3　四种实际波形电流平均值为 100A 时的晶闸管通态平均电流

流过晶闸管的电流的实际波形（电流最大值均为 I_m）	电流平均值 I_{dT} 与电流有效值 I_T	波形系数 $K_f = \dfrac{I_T}{I_{dT}}$	通态平均电流 $I_{T(AV)} \geq (1.5\sim2)\dfrac{I_T}{1.57}$
	$I_{dT}=\dfrac{1}{2\pi}\int_0^\pi I_m\sin\omega t\,\mathrm{d}(\omega t)$ $=\dfrac{I_m}{\pi}$ $I_T=\sqrt{\dfrac{1}{2\pi}\int_0^\pi (I_m\sin\omega t)^2\mathrm{d}(\omega t)}$ $=\dfrac{I_m}{2}$	1.57	$I_{T(AV)}\geq(1.5\sim2)\dfrac{1.57\times100}{1.57}$ $=(150\sim200)\mathrm{A}$ 选 200A
	$I_{dT}=\dfrac{1}{2\pi}\int_{\pi/2}^\pi I_m\sin\omega t\,\mathrm{d}(\omega t)$ $=\dfrac{I_m}{2\pi}$ $I_T=\sqrt{\dfrac{1}{2\pi}\int_{\pi/2}^\pi (I_m\sin\omega t)^2\mathrm{d}(\omega t)}$ $=\dfrac{I_m}{2\sqrt{2}}$	2.22	$I_{T(AV)}\geq(1.5\sim2)\dfrac{2.22\times100\mathrm{A}}{1.57}$ $\approx(212\sim283)\mathrm{A}$ 选 300A
	$I_{dT}=\dfrac{1}{2\pi}\int_0^\pi I_m\,\mathrm{d}(\omega t)$ $=\dfrac{I_m}{2}$ $I_T=\sqrt{\dfrac{1}{2\pi}\int_0^\pi I_m^2\,\mathrm{d}(\omega t)}$ $=\dfrac{I_m}{\sqrt{2}}$	1.41	$I_{T(AV)}\geq(1.5\sim2)\dfrac{1.41\times100\mathrm{A}}{1.57}$ $\approx(135\sim180)\mathrm{A}$ 选 200A
	$I_{dT}=\dfrac{1}{2\pi}\int_0^{2\pi/3} I_m\,\mathrm{d}(\omega t)$ $=\dfrac{I_m}{3}$ $I_T=\sqrt{\dfrac{1}{2\pi}\int_0^{2\pi/3} I_m^2\,\mathrm{d}(\omega t)}$ $=\dfrac{I_m}{\sqrt{3}}$	1.73	$I_{T(AV)}\geq(1.5\sim2)\dfrac{1.73\times100\mathrm{A}}{1.57}$ $\approx(165\sim220)\mathrm{A}$ 选 300A

　　例 1-1：如图 1-6 所示，实线部分表示流过晶闸管的电流波形，最大值为 I_m，试基于该电流波形计算电流平均值、电流有效值和波形系数。考虑安全裕量为 2，额定电流为 100A 的晶闸管允许流过的平均电流是多少？

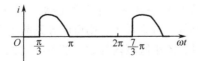

图 1-6　例 1-1 电流波形

例 1-1

　　解：由电流平均值、电流有效值和波形系数的定义有

$$I_{dT} = \frac{1}{2\pi}\int_{\frac{\pi}{3}}^{\pi} I_m\sin\omega t\,\mathrm{d}(\omega t) = \frac{3}{4\pi}I_m$$

$$I_{\mathrm{T}} = \sqrt{\frac{1}{2\pi}\int_{\frac{\pi}{3}}^{\pi}\left(I_{\mathrm{m}}\sin\omega t\right)^2 \mathrm{d}(\omega t)} \approx 0.46 I_{\mathrm{m}}$$

$$K_{\mathrm{f}} = \frac{I_{\mathrm{T}}}{I_{\mathrm{dT}}} = 1.92$$

由热效应相等原理有

$$2 \times 1.92 \times I_{\mathrm{dT}} = I_{\mathrm{T}} = 1.57 \times 100$$

$$I_{\mathrm{dT}} = 41\mathrm{A}$$

2）浪涌电流

在规定条件下，工频正弦半波内允许流过的最大过载峰值电流称为浪涌电流，用 I_{TSM} 表示，即由电路异常引起并使结温超过额定结温的不重复性最大正向过载电流就是浪涌电流。

3）维持电流

维持电流，是指在室温下门极断开，晶闸管从较大的通态电流降至刚好能维持导通所需的最小阳极电流，用 I_{H} 表示。

4）擎住电流

擎住电流，是指晶闸管刚从断态转入通态并移除触发信号后，能维持导通所需的最小电流，用 I_{L} 表示。在一般情况下，对同一晶闸管来说，擎住电流为 I_{H} 的 2～4 倍。

> **讨论**：为什么擎住电流大于维持电流？
>
> **答**：由于晶闸管导通最初是发生在门极附近的一维局部导通，之后由局部导通区横向扩展到整个阴极面全面导通，因此擎住电流不仅要维持两个晶体管的正反馈作用，还要为导通区的横向扩展提供足够的载流子。维持电流是均匀分布在整个阴极结面上的电流，它的作用仅仅是维持两个晶体管正反馈所需的最小电流。所以擎住电流大于维持电流。

5）门极触发电流

在室温下，为晶闸管施加 6V 正向阳极电压，使晶闸管由断态转入通态所需的最小门极电流就是门极触发电流，用 I_{GT} 表示。同一型号的晶闸管因门极特性的差异，门极触发电流相差很大。

3. 动态参数

1）断态电压临界上升率

断态电压临界上升率是指在额定结温和门极断路的情况下，不导致晶闸管从断态转换到通态的外加阳极电压最大上升率，用 $\mathrm{d}u/\mathrm{d}t$ 表示。断态电压临界上升率过大，可能会导致晶闸管误导通。因为晶闸管的结面在截止状态下相当于一个电容，若突然加一正向阳极电压，则会有一个充电电流流过结面，该充电电流流经靠近阴极的 PN 结时产生的电流相当于触发电流，这个电流如果过大，就会使晶闸管误导通。可以给晶闸管并联一个阻容吸收支路，利用电容的两端电压不能突变的特性来限制断态电压临界上升率。

2）通态电流临界上升率

通态电流临界上升率是指在规定条件下，晶闸管能承受且无有害影响的最大通态电流上升率，用 $\mathrm{d}i/\mathrm{d}t$ 表示。若通态电流临界上升率过大，则可能导致晶闸管损坏。因为门极流入触发电流后，晶闸管开始只在靠近门极附近的小区域内导通，随着时间推移，导通区才逐渐覆盖整个 PN 结。若阳极电流上升得太快，则会导致门极附近的 PN 结因电流密度过大而烧毁，从而损坏晶闸管。为了限制通态电流临界上升率，可以给晶闸管串联空心电感。

1.1.5　晶闸管的型号

KP 型晶闸管的型号及其含义如下。

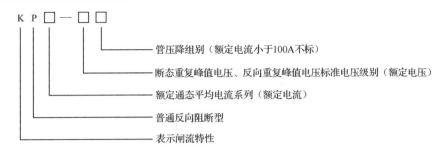

例如，KP100-30D 表示普通晶闸管，额定电流为 100A，额定电压为 3000V，管压降为 0.6～0.7V。

若型号前两位为 KS，则表示该晶闸管为双向晶闸管；若型号前两位为 KK，则表示该晶闸管为快速晶闸管；若型号前两位为 KG，则表示该晶闸管为高频晶闸管；若型号前两位为 KL，则表示该晶闸管为光控晶闸管。

旧的普通晶闸管的型号为 3CT□/□。例如，3CT100/3000 表示普通晶闸管，其中 3 表示有 3 个引脚，C 表示 N 型硅材料，T 表示可控硅元器件，100 表示额定电流为 100A，3000 表示额定电压为 3000V。

例 1-2： 一个晶闸管接在 220V 交流电路中，为电阻负载供电，通过晶闸管电流的有效值为 60A，确定晶闸管的型号。

解： 晶闸管的额定电压为

$$U_{Tn} \geq (2\sim3)U_{TM} = (2\sim3) \times \sqrt{2} \times 220\text{V} = (622\sim933)\text{V}$$

按照表 1-1 给出的参数，晶闸管额定电压取 700V，即 7 级。

晶闸管的额定通态平均电流为

$$I_{T(AV)} \geq (1.5\sim2)\frac{I_T}{1.57} = (1.5\sim2) \times \frac{60}{1.57}\text{A} = (58\sim76)\text{A}$$

按照表 1-4 给出的参数，晶闸管额定电流取 60A。晶闸管可选 KP60-7。

注：对于大电感负载，由于在换路时可能出现过电压和过电流现象，因此在选择额定电压和额定电流时，要采用比电阻负载更高等级的晶闸管。

表 1-4 给出了 KP 型晶闸管主要参数。

表 1-4　KP 型晶闸管主要参数

系　列	通态平均电流/A	断态重复峰值电压、反向重复峰值电压/V	断态不重复平均电流、反向不重复平均电流/mA	额定结温/℃	门极触发电流/mA	门极触发电压/V	断态电压临界上升率/（V/μs）	通态电流临界上升率/（A/μs）	浪涌电流/A
	$I_{T(AV)}$	U_{DRM} U_{RRM}	$I_{DS(AV)}$ $I_{RS(AV)}$	T_{jM}	I_{GT}	U_{GT}	du/dt	di/dt	I_{TSM}
KP1	1		≤1	100	3～30	≤2.5			20
KP5	5		≤1	100	5～70	≤3.5			90
KP10	10	100～3000	≤1	100	5～100	≤3.5	25～1000	25～500	190
KP20	20		≤1	100	5～100	≤3.5			380
KP30	30		≤2	100	8～150	≤3.5			560

续表

系　　列	通态平均电流/A	断态重复峰值电压、反向重复峰值电压/V	断态不重复平均电流、反向不重复平均电流/mA	额定结温/℃	门极触发电流/mA	门极触发电压/V	断态电压临界上升率/（V/μs）	通态电流临界上升率/（A/μs）	浪涌电流/A
	$I_{\text{T(AV)}}$	U_{DRM} U_{RRM}	$I_{\text{DS(AV)}}$ $I_{\text{RS(AV)}}$	T_{jM}	I_{GT}	U_{GT}	du/dt	di/dt	I_{TSM}
KP50	50		≤2	100	8～150	≤3.5			940
KP100	100		≤4	115	10～250	≤4			1880
KP200	200		≤4	115	10～250	≤4			3770
KP300	300		≤8	115	20～300	≤5			5650
KP400	400	100～3000	≤8	115	20～300	≤5	25～1000	25～500	7540
KP500	500		≤8	115	20～300	≤5			9420
KP600	600		≤9	115	30～350	≤5			11160
KP800	800		≤9	115	30～350	≤5			14920
KP1000	1000		≤10	115	40～400	≤5			18600

1.1.6　晶闸管的测试

AK（KA）间测量：将指针式万用表置于×100 挡（或将数字万用表置于蜂鸣挡），红、黑表笔分别接晶闸管的阳极、阴极，正向、反向各测一次，正/反向阻值均很大。因为晶闸管是四层三端半导体器件，在阳极和阴极间有 3 个 PN 结，无论如何加电压，总有一个 PN 结处于反向阻断状态。

AG（GA）间测量：将指针式万用表置于×100 挡（或将数字万用表置于蜂鸣挡），红、黑表笔分别接晶闸管的阳极、门极，正向、反向各测一次，正/反向阻值均很大。原因是无论如何加电压，晶闸管总有一个 PN 结处于反向阻断状态。

KG（GK）间测量：将指针式万用表置于×100 挡（或将数字万用表置于蜂鸣挡），红、黑表笔分别接晶闸管的门极、阴极，正向、反向各测一次，正/反向阻值均很小。因为在晶闸管内部的门极和阴极之间反向并联了一个二极管，该二极管对加到门极和阴极间的反向电压进行限幅，可以防止晶闸管门极和阴极间的 PN 结反向击穿。

1.2　单相半波可控整流电路

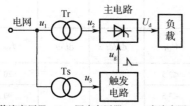

Tr—整流变压器；Ts—同步变压器；u_1—交流电网电压；u_2—整流变压器二次侧交流电压；u_3—同步变压器二次侧交流电压；U_d—直流输出电压平均值。

图 1-7　单相半波可控整流电路的工作框图

单相半波可控整流电路的工作框图如 1-7 所示。单相半波可控整流电路主要由整流变压器、晶闸管、负载、同步变压器、触发电路等部分构成。整流变压器接电网，负载可以是电阻负载（电灯、电炉、电热毯等）、大电感负载（直流电动机励磁绕组等）、反电动势负载（直流电动机电枢反电动势、蓄电池等）等。通过触发电路的相控，在负载侧可以得到可调的直流输出电压平均值 U_d。

1.2.1　电阻负载

1. 电路结构

实际生活中的电灯、电炉、电热毯等均为电阻负载，其输出电压波形和电流波形的走势一致，大小相差一个系数。

单相半波可控整流
电路——电阻负载

图 1-8（a）所示为单相半波可控整流电路带电阻负载的电路图；图 1-8（b）所示为对应的波形；图 1-8（c）和图 1-8（d）所示为示波器上的实测 u_d 波形和实测 u_T 波形。在图 1-8 中，Tr 为整流变压器，用于把一次侧交流电网电压 u_1 转换成二次侧交流电压 u_2；u_g 为触发脉冲；i_1 为交流电网电流；i_2 为整流变压器二次侧交流电流；u_d、i_d 为负载两端的电压和流过负载的电流；i_T 为流过晶闸管的电流；u_T 为晶闸管两端电压，R_d 为电阻负载的阻值。二次侧的输出电压（简称"电源电压"）：

$$u_2 = \sqrt{2}U_2 \sin \omega t \tag{1-5}$$

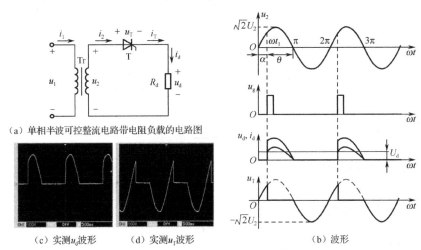

（a）单相半波可控整流电路带电阻负载的电路图

（c）实测 u_d 波形　　（d）实测 u_T 波形

（b）波形

图 1-8　单相半波可控整流电路（电阻负载）

2. 波形分析

在 u_2 处于 0～π 期间，晶闸管的阳极受正向电压。

在 u_2 处于 0～ωt_1 期间，由于未加入触发脉冲，晶闸管未导通，呈现正向阻断状态，变压器二次侧电路呈断路状态，此时 u_2 正向加在晶闸管两端，负载侧的 u_d、i_d 为零。

在 u_2 处于 ωt_1 时刻，触发脉冲加入，晶闸管满足导通条件，晶闸管导通，变压器二次侧电路呈通路状态，若忽略晶闸管的管压降，即 u_T 为零，则 u_2 全部正向加在负载两端，$u_d = u_2$。又由于 $i_d = u_d/R_d$，因此流过负载的电流 i_d 的波形与负载两端的电压 u_d 的波形相似，两者之间相差系数 $1/R_d$。同时，u_2 与晶闸管、负载为串联的关系，即 $i_d = i_2 = i_T$。这种状态一直持续到 π 时刻。

在 u_2 处于 π 时刻，u_2 下降为零，晶闸管上的电压降为零，流过阳极的电流降为零，晶闸管关断，变压器二次侧电路重新回到断态。

在 u_2 处于 π～2π 期间，晶闸管的阳极持续受 u_2 给予的反向电压，因此晶闸管呈反向阻断状态，$u_d = 0$，$i_d = i_2 = i_T = 0$。

3. 概念

（1）控制角（触发角）——从晶闸管开始承受正向阳极电压起到施加触发脉冲为止的电角度，用 α 表示。

（2）导通角——晶闸管在一个电源周期中处于通态的电角度，用 θ 表示。

（3）相控方式——通过控制触发脉冲的相位（控制角的大小）来控制直流输出电压大小的方

式。控制角越大，直流输出电压u_d越小。

（4）移相范围——晶闸管受正向阳极电压时控制角的移动范围。在单相半波可控整流电路带电阻负载时，在u_2处于正半周期$0 \sim \pi$期间，晶闸管阳极均受正向电压，控制角可移动，控制角的移相范围为$0 \leqslant \alpha \leqslant \pi$。

4．参数计算

直流输出电压平均值为

$$U_d = \frac{1}{2\pi}\int_\alpha^\pi \sqrt{2}U_2 \sin \omega t \, d(\omega t) = \frac{\sqrt{2}U_2}{2\pi}(1+\cos \alpha) = 0.45U_2 \frac{1+\cos \alpha}{2} \tag{1-6}$$

当$\alpha = 0$时，$U_d = 0.45U_2$，为最大值；当$\alpha = \pi$时，$U_d = 0$，为最小值，由此处亦可知控制角的移相范围为$0 \leqslant \alpha \leqslant \pi$。

直流输出电流平均值为

$$I_d = \frac{U_d}{R_d} \tag{1-7}$$

直流输出电压有效值为

$$U = \sqrt{\frac{1}{2\pi}\int_\alpha^\pi (\sqrt{2}U_2 \sin \omega t)^2 \, d(\omega t)} = U_2 \sqrt{\frac{\sin 2\alpha}{4\pi} + \frac{\pi-\alpha}{2\pi}} \tag{1-8}$$

直流输出电流有效值为

$$I = \frac{U}{R_d} \tag{1-9}$$

流经晶闸管的平均电流为

$$I_{dT} = I_d \tag{1-10}$$

流经晶闸管的有效电流为

$$I_T = I \tag{1-11}$$

晶闸管承受的最大正/反向电压为

$$U_{RM} = \sqrt{2}U_2 \tag{1-12}$$

电路中的功率因数为

$$\cos \varphi = \frac{P}{S} = \frac{UI}{U_2 I_2} = \frac{UI_2}{U_2 I_2} = \sqrt{\frac{1}{4\pi}\sin 2\alpha + \frac{\pi-\alpha}{2\pi}} \tag{1-13}$$

针对单相半波可控整流电路,应该如何选择晶闸管型号呢？晶闸管选型计算例题如表1-5所示。

表 1-5 晶闸管选型计算例题

名 称	例 1-3	例 1-4
具体内容		

1.2.2 阻感负载

1．电路结构

实际生产生活中，电动机的励磁线圈、滑差电动机电磁离合器的励磁线圈及输出电路中的平波电抗器等都属于电感负载。电感负载在电路中有非常重要的作用，它的特性不同于电阻负载。单相半波可控整流电路带阻感负载的电路

单相半波可控整流
电路——阻感负载

图如图 1-9（a）所示，图 1-9（b）所示为对应波形。

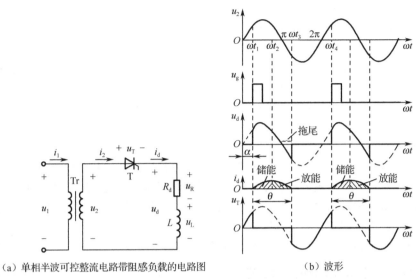

（a）单相半波可控整流电路带阻感负载的电路图　　（b）波形

图 1-9　单相半波可控整流电路（阻感负载）

2. 波形分析

在分析如图 1-9（a）所示电路的波形变化时，首先要了解流经电感的电流变化对电感两端的电压的影响。众所周知，电感是无源储能元件，本身不消耗能量，而且能量不能突变，因此在换路时刻电感中的电流不能突变。当电流 i_d 流过电感并不断增大时，电感储存磁能，电感两端产生感应电动势，电感两端的电压为

$$u_L = L\frac{\mathrm{d}i_d}{\mathrm{d}t} \tag{1-14}$$

其方向如图 1-10（a）所示，极性为上正下负，阻碍电流 i_d 变化。反之，当电流 i_d 减小时，电感两端的电压的方向如图 1-10（b）所示，极性为上负下正，阻碍电流 i_d 变化的能力减小，电感释放能量。阻感负载的特点是电压和电流不成正比，电流波形滞后于电压波形。

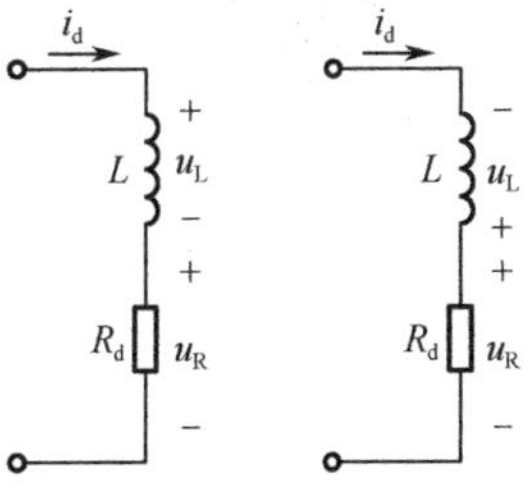

在 u_2 处于 $0\sim\pi$ 期间，晶闸管阳极受正向电压。

在 u_2 处于 $0\sim\alpha$ 期间，波形情况与电阻负载的情况基本相同，由于未加入触发脉冲，晶闸管未导通，呈现正向阻断状态，此时 u_2 正向加在晶闸管两端，$u_d = 0$，$i_d = i_2 = i_T = 0$。

（a）电流增大　（b）电流减小

图 1-10　电流变化对电感两端的电压的影响

在 u_2 处于 ωt_1 时刻，触发脉冲加入，晶闸管导通，变压器二次侧电路呈通路状态，u_T 为零，$u_d = u_2$。由于换路时刻电感中的电流不能突变，因此线路中的电流从零开始呈指数增大，其指数变化关系满足如下关系：

$$u_2 = L\frac{\mathrm{d}i_d}{\mathrm{d}t} + i_d R_d \tag{1-15}$$

电感进行储能，u_2 提供的能量一部分供给负载，另一部分供给电感。这种状态一直持续到 ωt_2 时刻。

在 u_2 处于 ωt_2 时刻，电流 i_d 上升到最大值，$\mathrm{d}i_d / \mathrm{d}t = 0$，之后电流开始呈指数减小，电感两端的电压方向变为如图 1-10（b）所示情况，极性为上负下正，电感释放能量。负载的能量一部分来自二次侧电源，另一部分来自电感。

随着时间的推移，在 u_2 处于 π 时刻，u_2 为零，之后 u_2 将反向。如果负载是电阻负载，那么晶闸管阳极受 u_2 的反向电压作用，电流降到维持电流以下，自然关断。当负载是电感时，由于电感中的电流在换路时刻（π 时刻）不能突变，晶闸管继续维持导通，给电感放电提供续流通道，在 π 时刻后，u_2 从零开始反向增大，电感两端的电压从某个值开始反向减小，电感中的电流继续减小（$i_d = (u_2 - u_L)/R$），直到 $u_L = u_2 = 0$，电流 i_d 降为零时，晶闸管关断。这就是俗称的**拖尾现象**。电感释放的能量一部分供给负载，一部分供给 u_2。

由于电流 i_d 在 ωt_3 时刻降为零，晶闸管关断，二次侧电路重新回到关断状态直至 u_2 进入下一个周期。

3. 电路缺点

电感的特性使得负载电压波形存在部分负值，即拖尾现象，因此在求负载电压平均值时，其值会减小，电感越大，储能效果越明显，释放能量的时间越长，拖尾现象越严重。当电感很大时（一般认为 $X_L \geq 10R_d$ 时），负载电压波形中正值、负值面积几乎相等，负载电压平均值约等于零，二次侧电路将不能进行调压，即电路失去调压作用。

解决方法：在整流电路输出端反向并联续流二极管。

1.2.3　大电感负载反接续流二极管

1. 电路结构

单相半波可控整流电路——
阻感负载带续流二极管

为了使负载电压波形不出现负值，即解决拖尾现象，可搭建如图 1-11（a）所示的电路结构。在负载两端反向并联续流二极管，为电感放电提供续流通道。假设如图 1-11 所示电路中的电感值很大。

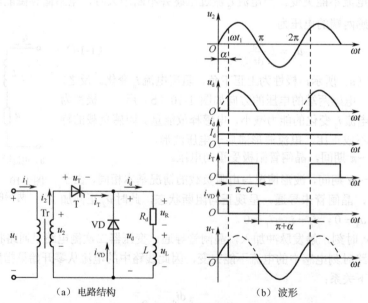

（a）电路结构　　　　　　　　　　　（b）波形

图 1-11　单相半波可控整流电路（阻感负载带续流二极管）

2. 波形分析

在 u_2 处于 α～π 期间，晶闸管阳极受正向电压。此时晶闸管门极加入触发脉冲，晶闸管强制导通，u_2、晶闸管与阻感负载构成单回路，电流通路如图 1-12（a）所示。u_2 全部正向加在负载两端，即 $u_d = u_2$，且 $u_T = 0$，$i_d = i_2 = i_T = u_d/R_d$。由于负载的电感值很大，因此电流近似为一条水平线。此时，续流二极管（VD）的阳极承受 u_2 施加的反向电压，不可导通，即 $i_{VD} = 0$。

在 u_2 处于 π 时刻，u_2 进入负半周期，u_2 的实际方向变为下正上负。此时续流二极管阳极因承受 u_2 施加的正向电压而导通，续流二极管的正向导通管压降小于晶闸管的正向导通管压降，晶闸管因不满足导通条件而截止，流向负载的电流由晶闸管转至续流二极管，续流二极管与阻感负载构成回路，如图 1-12（b）所示。晶闸管阳极上承受来自 u_2 的反向电压，电感将能量释放给负载。$i_d = i_{VD} = u_d/R_d$，$i_2 = i_T = 0$，阻感负载两端的电压等于续流二极管两端的电压，约为 0。这种状态一直持续到 u_2 下一个周期的 $2\pi + \alpha$ 时刻。

在 u_2 处于 $2\pi + \alpha$ 时刻，晶闸管阳极承受正向电压，门极加入触发脉冲，晶闸管强制导通，导通的晶闸管将 u_2 加到续流二极管两端，此电压对于续流二极管来说为反向电压，续流二极管强制截止，流向负载的电流由续流二极管转至晶闸管。电流通路变回如图 1-12（a）所示的电流通路。由此可见，晶闸管的导通时间为 $\pi - \alpha$，续流二极管的导通时间为 $\pi + \alpha$。

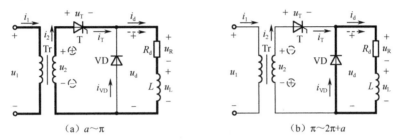

图 1-12 单相半波可控整流电路（阻感负载带续流二极管）的电流通路

3. 参数计算

由于单相半波可控整流电路（阻感负载带续流二极管）的输出电压波形 [见图 1-11（b）] 与带电阻负载的单相半波可控整流电路的输出电压波形一致，因此直流输出电压平均值与直流输出电压有效值的公式与带电阻负载的单相半波可控整流电路相关公式一样，如式（1-6）和式（1-8）所示；α 的移相范围亦为 $0 \leqslant \alpha \leqslant \pi$。

由于负载的电感很大，电流近似为一条水平线，因此直流输出电流平均值 I_d 与直流输出电流有效值 I 为

$$I_d = I = \frac{U_d}{R_d} \tag{1-16}$$

晶闸管上的平均电流为

$$I_{dT} = \int_\alpha^\pi I_d \mathrm{d}(\omega t) = \frac{\pi - \alpha}{2\pi} I_d \tag{1-17}$$

晶闸管上的有效电流为

$$I_T = \sqrt{\frac{1}{2\pi} \int_\alpha^\pi I_d^2 \mathrm{d}(\omega t)} = \sqrt{\frac{\pi - \alpha}{2\pi}} I_d \tag{1-18}$$

续流二极管上的平均电流为

$$I_{dVD} = \int_\pi^{2\pi+\alpha} I_d \mathrm{d}(\omega t) = \frac{\pi + \alpha}{2\pi} I_d \tag{1-19}$$

续流二极管上的有效电流为

$$I_{VD} = \sqrt{\frac{1}{2\pi} \int_\pi^{2\pi+\alpha} I_d^2 \mathrm{d}(\omega t)} = \sqrt{\frac{\pi + \alpha}{2\pi}} I_d \tag{1-20}$$

晶闸管和续流二极管上承受的最大正/反向电压为

$$U_{RM} = \sqrt{2} U_2 \tag{1-21}$$

讨论： 为什么在单相半波可控整流电路带阻感负载且反向并联续流二极管时有

$$I_d = I = \frac{U_d}{R_d}$$

答： 电感是无源储能元件，本身不消耗能量，它在前半周期储存多少能量，在后半周期就会释放多少能量。当对电感上的电压求平均值时，$U_L = 0$。

对于单相半波可控整流电路带阻感负载且反向并联续流二极管时的电流平均值，负载侧可列表达式为

$$U_d = U_L + R_d I_d$$

因此有

$$I_d = \frac{U_d}{R_d}$$

又由于有

$$I = \sqrt{\frac{1}{2\pi} \int_0^{2\pi} I_d^2 \mathrm{d}(\omega t)} = \sqrt{\frac{2\pi}{2\pi}} I_d = I_d$$

所以有

$$I_d = I = \frac{U_d}{R_d}$$

1.3　单相桥式全控整流电路

单相半波可控整流电路虽然具有线路简单、投资小、调试方便的特点，但其输出电压不够高、脉动较大、变压器利用率低；而单相桥式全控整流电路比单相半波可控整流电路利用率高，不仅能将输出直流电压平均值提高 2 倍，而且能减小输出电压的脉动。单相桥式全控整流电路主要适用于 4kW 左右的整流电路，变压器的二次侧可流过正、反两个方向的电流，不存在变压器磁芯直流磁化问题，使用更为广泛。下面针对不同负载进行分析。

1.3.1　电阻负载

1. 电路结构

单相桥式全控整流电路带电阻负载电路图如图 1-13（a）所示，对应波形如图 1-13（b）所示，示波器上的实测 u_d 波形和实测 u_T 波形如图 1-13（c）和图 1-13（d）所示。晶闸管 T_1 与晶闸管 T_4 组成一对桥臂，晶闸管 T_2 与晶闸管 T_3 组成另一对桥臂。

2. 波形分析

在 u_2 处于正半周期 0～π 期间，a 点为正电位，b 点为负电位，T_1、T_4 阳极承受正向电压，T_2、T_3 阳极承受反向电压。

在 u_2 处于 0～α 期间，T_1、T_4 未加入触发脉冲，T_1、T_4 未导通，呈现正向阻断状态，变压器二次侧电路呈断路状态，此时 u_2 正向加在 T_1、T_4 两端，$u_{T1} = u_{T4} = u_2/2$，负载侧 u_d、i_d 为零，$i_2 = i_{T1} = i_{T4} = 0$。

在 u_2 处于 α 时刻，触发脉冲加入，T_1、T_4 强制导通，电流通路如图 1-14(a)所示。$u_{T1} = u_{T4} = 0$，u_2 全部正向加在负载两端，方向为上正下负，$u_d = u_2$，$i_d = u_d/R_d$。$i_d = i_2 = i_{T1} = i_{T4}$。这种状态一直持续到 π 时刻。

在 u_2 处于负半周期 π～2π 期间，a 点为负电位，b 点为正电位，T_2、T_3 阳极承受正向电压。π 时刻，T_1、T_4 阳极承受反向电压，自然关断。

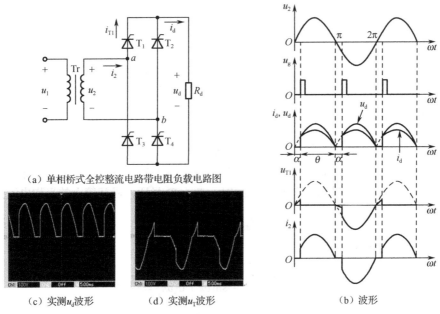

（a）单相桥式全控整流电路带电阻负载电路图

（c）实测u_d波形 （d）实测u_T波形 （b）波形

图 1-13 单相桥式全控整流电路（电阻负载）

在 u_2 处于 $\pi \sim \pi + \alpha$ 期间，T_2、T_3 触发脉冲未加入，T_2、T_3 未导通，电路状态同 u_2 处于 $0 \sim \alpha$ 期间的状态，只不过对于 T_1、T_4 来说，u_2 的负半周期电压加在 T_1、T_4 两端，大小为 $\frac{1}{2}u_2$。

在 u_2 处于 $\pi + \alpha$ 时刻，T_2、T_3 强制触发导通，电流通路如图 1-14（b）所示。$u_{T2} = u_{T3} = 0$，u_2 的负半周期电压加在 T_1 和 T_4 两端，大小为 u_2；另外，u_2 再次上正下负正向加在负载两端，大小为 u_2，$i_d = u_d/R_d$。$i_{T1} = i_{T4} = 0$，$i_2 = -i_d$。这种状态一直持续到 2π 时刻。此后每个周期重复 $0 \sim 2\pi$ 的过程。

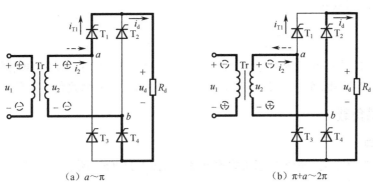

（a）$a \sim \pi$ （b）$\pi + a \sim 2\pi$

图 1-14 单相桥式全控整流电路（电阻负载）的电流通路

3. 参数计算

直流输出电压平均值为

$$U_d = \frac{1}{\pi} \int_{\alpha}^{\pi} \sqrt{2}U_2 \sin \omega t \, \mathrm{d}(\omega t) = \frac{\sqrt{2}U_2}{\pi}(1 + \cos \alpha) = 0.9U_2 \frac{1 + \cos \alpha}{2} \tag{1-22}$$

当 $\alpha = 0$ 时，$U_d = 0.9U_2$，为最大值；当 $\alpha = \pi$ 时，$U_d = 0$，为最小值。α 的移相范围为 $0 \leqslant \alpha \leqslant \pi$。

直流输出电流平均值为

$$I_{\mathrm{d}} = \frac{U_{\mathrm{d}}}{R_{\mathrm{d}}} \tag{1-23}$$

直流输出电压有效值为

$$U = \sqrt{\frac{1}{\pi} \int_{\alpha}^{\pi} \left(\sqrt{2} U_2 \sin \omega t \right)^2 \mathrm{d}(\omega t)} = U_2 \sqrt{\frac{\sin 2\alpha}{2\pi} + \frac{\pi - \alpha}{\pi}} \tag{1-24}$$

直流输出电流有效值为

$$I = \frac{U}{R_{\mathrm{d}}} \tag{1-25}$$

在 u_2 一个周期内，负载上的电流在 $\alpha \sim \pi$ 和 $\pi + \alpha \sim 2\pi$ 时都有电流，而 T_1、T_4 和 T_2、T_3 轮流导通。在 $\alpha \sim \pi$ 时，T_1、T_4 导通；在 $\pi + \alpha \sim 2\pi$ 时，T_2、T_3 导通，晶闸管上的平均电流为

$$I_{\mathrm{dT}} = \frac{1}{2} I_{\mathrm{d}} \tag{1-26}$$

晶闸管上的有效电流为

$$I_{\mathrm{T}} = \sqrt{\frac{1}{2\pi} \int_{\alpha}^{\pi} \left(\frac{\sqrt{2} U_2}{R_{\mathrm{d}}} \sin \omega t \right)^2 \mathrm{d}(\omega t)} = \frac{1}{\sqrt{2}} I \tag{1-27}$$

变压器二次侧电流有效值为

$$I_2 = \sqrt{\frac{1}{\pi} \int_{\alpha}^{\pi} \left(\frac{\sqrt{2} U_2}{R_{\mathrm{d}}} \sin \omega t \right)^2 \mathrm{d}(\omega t)} = I \tag{1-28}$$

晶闸管上承受的最大电压为

$$U_{\mathrm{RM}} = \sqrt{2} U_2 \tag{1-29}$$

不考虑变压器的损耗，变压器的容量为

$$S = U_2 I_2 \tag{1-30}$$

电路中的功率因数为

$$\cos \varphi = \frac{P}{S} = \frac{UI}{U_2 I_2} = \frac{UI_2}{U_2 I_2} = \sqrt{\frac{1}{2\pi} \sin 2\alpha + \frac{\pi - \alpha}{\pi}} \tag{1-31}$$

比较单相半波可控整流电路带电阻负载时的功率因数［见式（1-13）］与单相桥式全控整流电路带电阻负载时的功率因数［见式（1-31）］可发现，后者的功率因数有所提高。

1.3.2 大电感负载

1. 电路结构

单相桥式全控整流电路带大电感负载的电路图如图 1-15（a）所示，对应波形如图 1-15（b）所示。

2. 波形分析

在学习单相桥式全控整流电路带大电感负载时关注它和单相桥式全控整流电路带电阻负载的区别。

在 u_2 处于正半周期 $\alpha \sim \pi$ 期间，T_1、T_4 阳极承受正向电压，在 α 时刻导通。电流通路同单相桥式全控整流电路带电阻负载时的情况，如图 1-14（a）所示。由于负载具有大电感，因此电路中的电流近似为一条水平线，电感越大，电流越稳定。u_2 全部正向加在负载两端，方向为上正下负，$u_{\mathrm{d}} = u_2$，$u_{\mathrm{T1}} = u_{\mathrm{T4}} = 0$，$i_{\mathrm{T2}} = i_{\mathrm{T3}} = 0$，$i_{\mathrm{d}} = i_2 = i_{\mathrm{T1}} = i_{\mathrm{T4}} = (u_{\mathrm{d}} - u_{\mathrm{L}})/R_{\mathrm{d}}$，电感储能，这种状态持续到 π 时刻。在 π 时刻，虽然 u_2 进入负半周期，但由于电感具有续流作用，T_1、T_4 持续导通，电路维持

单相桥式全控整流电路——大电感负载

原状，电感在这段时间释放能量，u_d 的波形出现负值，即出现拖尾现象，直到 $\pi+\alpha$ 时刻。

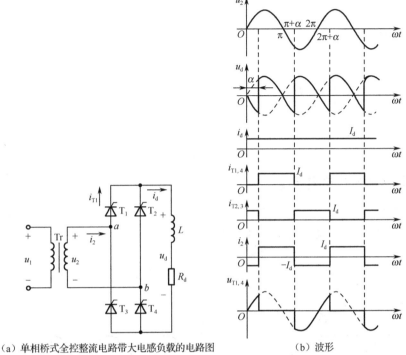

（a）单相桥式全控整流电路带大电感负载的电路图　　　　（b）波形

图 1-15　单相桥式全控整流电路（大电感负载）

在 u_2 处于 $\pi+\alpha$ 时刻，给 T_2、T_3 加触发脉冲进行强制触发，因 T_2、T_3 在 π 时刻已承受正向电压，故两个晶闸管导通。T_2、T_3 导通后，u_2 通过 T_2、T_3 分别向 T_1、T_4 施加反向电压使 T_1、T_4 截止（如导通的 T_2 将 b 点正电位送到 T_1 的阴极，T_1 因承受反向电压而截止），流过 T_1、T_4 的电流迅速转移到 T_2、T_3 上，此过程称为**强制换相**（**强制换流**）。电流通路亦同单相桥式全控整流电路带电阻负载时的情况，如图 1-14（b）所示。电流继续是一条水平线，u_2 还是正向加在负载两端，方向为上正下负，大小等于 u_2，T_1、T_4 承受反向的 u_2。$i_{T1}=i_{T4}=0$，$i_d=i_{T2}=i_{T3}=(u_d-u_L)/R_d$，$i_2=-i_d$，电感储能，这种状态持续到 2π 时刻。在 2π 时刻，虽然 u_2 又回到正半周期，但由于电感具有续流作用，T_2、T_3 持续导通，电路维持原状，电感释放能量，u_d 的波形又出现拖尾现象，直到 $2\pi+\alpha$ 时刻再次进行强制换相重复前述过程。

3. 参数计算

通过前文的公式推导思路，可知直流输出电压平均值为

$$U_d=\frac{1}{\pi}\int_\alpha^{\pi+\alpha}\sqrt{2}U_2\sin\omega t\mathrm{d}(\omega t)=\frac{2\sqrt{2}U_2}{\pi}\cos\alpha=0.9U_2\cos\alpha \tag{1-32}$$

当 $\alpha=0$ 时，$U_d=0.9U_2$，为最大值；当 $\alpha=\pi/2$ 时，$U_d=0$，为最小值。α 的移相范围为 $0\le\alpha\le\pi/2$。

直流输出电压有效值为

$$U=U_2 \tag{1-33}$$

直流输出电流平均值与直流输出电流有效值为

$$I_d=I=\frac{U_d}{R_d} \tag{1-34}$$

晶闸管上的平均电流为

$$I_{dT} = \frac{1}{2}I_d \tag{1-35}$$

晶闸管上的有效电流为

$$I_T = \frac{1}{\sqrt{2}}I \tag{1-36}$$

变压器二次侧电流有效值为

$$I_2 = I_d \tag{1-37}$$

晶闸管上承受的最大电压为

$$U_{RM} = \sqrt{2}U_2 \tag{1-38}$$

1.3.3　大电感加反电动势负载

1. 电路结构

电容、运行中的直流电动机电枢（电枢在旋转时会产生感应电动势 E）、蓄电池等负载相当于一个直流电源，可等效成反电动势负载，可用内阻 R_d 和反电动势 E 来表示，电路图如图 1-16（a）所示，对应波形如图 1-16（b）所示。

单相桥式全控整流电路——
大电感加反电动势负载

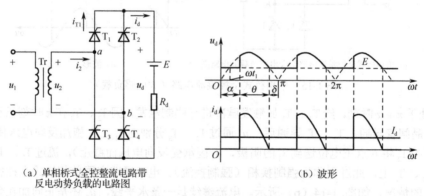

（a）单相桥式全控整流电路带　　　　　　　　　（b）波形
　　　　反动动势负载的电路图

图 1-16　单相桥式全控整流电路（反电动势负载）

2. 原理分析

在如图 1-16（a）所示的电路中，以一个周期为例，在 $0\sim2\pi$ 期间，不论是在 u_2 处于正半周期还是处于负半周期，只有当瞬时值 u_2 大于反电动势电压 E 时，即 $|u_2|>E$，晶闸管（u_2 处于正半周期时为 T_1、T_4，u_2 处于负半周期时为 T_2、T_3）才能因承受正向电压而导通，导通后的负载电压、电流波形如图 1-16（b）中的 θ 段所示，$u_d=|u_2|$，$i_d=(u_d-E)/R_d$，直到电流降为零，晶闸管截止，此时 $|u_2|=E$。由此可以看出，在 $|u_2|<E$ 时，对于相应的晶闸管来说，这两个电压均为反向电压，晶闸管处于截止状态，负载电压、电流波形如图 1-16（b）中的 α 段和 $\alpha+\theta\sim\pi+\alpha$ 段所示，此时电流为零，负载两端的电压为反电动势电压 E。

图 1-16（b）中的 δ 为停止导通角：

$$\delta = \arcsin\frac{E}{\sqrt{2}U_2} \tag{1-39}$$

当 $\alpha<\delta$ 时，为了使晶闸管可靠导通，要求触发脉冲足够宽，这样当 $\omega t=\delta$ 时脉冲仍然存在，电路可触发导通。一般要求 $\alpha>\delta$。

　　电路特点：单相桥式全控整流电路带大电感和反动势负载与单相桥式全控整流电路带电阻负载、单相桥式全控整流电路带大电感负载相比，晶闸管的导通角变小，反动势电压 E 越大，导通角越小，若电路中的内阻 R_d 很小，在输出平均值较大的电流时，电流峰值将很大，对于直流电动机负载来说，其在换相时，易产生电火花。为了解决这个问题，可在电路中串联一个电感，延长晶闸管的导通时间，使得电流连续。图 1-17 所示为单相桥式全控整流电路（电感加反电动势负载）电流临界连续时的状态，为了使得电流基本无脉动，可将串联的电感调整为大电感。

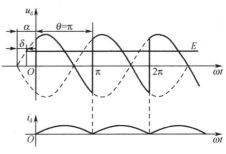

图 1-17　单相桥式全控整流电路（电感加反电动势负载）电流临界连续时的状态

　　3. 参数计算

　　单相桥式全控整流电路在带反电动势负载并串联大电感时，电流近似为一条水平线，在生产实践中经常被使用，需要知道该电路的波形和公式。对该电路一个周期的波形进行分析发现，晶闸管均在 $\pi+\alpha$、$2\pi+\alpha$ 时刻进行换流，它的波形与大电感负载电流连续时的波形完全相同，因此各种计算公式基本相同，参见式（1-32）、式（1-33）、式（1-35）～式（1-38）。直流输出电流平均值与直流输出电流有效值的计算公式［见式（1-34）］不相同，这两个值和负载结构有关。该电路的直流输出电流平均值与直流输出电流有效值为

$$I_\mathrm{d}=I=\frac{U_\mathrm{d}-E}{R_\mathrm{d}} \tag{1-40}$$

　　讨论：为什么停止导通角 $\delta=\arcsin\dfrac{E}{\sqrt{2}U_2}$ ？

　　答：如图 1-16（b）所示，仔细观察波形位置可知，$\alpha+\theta\sim\pi$ 为停止导通角 δ，$0\sim\omega t_1$ 也为停止导通角 δ，$0\sim\omega t_1$ 期间的电压值既是反电动势电压 E，也是过零点的电源电压上升到 δ 时刻的电压，则

$$E=\sqrt{2}U_2\sin\delta$$

因此有

$$\delta=\arcsin\frac{E}{\sqrt{2}U_2}$$

　　例 1-5：单相桥式全控整流电路中 $U_2=100\mathrm{V}$，负载电阻的阻值 $R_\mathrm{d}=2\Omega$，L 值极大，反电动势 $E=60\mathrm{V}$，当 $\alpha=30°$ 时，试求：

（1）u_d、i_d、i_2 的波形。

（2）整流输出平均电压 U_d、平均电流 I_d、变压器二次侧电流有效值 I_2。

例 1-5

（3）考虑安全裕量，选择晶闸管型号。

　　解：（1）单相桥式全控整流电路带大电感和反电动势负载时的输出波形与单相桥式全控整流电路带大电感时的输出波形相同，除了求直流输出电流平均值与直流输出电流有效值的公式不同，其他公式都相同，可得 u_d、i_d、i_2 的波形如图 1-18 所示。

　　（2）该电路整流输出平均电压为

$$
\begin{aligned}
U_\mathrm{d}&=0.9U_2\cos\alpha\\
&=0.9\times100\times\cos30°\\
&\approx77.94\mathrm{V}
\end{aligned}
$$

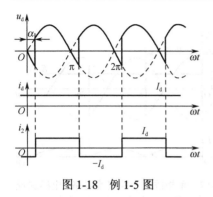

图 1-18　例 1-5 图

整流输出平均电流为

$$I_d = \frac{U_d - E}{R_d} = \frac{77.94 - 60}{2} \approx 9A$$

变压器二次侧电流有效值为

$$I_2 = I_d = 9A$$

（3）晶闸管可能承受的最大电压为

$$U_{RM} = \sqrt{2}U_2 \approx 141.4V$$

考虑 2～3 倍的裕量有

$$U_{Tn} = (2 \sim 3) \times 141.4 = (283 \sim 424)V$$

流过晶闸管电流的最大有效值为

$$I_T = \frac{1}{\sqrt{2}}I_d = 0.707I_d \approx 6.36A$$

考虑 1.5～2 倍裕量，确定晶闸管的额定电流为

$$I_{T(AV)} = (1.5 \sim 2) \times \frac{6.36}{1.57} = (6 \sim 8)A$$

考虑电路中有电感，因此选择晶闸管的型号为 KP10-5。

1.4　单相桥式半控整流电路

单相桥式全控整流电路对晶闸管的绝缘性有很高要求，驱动电路较复杂，将其中两个晶闸管替换成整流二极管，就构成了单相桥式半控整流电路。单相桥式半控整流电路更经济实惠，对触发电路的要求也较低，在中小容量的可控整流电路中得到广泛应用。

1.4.1　大电感负载

1. 电路结构

单相桥式半控整流电路带大电感负载的电路图如图 1-19（a）所示，对应波形如图 1-19（b）所示。

单相桥式半控整流电路——
大电感负载及失控问题

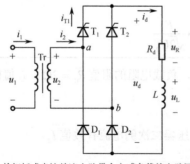

（a）单相桥式半控整流电路带大电感负载的电路图

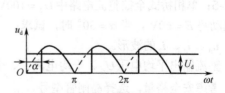

（b）波形

图 1-19　单相桥式半控整流电路（大电感负载）

2. 原理分析

假设电路已工作于稳定状态。

在 u_2 处于正半周期期间，a 点的电位为正，b 点的电位为负，在 α 时刻给阳极受正向电压的晶闸管 T_1 加触发脉冲，晶闸管 T_1 导通，a 点的电位高于 b 点的电位，整流二极管 D_2 所承受的正向电压大于整流二极管 D_1 所承受的正向电压，因此晶闸管 T_1 导通，基于二极管的优先导通原则，整

流二极管 D_2 导通，u_2 经晶闸管 T_1 和整流二极管 D_2 向负载供电，电流通路如图 1-20（a）所示。负载上的电压为正向 u_2。

在 π 时刻，u_2 过零变负，因电路中有大电感，所以电路中仍有电流流过，晶闸管 T_1 继续导通。由于 a 点的电位低于 b 点的电位，因此电流从整流二极管 D_2 转移至整流二极管 D_1，整流二极管 D_2 因承受反向电压而截止。电流不再流经变压器二次绕组，而是由晶闸管 T_1 和整流二极管 D_1 续流，电流通路如图 1-20（b）所示。忽略各管压降，负载上的电压为零。

在 u_2 处于负半周期期间，a 点的电位为负，b 点的电位为正，在 $\pi+\alpha$ 时刻，晶闸管 T_2 满足导通条件而导通，导通的晶闸管 T_2 将 b 点的正电位送到了晶闸管 T_1 的阴极，晶闸管 T_1 因承受反向电压而截止，u_2 经晶闸管 T_2 和整流二极管 D_1 向负载供电，电流通路如图 1-20（c）所示。负载上的电压还是正向 u_2。

在 2π 时刻，u_2 过零变正，因电路中有大电感，所以电路中仍有电流流过，晶闸管 T_2 继续导通。又由于 a 点的电位变为高于 b 点的电位，电流从整流二极管 D_1 转移至整流二极管 D_2，整流二极管 D_1 因承受反向电压而截止。晶闸管 T_2 和整流二极管 D_2 续流，电流通路如图 1-20（d）所示。忽略各管压降，负载上的电压为零。

如此反复，负载的波形与单相桥式全控整流电路带电阻负载的波形一致，如图 1-13（b）所示。直流输出电压平均值较高。

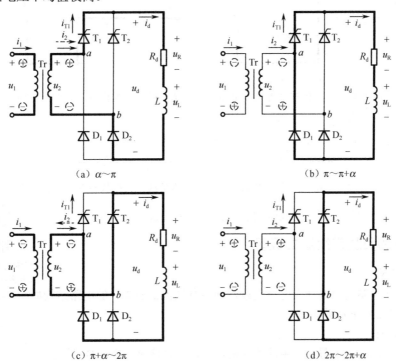

图 1-20　单相桥式半控整流电路（大电感负载）的电流通路

3. 失控现象

失控是指当触发脉冲 α 突然增大至180°或触发脉冲丢失时，电路会发生一个晶闸管持续导通，而两个整流二极管轮流导通的情况，这会使得负载上的电压 u_d 变为正弦半波。即半个周期 u_d 为正弦，另外半个周期 u_d 为零，其平均值保持恒定，失去了输出电压的可控性。

出现失控现象的原因如下。

单相桥式半控整流电路在带大电感负载时，在正常情况下，在 u_2 第一个周期的 $\alpha \sim \pi$ 和

$\pi+\alpha\sim2\pi$ 期间，负载上均有电压，电压为正向 u_2，改变 α 就改变了负载上的电压的平均值。

在 $\alpha\sim\pi$ 期间，晶闸管 T_1 导通，与整流二极管 D_2 形成回路，负载上的电压为正向 u_2。在 π 时刻，电流由整流二极管 D_2 转移到整流二极管 D_1，电流通路如图 1-21（a）所示，负载上的电压为零。在 $\pi+\alpha$ 时刻，晶闸管 T_2 本应该触发导通，但它的脉冲丢失，所以继续保持如图 1-21（a）所示的电流通路，负载上的电压仍为零，一直维持到 2π 时刻。在 2π 时刻，u_2 进入下一个周期的正半周期，晶闸管 T_1 承受正向电压，同时因为晶闸管 T_1 没有截止过，因此不需要等待触发继续导通，所以在 2π 时刻，只是电流由整流二极管 D_1 转移到整流二极管 D_2，负载上的电压为正向 u_2，电流通路如图 1-22（b）所示。由此可见，一开始 α 时刻被触发导通的晶闸管 T_1 在导通后就没有断开，只是整流二极管 D_1 和整流二极管 D_2 在以半个周期的规律轮流导通，负载上出现 u_d 半个周期为正弦，另外半个周期为零的情况，输出电压不可控。单相桥式半控整流电路（大电感负载）失控状态下的负载波形如图 1-22 所示。

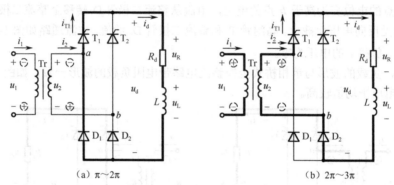

（a）$\pi\sim2\pi$　　　　　　　　（b）$2\pi\sim3\pi$

图 1-21　单相桥式半控整流电路（大电感负载）失控状态下的电流通路

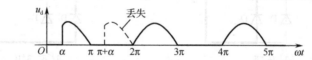

图 1-22　单相桥式半控整流电路（大电感负载）失控状态下的负载波形

为了解决失控现象，可在负载两侧反向并联续流二极管。

1.4.2　大电感负载带续流二极管

1. 电路结构

单相桥式半控整流电路——大电感负载带续流二极管

单相桥式半控整流电路（大电感负载反向并联续流二极管）的电路结构如图 1-23（a）所示，对应波形如图 1-23（b）所示。

2. 波形分析

在 α 时刻，晶闸管 T_1 导通，由前述分析可知，此时整流二极管 D_2 导通，续流二极管 VD 因承受反向电压而截止，电流通路如图 1-24（a）所示。负载上的电压为正向 u_2，$i_{D1}=i_{VD}=i_{T2}=0$，$i_d=i_2=i_{T1}=i_{D2}=u_d/R_d$，$u_{T1}=u_{D2}=0$。

在 π 时刻，u_2 过零变负，续流二极管 VD 续流，续流二极管 VD 的管压降约为 1V，该电压不足以维持晶闸管 T_1 和整流二极管 D_1 继续导通，晶闸管 T_1 和整流二极管 D_1 的电流降到晶闸管 T_1 维持电流以下，晶闸管 T_1 截止。续流二极管 VD 与负载形成电流通路，如图 1-24（b）所示，$i_d=i_{VD}=u_d/R_d$，$u_{T1}=u_{D2}=-|u_2/2|$，$i_{D1}=i_{T1}=i_{D2}=i_{T2}=i_2=0$，$u_d=0$。

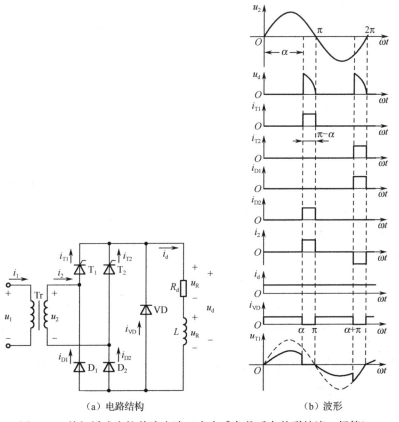

图 1-23　单相桥式半控整流电路（大电感负载反向并联续流二极管）

在 $\pi + \alpha$ 时刻，晶闸管 T_2 导通，u_2 经晶闸管 T_2 和整流二极管 D_1 向负载供电。同时续流二极管 VD 因承受反向电压而截止，电流通路如图 1-24（c）所示，负载上的电压还是正向 u_2，$i_2 = -i_d$，$i_d = i_{T2} = i_{D1} = u_d/R_d$，$i_{D2} = i_{VD} = i_{T1} = 0$，$u_{T1} = u_{D2} = -|u_2|$。

在 2π 时刻，u_2 过零变正，续流二极管 VD 续流，晶闸管 T_2 截止，电流通路如图 1-24（d）所示，$u_d = 0$，$i_d = i_{VD} = u_d/R_d$，$i_{D1} = i_{T1} = i_{D2} = i_{T2} = i_2 = 0$，$u_{T1} = u_{D2} = u_2/2$。

3. 参数计算

单相桥式半控整流电路（大电感负载反向并联续流二极管）的直流输出电压平均值、直流输出电压有效值、直流输出电流平均值与直流输出电流有效值分别见式（1-22）、式（1-24）、式（1-34）。

晶闸管与整流二极管上的平均电流为

$$I_{dT} = I_{dD} = \frac{\pi - \alpha}{2\pi} I_d \tag{1-41}$$

晶闸管与整流二极管上的有效电流为

$$I_T = I_D = \sqrt{\frac{\pi - \alpha}{2\pi}} I \tag{1-42}$$

续流二极管上的平均电流为

$$I_{dVD} = \frac{\alpha}{\pi} I_d \tag{1-43}$$

续流二极管上的有效电流为

$$I_{VD} = \sqrt{\frac{\alpha}{\pi}} I \tag{1-44}$$

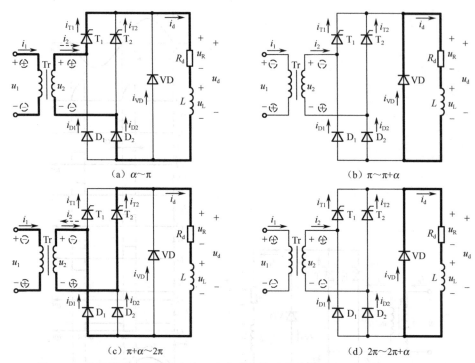

（a）$\alpha \sim \pi$　　　　　　　　（b）$\pi \sim \pi + \alpha$

（c）$\pi + \alpha \sim 2\pi$　　　　　　　（d）$2\pi \sim 2\pi + \alpha$

图 1-24　单相桥式半控整流电路（大电感负载反向并联续流二极管）的电流通路

变压器二次侧电流有效值为

$$I_2 = \sqrt{\frac{\pi - \alpha}{\pi}} I \tag{1-45}$$

晶闸管承受的最大电压为

$$U_{RM} = \sqrt{2} U_2 \tag{1-46}$$

α 的移相范围为 $0 \leqslant \alpha \leqslant \pi$。

例 1-6：电路如图 1-23（a）所示，该单相桥式半控整流电路由 200V 交流电源经变压器供电。要求输出整流电压在 20～80V 范围内连续可调，最大负载电流为 20A，最小控制角 α_{min} 为 30°，试计算晶闸管的 $I_{T(AV)}$、整流二极管的 $I_{D(AV)}$、续流二极管的 $I_{VD(AV)}$，以及变压器的容量。

例 1-6

解：当 $U_{dmax} = 80V$ 时，对应最小控制角为 $\alpha_{min} = 30°$，则

$$U_2 = \frac{2U_{dmax}}{0.9 \times (1 + \cos\alpha_{min})} = \frac{2 \times 80}{0.9 \times (1 + \cos 30°)} \approx 95.3V$$

当 $U_{dmin} = 20V$ 时，对应最大控制角为 α_{max}，则

$$\cos\alpha_{max} = \frac{2U_{dmin}}{0.9 U_2} - 1 = \frac{2 \times 20}{0.9 \times 95.3} - 1 \approx -0.53$$

最大控制角为 $\alpha_{max} = 122.3°$。

控制角的范围为 $\alpha \in [30°, 122.3°]$。

当控制角 $\alpha_{min} = 30°$ 时，晶闸管和整流二极管中的电流最严重。

流过晶闸管和整流二极管的电流的最大有效值为

$$I_T = I_D = \sqrt{\frac{\pi - \alpha_{min}}{2\pi}} I_d = \sqrt{\frac{\pi - 30°}{2\pi}} \times 20 \approx 13A$$

流过晶闸管和整流二极管的额定电流为

$$I_{T(AV)} = I_{D(AV)} = \frac{I_T}{1.57} \approx 8.3A$$

当控制角 $\alpha_{max} = 122.3°$ 时，续流二极管中的电流最严重。

流过续流二极管电流的最大有效值为

$$I_{VD} = \sqrt{\frac{\alpha_{max}}{\pi}} I_d = \sqrt{\frac{122.3°}{\pi}} \times 20 \approx 16.5A$$

流过续流二极管的额定电流为

$$I_{VD(AV)} = \frac{I_{VD}}{1.57} \approx 10.5A$$

当控制角 $\alpha_{min} = 30°$ 时，变压器二次侧的电流最严重。

变压器二次侧的电流的最大有效值为

$$I_2 = \sqrt{\frac{\pi - \alpha_{min}}{\pi}} I_d = \sqrt{\frac{\pi - 30°}{\pi}} \times 20 \approx 18.3A$$

变压器的容量为

$$S = U_2 I_2 = 95.3 \times 18.3 \approx 1744VA$$

1.5 典型例题

例 1-7：如图 1-25 所示，在晶闸管 T 的阳极和阴极间加交流电压 u_2，门极在 t_1 时刻闭合开关 S，在 t_4 时刻断开开关 S，求电阻两端电压 u_d 的波形。

例 1-7

解：由晶闸管的导通条件可知，在闭合开关 S 时，即 t_1 时刻，晶闸管 T 的阳极与阴极之间承受正向电压并导通，$u_d = u_2$，此状态一直维持到 t_2 时刻。在 $t_2 \sim t_3$ 期间，晶闸管 T 的阳极与阴极间承受反向电压，此时即使门极有电压，晶闸管仍为断态，$u_d = 0$。在 t_3 时刻，晶闸管 T 的阳极与阴极间变为正向电压，此时门极亦有电压，晶闸管 T 导通，$u_d = u_2$，此状态一直维持到 u_2 正半周期结束（由于晶闸管一旦导通门极就失去控制作用，因此在 t_4 时刻，即使撤去了门极电压，晶闸管仍然导通）。

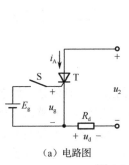
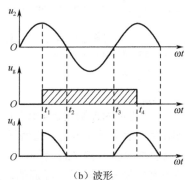

（a）电路图 （b）波形

图 1-25 例 1-7 电路图与波形

例 1-8：电路图如图 1-26 所示，该电路由一个晶闸管与一个整流二极管组成。

例 1-8

（1）画出 $\alpha = 45°$ 时的整流电压 u_d、晶闸管 T 两端的电压 u_T 与整流二极管 D 两端的电压 u_D 的波形。

（2）求输出直流电压 U_d。

解：（1）该电路的波形与电流通路如图 1-27 所示，具体分析如下。

在 $0 \sim \pi$ 期间：在 $0 \sim \alpha$ 期间，晶闸管 T 承受正向电压，但未导通，整流二极管 D 承受反向电

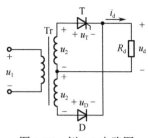

图 1-26　例 1-8 电路图

压，亦不导通，$u_d = 0$，$u_T = u_2$，$u_D = -|u_2|$。在 α 时刻，晶闸管 T 触发导通，其电流通路如图 1-27（b）所示。$u_d = u_2$，$u_T = 0$，另 u_2 和负载上电压 u_d 相等，均反向加在整流二极管 D 两端，$u_D = -2|u_2|$。

在 $\pi \sim 2\pi$ 期间：晶闸管 T 因承受反向电压而截止，整流二极管 D 因承受正向电压而导通，其电流通路如图 1-27（c）所示。$u_d = |u_2|$，$u_D = 0$，u_2 和 u_d 加在晶闸管 T 两端，$u_T = -2|u_2|$。

根据分析可绘制如图 1-27（a）所示波形。

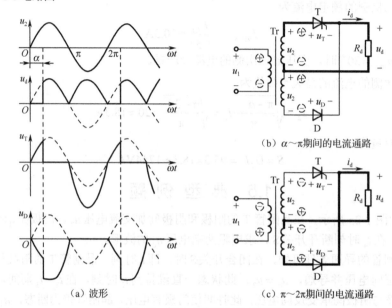

（a）波形
（b）$\alpha \sim \pi$ 期间的电流通路
（c）$\pi \sim 2\pi$ 期间的电流通路

图 1-27　例 1-8 波形与电流通路

（2）输出直流电压 U_d 为

$$U_d = U_{d1} + U_{d2} = \frac{1}{2\pi}\int_\alpha^\pi \sqrt{2}U_2 \sin\omega t \, \mathrm{d}(\omega t) + \frac{1}{2\pi}\int_0^\pi \sqrt{2}U_2 \sin\omega t \, \mathrm{d}(\omega t) = \frac{\sqrt{2}U_2}{2\pi}(3+\cos\alpha)$$

例 1-9：图 1-28（a）所示电路为具有中点二极管的单相桥式半控整流电路。

（1）画出控制角 $\alpha = 45°$ 时的 u_d 的波形。

（2）推导出 U_d 的计算公式。

（3）计算 U_{dmax}、U_{dmin}。

例 1-9

解：（1）图 1-28（b）所示为控制角 $\alpha = 45°$ 时的 u_d 的波形，具体分析如下。

在 $\omega t = 0$ 时，晶闸管 T_1 承受正向电压，待触发。整流二极管 D_2 和整流二极管 D_3 受来自 u_2 的正向电压而导通，电流通路如图 1-29（a）所示，$u_d = u_2$，此状态一直维持到 $\omega t = \alpha$ 时。

在 $\omega t = \alpha$ 时，晶闸管 T_1 触发并导通，导通的晶闸管 T_1 将 u_2 的正电压送到了整流二极管 D_3 的阴极，整流二极管 D_3 因承受反向电压而截止，电流通路如图 1-29（b）所示，$u_d = 2u_2$，此状态一直维持到 π 时。

在 $\omega t = \pi$ 时，晶闸管 T_1 因承受来自 u_2 的反向电压而截止。晶闸管 T_2 承受正向电压，待触发。整流二极管 D_1 和整流二极管 D_3 承受来自 u_2 的正向电压而导通，电流通路如图 1-29（c）所示，$u_d = |u_2|$，此状态一直维持到 $\pi + \alpha$ 时。

在 $\omega t = \pi + \alpha$ 时，晶闸管 T_2 触发并导通，导通的晶闸管 T_2 将 u_2 的正电压送到了整流二极管 D_3 的阴极，整流二极管 D_3 因承受反向电压而截止，电流通路如图 1-29（d）所示，$u_d = |2u_2|$，此状

态一直维持到 2π 时。此后周而复始。

根据分析绘制如图 1-28（b）所示波形图。

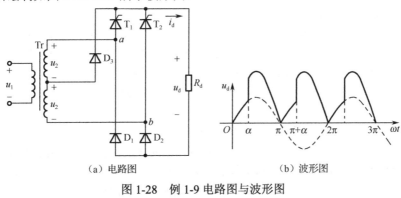

（a）电路图　　　　　　　　　　（b）波形图

图 1-28　例 1-9 电路图与波形图

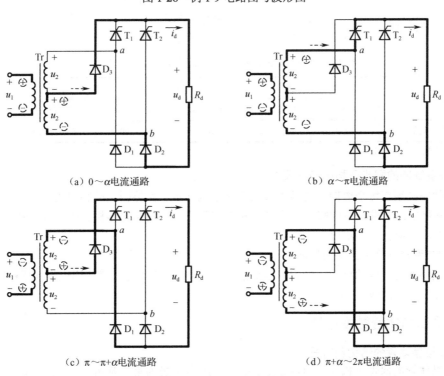

（a）$0 \sim \alpha$ 电流通路　　　　　　　　　　（b）$\alpha \sim \pi$ 电流通路

（c）$\pi \sim \pi + \alpha$ 电流通路　　　　　　　　　　（d）$\pi + \alpha \sim 2\pi$ 电流通路

图 1-29　例 1-9 电流通路

（2）U_d 的计算公式为

$$U_d = \frac{1}{\pi}\left[\int_0^\alpha \sqrt{2}U_2 \sin\omega t \mathrm{d}(\omega t) + \int_\alpha^\pi 2\sqrt{2}U_2 \sin\omega t \mathrm{d}(\omega t)\right] = \frac{3\sqrt{2}}{\pi}U_2 + \frac{\sqrt{2}}{\pi}U_2\cos\alpha$$

（3）当 $\alpha = 0$ 时，$U_{d\max} = \frac{4\sqrt{2}}{\pi}U_2$；当 $\alpha = \pi$ 时，$U_{d\min} = \frac{2\sqrt{2}}{\pi}U_2$。

1.6　单相相控电路的驱动控制

在晶闸管阳极加上正向电压后，要使晶闸管导通，还应在门极与阴极之间加上适当的触发电压和触发电流。为门极提供这个触发电压和触发电流的电路为晶闸管触发电路（门极驱动控制电路）。该电路是保证电路准确触发的基础，正确设计触发电路是保证系统可靠运行的关键。

1.6.1 触发电路的基本要求

1．触发脉冲的功率要求

晶闸管可靠触发的一个关键指标是触发信号（触发电压和触发电流）要有足够的功率。由于晶闸管门极参数有很大的分散性且触发电压和触发电流会随温度变化而变化，因此在设计触发电路时需要参考元器件手册中的参数。一般来讲，触发电路的触发电压和触发电流应大于元器件手册中的门极触发电压和触发电流，并留有一定裕量，同时不能超过规定的门极最大允许峰值电压和峰值电流值。

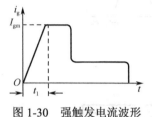

图 1-30　强触发电流波形

2．触发脉冲的波形要求

触发脉冲的波形要有一定的宽度。表 1-6 给出了触发脉冲宽度与整流电路形式和负载的关系。另外，触发脉冲的前沿应尽可能陡并高于最大正常触发电流，这样可以快速、可靠地触发大功率晶闸管。图 1-30 所示波形对应的电流称为**强触发电流**。强触发电流的幅值可达最大正常触发电流的 5 倍，前沿大，前沿的持续时间约为几微秒。

表 1-6　触发脉冲宽度与整流电路形式和负载的关系

可控整流电路形式	单相可控整流		三相半波和三相半控桥		三相全控桥和双反星形	
	电阻负载	电感负载	电阻负载	电感负载	单宽脉冲	双窄脉冲
触发脉冲宽度	10μs	50～100μs	10μs	50～100μs	350～400μs	5～100μs

注：表中数值均以 50Hz 计算。

3．触发脉冲的同步及移相范围要求

触发脉冲必须在每个周期都与晶闸管的阳极电压同步，保持固定的相位关系，同时脉冲移相范围必须满足电路要求。不同整流电路形式和不同负载的控制角的移相范围不同，在设计时要考虑这些因素，并留有一定裕量。

4．触发电路的抗干扰能力要求

触发电路要有一定的抗干扰能力，以免晶闸管发生误导通。在一般情况下，电路需要采取屏蔽、隔离等抗干扰措施。

1.6.2 单结晶体管触发电路

1．单结晶体管的结构和符号

单结晶体管的原理结构如图 1-31（a）所示，图中 b_1 极为第一基极，b_2 极为第二基极，e 极为发射极。b_1 极和 b_2 极两个基极由一块高电阻率的 N 型硅片引出，两个基极之间的电阻就是硅片本身的电阻，一般为 2～12kΩ。在两个基极间靠近 b_1 极的地方用合金法或扩散法掺入 P 型杂质并引出电极，成为 e 极。该晶体管有三个电极，但只有一个 PN 结，因此称为单结晶体管，又因为有两个基极，所以又称为双基极二极管。

单结晶体管的外形与引脚排列如图 1-31（b）所示，符号如图 1-31（c）所示。国外典型产品有 2N4646、2N4648 等；国内典型产品型号有 BT31、BT33、BT35，其中 B 表示半导体，T 表示特种管，第一位数字 3 表示三个极，第二位数字表示最大耗散功率（若为 3，则表示最大耗散功率为 300mW）。

单结晶体管的等效电路如图 1-31（d）所示，两个基极之间的电阻 $R_{bb} = R_{b1} + R_{b2}$，其中，R_{b1} 表示 e 极和 b_1 极之间的电阻，当发射极电流变大时，R_{b1} 变小，相当于一个可变电阻；R_{b2} 表示 e 极和 b_2 极之间的电阻，阻值基本固定不变。PN 结可等效为二极管 D，它的正向导通压降约为 0.7V。

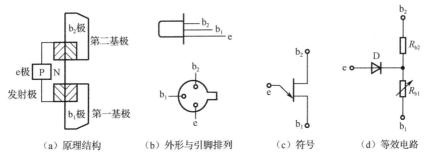

（a）原理结构　　（b）外形与引脚排列　　（c）符号　　（d）等效电路

图 1-31　单结晶体管

2. 单结晶体管的伏安特性曲线

单结晶体管的伏安特性是指当 b_1 极和 b_2 极两个基极间加某一固定直流电压 E_{bb} 时，发射极电流 I_e 与发射极正向电压 U_e 之间的关系表示为 $I_e = f(U_e)$。单结晶体管的伏安特性曲线共分三个区（截止区、负阻区和饱和区）。图 1-32（a）所示为单结晶体管实验电路，当开关 S 断开，I_{bb} 为零，e 极和 b_1 极间加发射极电压 U_e 时，得到图 1-32（b）中①所示的伏安特性曲线，该曲线与二极管的伏安特性曲线相似。

（1）截止区——aP 段。

正向电压 E_{bb} 加在 b_1 极、b_2 极两个基极间，当开关 S 闭合时，R_{b1} 和 R_{b2} 对 E_{bb} 进行分压，得到 A 点电位 U_A，即

$$U_A = \frac{R_{b1} E_{bb}}{R_{b1} + R_{b2}} = \eta E_{bb} \tag{1-47}$$

式中，η 为分压比，是单结晶体管的重要参数，一般为 0.3～0.9。

U_e 从零逐渐增加，当 $U_e < U_A$ 时，单结晶体管的 PN 结反偏，只有很小的反向漏电流流过 PN 结，I_e 为负值，图 1-32（b）中的 ab 段。当 $U_e = U_A$ 时，单结晶体管的 PN 结零偏，即 I_e 等于 0，图 1-32（b）中的 b 点。进一步增大 U_e，当 $U_A < U_e < U_A + U_D$ 时（U_D 为 PN 结死区电压），PN 结开始正偏，开始出现正向漏电流，$I_e > 0$，但数值仍然很小，单结晶体管并未完全导通，图 1-32（b）中的 bP 段。当 $U_e = U_A + U_D = U_A + 0.7$ 时，等效二极管 D 瞬时导通，图 1-32（b）中的 P 点。P 点为**峰点**，是单结晶体管由截止状态进入导通状态对应的点。P 点对应的电压称为峰点电压 U_p，对应的电流称为峰点电流 I_p。峰点电压为 $U_p = U_A + U_D \approx U_A = \eta E_{bb}$，峰点电压 U_p 会随基极电压 E_{bb} 的改变而改变。

（2）负阻区——PV 段。

当 $U_e > U_P$ 时，由于等效二极管 D 处于通态，电流 I_e 流入 e 极并不断增大，即发射极 P 区的空穴不断注入 N 区，N 区的载流子增加，PN 结对载流子的阻碍能力不断减小，R_{b1} 减小，导致 U_A 下降，U_e 下降。U_A 的下降引起更多载流子注入硅片，使得 R_{b1} 更小，这个过程使得 I_e 进一步增大，单结晶体管内部形成强烈的正反馈。当 I_e 增大到一定程度时，硅片中的载流子的浓度趋于饱和，R_{b1} 减小至最小值，U_A 最小，U_e 也最小，得到图 1-32（b）曲线上的 V 点。V 点称为**谷点**，谷点所对应的电压和电流称为谷点电压 U_V 和谷点电流 I_V。一般单结晶体管的谷点电压为 2～5V。谷点电压 U_V 是维持单结晶体管导通的最小发射电压。这一区间称为特性曲线的负阻区（U_e 较小，I_e 增大）。

（3）饱和区——VN 段。

当 $U_e < U_V$ 后，单结晶体管进入饱和区，单结晶体管截止。当硅片中的载流子饱和后，欲使 I_e 继续增大，必须增大 U_e，单结晶体管处于饱和导通状态。

注意：不同单结晶体管具有不同的 U_P、U_V。对于同一个单结晶体管，当 E_{bb} 变化时，其 U_P、U_V 也会发生变化，如图 1-32（c）所示。

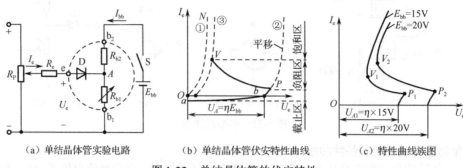

　　　(a) 单结晶体管实验电路　　　　(b) 单结晶体管伏安特性曲线　　　　(c) 特性曲线族图

图 1-32　单结晶体管的伏安特性

3．单结晶体管的检测

单结晶体管质量的检测过程如下。

（1）检测 e 极、b_1 极和 e 极、b_2 极之间的正/反向电阻。将万用表拨至×1k 挡（或者将数字表拨至蜂鸣挡），黑表笔接单结晶体管的 e 极，红表笔依次接 b_1 极、b_2 极，测量 e 极、b_1 极和 e 极、b_2 极之间的正向电阻，正常时正向电阻较小。红表笔接 e 极，黑表笔依次接 b_1 极、b_2 极，测量 e 极、b_1 极和 e 极、b_2 极之间的反向电阻，正常时反向电阻无穷大或接近无穷大。

（2）检测 b_1 极、b_2 极之间的正/反向电阻。将万用表拨至×1k 挡（或者将数字表拨至蜂鸣挡），红、黑表笔分别接单结晶体管的 b_1 极、b_2 极，正反各测一次，正常时 b_1 极、b_2 极之间的正/反向电阻为 2～200kΩ。若测得结果与上述不符，则表明单结晶体管损坏或性能不良。

4．单结晶体管的主要参数

单结晶体管的主要参数有基极电阻 R_{bb}、分压比 η、峰点电流 I_P、谷点电压 U_V、饱和电压 U_{ES}、谷点电流 I_V 及耗散功率等。其中，基极电阻 R_{bb} 是指发射极断路，b_1 极、b_2 极之间的电阻，一般为 2～10kΩ，数值随温度上升而增大；分压比 η 由单结晶体管内部电路结构决定。单结晶体管的主要参数如表 1-7 所示。

表 1-7　单结晶体管的主要参数

参数名称	测试条件	BT33		BT33		BT35		BT35	
		A	B	C	D	A	B	C	D
分压比 η	$E_{bb} = 20\text{V}$	0.45～0.9		0.3～0.9		0.45～0.9		2～4.5	
基极电阻 $R_{bb}/\text{k}\Omega$	$E_{bb} = 3\text{V}$ $I_e = 0\text{A}$	2～4.5		>4.5～12		2～4.5		>4.5～12	
峰点电流 $I_P/\mu\text{A}$	$E_{bb} = 0\text{V}$	<4							
谷点电流 I_V/mA	$E_{bb} = 0\text{V}$	>1.5							
谷点电压 U_V/V	$E_{bb} = 0\text{V}$	<3.5		<4		<3.5	>3.5		>4
饱和电压 U_{ES}/V	$E_{bb} = 0\text{V}$ $I_e = I_{emax}$	<4		<4.5		<4		<4.5	
最大反向电压 U_{b2emax}/V	—	≥30	≥60	≥30	≥60	≥30	≥60	≥30	≥60
发射极反向漏电流 $I_{e0}/\mu\text{A}$	U_{b2emax} 为最大值	<2							
耗散功率 P_{max}/mW	—	300				500			

5．单结晶体管张弛振荡电路

利用单结晶体管的负阻特性及电容的充放电原理可搭建单结晶体管的张弛振荡电路，其电路图和波形图如图 1-33 所示。

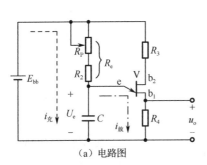
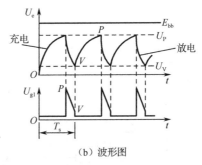

（a）电路图　　　　　　　　　　　（b）波形图

图 1-33　单结晶体管张弛振荡电路

设电容初始电压为零，电路在刚接通时，单结晶体管不导通，电源 E_{bb} 经电阻 R_2、电阻 R_p 对电容 C 充电，电容上的电压从零开始呈指数规律上升，充电电压的时间常数为 $\tau = R_e C$，波形图如图 1-33（b）所示。当电容 C 两端的电压达到单结晶体管的峰点电压 U_p 时，单结晶体管导通，电容 C 开始通过单结晶体管和电阻 R_4 放电。电阻 R_4 的阻值很小，放电很快，因此放电电流在电阻 R_4 上产生尖峰脉冲。随着电容 C 的放电，电容电压呈指数降低，当电容电压降到谷点电压 U_v 以下时，单结晶体管截止。其后，电源 E_{bb} 又经电阻 R_2、电阻 R_p 重新对电容 C 进行充电，如此往复，在电容 C 两端产生一个类似锯齿波的波形，而在电阻 R_4 两端产生一个尖脉冲波。电路中的电阻 R_2 的作用是温度补偿，若无电阻 R_2，当温度升高时，单结晶体管峰点电压 U_p 会下降，导致振荡频率不稳定。若有了电阻 R_2，当温度升高时，R_{bb} 增大，进而 E_{bb} 也增加，峰点电压 U_p 维持不变，保证振荡频率基本稳定。该电路的振荡周期和振荡频率为

$$T_s = \tau_充 + \tau_放 = R_e C + (R_4 + R_{b1})C \approx R_e C \ln \frac{1}{1-\eta} \tag{1-48}$$

$$f = 1/T_s = 1/\left(R_e C \ln \frac{1}{1-\eta}\right) \tag{1-49}$$

6．典型单结晶体管触发电路

图 1-34（a）所示为典型单结晶体管触发电路的电路图。D_3、D_4、D_5、D_6 构成单相桥式不可控整流电路，整流变压器 Tr 二次侧电源电压处于正半周期时，D_3、D_6 导通；整流变压器 Tr 二次侧电源电压处于负半周期时，D_4、D_5 导通，其输出波形如图 1-34（b）的 TP_1 所示。电阻 R 和稳压管 D_Z 构成稳压电路。当 TP_1 的电压小于稳压值 U_Z 时（$0 \sim \omega t_1$ 和 $\omega t_2 \sim \pi$ 期间），稳压管 D_Z 截止，该处的电压波形就是 TP_1 处输入的正弦电压波形，当 TP_1 处的电压大于或等于稳压值 U_Z 时（$\omega t_1 \sim \omega t_2$ 期间），稳压管 D_Z 导通，将 TP_1 的电压钳制在 U_Z，其电压波形如图 1-34（b）的 TP_2 所示。整流变压器 Tr 二次侧电源电压处于负半周期时，TP_2 波形重复 $0 \sim \pi$ 区间的波形。其后的电阻 $R_1 \sim R_3$、滑线变阻器 R_e、电容 C 及单结晶体管 V 构成了张弛振荡电路，其原理见"5. 单结晶体管张弛振荡电路"部分，电容充电到单结晶体管 V 的峰点 U_p 时输出脉冲，电容放电到单结晶体管 V 的谷点 U_v 时脉冲消失，其电压波形如图 1-34（b）的 TP_3、TP_4 所示。调节滑线变阻器的阻值 R_e 可改变电容充放电速度，R_e 增大，充电变慢，电容电压充到单结晶体管 V 的峰点电压 U_p 的时间变长，相当于控制角 α 后移；R_e 减小，充电变快，电容电压充到单结晶体管 V 的峰点电压 U_p 的时间变短，相当于控制角 α 前移，达到了**移相**的目的。

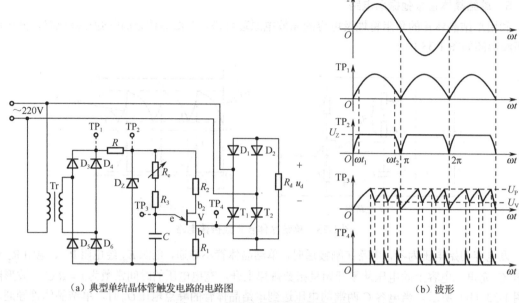

（a）典型单结晶体管触发电路的电路图　　　　（b）波形

图 1-34　典型单结晶体管触发电路

　　另外，为了保证在电源的每个周期触发电路都能在固定的相位触发，需要保证主电路电源与触发脉冲同频同相位。现整流变压器 Tr 的一次侧接电网，二次侧接单结晶体管触发电路。将单相桥式半控整流电路的输入侧也接入电网，以使整流变压器 Tr 与主电路电源同频率同相。因此触发电路只要做到整流变压器 Tr 二次侧电源与触发脉冲相位固定即可。由上述分析可知，触发电源的每半个周期开始的位置电容 C 都是从零开始充电，并在每半个周期结束的位置放电至零，从而保证了每个周期触发电路送出的第一个脉冲距离过零的时刻（控制角 α ）一致，实现了同步。TP_1～TP_4 实测波形如图 1-35～图 1-38 所示。

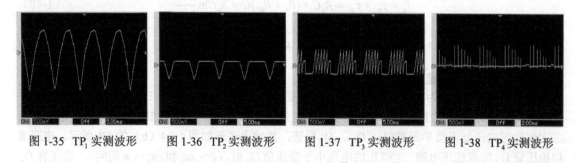

图 1-35　TP_1 实测波形　　图 1-36　TP_2 实测波形　　图 1-37　TP_3 实测波形　　图 1-38　TP_4 实测波形

1.6.3　同步信号为锯齿波的触发电路

　　同步信号为锯齿波的触发电路在 200A 以下的电力电子装置中有广泛的应用。该电路抗干扰能力强，基本不受电网电压的影响。图 1-39 所示为同步信号为锯齿波的触发电路，它包括锯齿波的形成、脉冲移相、脉冲的形成与放大、双窄脉冲的形成、强触发、同步这六个单元。该电路的输出可为双窄脉冲，也可为单窄脉冲，适用于有两个晶闸管同时导通的电路，如单相桥式全控整流电路及在模块二学习的三相桥式全控整流电路。下面对电路工作原理进行详细介绍。

同步信号为锯齿波的触发电路——序

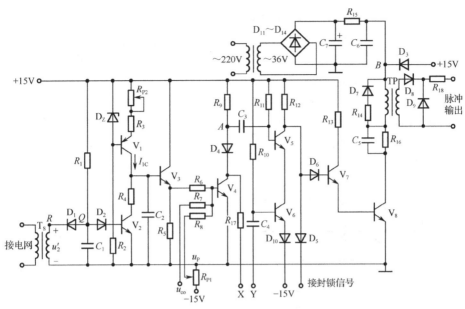

图 1-39 同步信号为锯齿波的触发电路

1. 锯齿波的形成

锯齿波的形成环节由一个恒流源（V_1、D_Z、R_{P2} 和 R_3 构成）、V_1、V_2、V_3 和 C_2 等元器件组成。

当 V_1 饱和导通时，可忽略饱和压降。稳压管 D_Z 将 R_{P2} 和 R_3 两端的电压固定，当 R_{P2} 和 R_3 的阻值固定时，输出的电流 I_{1C} 恒定不变。

当 V_2 截止时，恒流源电流 I_{1C} 对电容 C_2 充电，所以 C_2 两端的电压 u_{C2} 为

同步信号为锯齿波的触发电路——锯齿波的形成

$$u_{C2} = \frac{1}{C}\int I_{1C}\mathrm{d}t = \frac{I_{1C}}{C}t \qquad (1\text{-}50)$$

由式（1-50）可知，u_{C2} 按照过原点的斜线的线性规律增长，充成上正下负的电压，即 V_3 的基极电位 u_{b3} 也按线性增长，增长到一定值时，V_3 导通。

当 V_2 导通时，C_2 通过 R_4 和 V_2 进行逆时针放电，由于 R_4 的阻值很小，所以 C_2 迅速放电，使 u_{b3} 电位迅速降到零附近。当 V_2 周期性地导通和关断时，u_{b3} 便形成锯齿波，同样 u_{e3} 也是一个锯齿波电压。图 1-40 所示为锯齿波电压 u_{e3} 实测波形，理论波形如图 1-41（c）所示。另外，这个锯齿波的斜率是可以调整的。由于

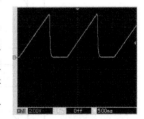

图 1-40 锯齿波电压 u_{e3} 实测波形

$$I_{1C} = \frac{U_{DZ}}{R_3 + R_{P2}} \qquad (1\text{-}51)$$

因此当 R_{P2} 增大时，I_{1C} 减小，结合式（1-50）可知，I_{1C}/C 减小，即锯齿波的斜率减小。

2. 脉冲移相

脉冲移相环节由 V_3、V_4、R_6、R_7、R_8 等元器件组成。V_4 的基极电压由锯齿波电压 u_{e3}、直流控制电压 U_{co}、负直流偏置电压 U_p 分别经过 R_6、R_7 和 R_8 的分压值（u'_{e3}、U'_{co}、U'_p）叠加而成。当 V_4 的基极电压等于 0.7V 时，V_4 导通。对比图 1-41（f）和图 1-41（l）可以看出，**V_4 导通时刻就是脉冲的前沿时刻，即 M 点时刻。**

同步信号为锯齿波触发电路——脉冲移相

首先，根据叠加定理可知，脉冲移相环节电路可分解成锯齿波电压 u_{e3}、直流控制电压 U_{co}、

负直流偏置电压 U_p 单独作用时的等效电路图，如图 1-42 所示，则

$$u'_{e3} = u_{e3} \frac{R_7 /\!/ R_8}{R_6 + R_7 /\!/ R_8}, \quad U'_{co} = U_{co} \frac{R_6 /\!/ R_8}{R_7 + R_6 /\!/ R_8}, \quad U'_p = U_p \frac{R_6 /\!/ R_7}{R_8 + R_6 /\!/ R_7} \quad (1\text{-}52)$$

即，$u_{b4} = u'_{e3} + U'_{co} + U'_p$。若 $U_{co} = 0$，U_p 为负值，则 u_{b4} 的波形由 u'_{e3} 和 U'_p 叠加而成，相当于将锯齿波电压往下移动一定的值，其波形如图 1-41（d）所示。当 U_{co} 为正值时，波形如图 1-41（e）所示。u_{b4} 的波形由 u'_{e3}、U'_{co} 和 U'_p 叠加而成，相当于将图 1-41（d）中的波形往上移动一定值，在 $u_{b4} = 0.7V$ 时，V_4 导通。u_{b4} 被钳位在 0.7V 上（M 点），得到如图 1-41（b）所示的波形，图 1-43 所示为 u_{b4} 实测波形。

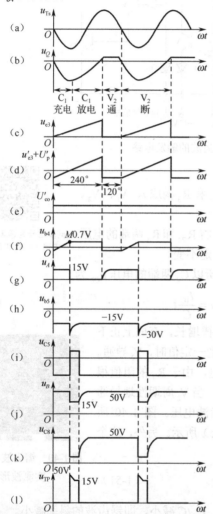

图 1-41　同步信号为锯齿波的触发电路波形

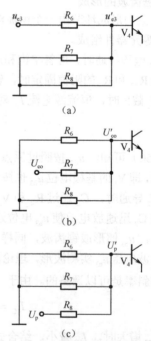

图 1-42　u_{e3}、U_{co}、U_p 单独作用时的等效电路图

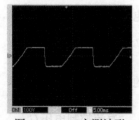

图 1-43　u_{b4} 实测波形

由前面分析可知，若 U_p 固定，调节直流控制电压 U_{co}，M 点就会移动。因此，加 U_p 是为了确定控制电压 $U_{co} = 0$ 时的脉冲的初始相位。确定好初始相位后，U_{co} 减小，相当于锯齿波往下移动，到达 V_4 的基极电压等于 0.7V 的时刻（M 点）滞后，相当于控制角右移，否则控制角左移，从而达到控制角移相的目的。

值得一提的是，理论上整流电路的移相范围为180°，由于锯齿波波形两端是非线性的，因此其可进行240°的移相，在使用时注意避开两端非线性区域。

3．脉冲的形成与放大

脉冲形成环节由 V_4、V_5、V_6、C_3 及相关外围电路构成，脉冲放大环节主要由 D_6、V_7、V_8 及相关外围电路构成。下面讲解这部分原理，确定**脉冲宽度由 $R_{11}C_3$ 决定**。

同步信号为锯齿波触发电路——脉冲的形成与放大

准备状态： 当 $u_{b4}<0.7V$ 时，V_4 截止。+15V 电源、R_{11}、V_5、V_6、D_{10} 及-15V 电源构成回路。V_5、V_6、D_{10} 均饱和导通，忽略管压降，$u_{e5}=-15V$，则 V_5 的集电极被钳位在-15V，此时+15V 电压无法通过 R_{12} 向 D_6、V_7、V_8 供电（D_6、V_7、V_8 若要导通，二极管及晶体管的基极和发射极之间需要有 0.7V 电压，V_5 的集电极至少要有 2.1V 电压才行），D_6、V_7、V_8 处于截止状态，无脉冲输出。同时，+15V 电源、R_9、C_3、V_5、V_6、D_{10} 及-15V 电源亦构成回路。V_5 的发射极、基极、集电极均被钳位在-15V，即 C_3 右端被钳位在-15V，C_3 左端（A 点）由+15V 电源通过 R_9 对其进行充电，充满后 C_3 左端为+15V，C_3 上的电压为左正右负的 30V。

脉冲前沿： 当 $u_{b4}=0.7V$ 时，V_4 导通。0V 电位通过导通的 V_4、D_4（忽略管压降）送到了 A 点。C_3 的左端由+15V 电源强制拉到 0V，由于 C_3 上的电压在换流时刻不能突变，因此 C_3 的右端由-15V 电源强制拉到-30V。这一电位加在了 V_5 的基极，而 V_5 的发射极电位由-15V 电源提供，V_5 承受反向电压截止。+15V 电压通过 R_{12} 向 D_6、V_7、V_8 供电，D_6、V_7、V_8 饱和导通，有脉冲输出。此时 V_5 的集电极钳位在 2.1V。

脉冲宽度： 由前述分析可知，C_3 的左端（A 点）被钳位在 0V 不可变，+15V 电源通过 R_{11} 向 C_3 右端进行反向充电，V_5 基极电位逐渐上升。由于 $u_{e5}=-15V$，V_5 基极电位逐渐上升到-14.3V（约为-15V）时，V_5 又重新导通。V_5 的集电极又回到-15V，并钳位在-15V，D_6、V_7、V_8 处于截止状态，无脉冲输出。由此可见，**脉冲的宽度由 $R_{11}C_3$ 反向充电时间决定，这个时间是 C_3 右端由电位-30V 充到-15V 的时间**。

回准备状态： 若使得 V_4 截止。C_3 右端由于导通的 V_5 被钳位在-15V，C_3 左端又由+15V 电源通过 R_9 对其进行充电，充满后 C_3 左端为+15V，C_3 上的电压又变为左正右负的 30V。电路回到初始准备状态。

脉冲的形成与放大环节的分析导图如图 1-44 所示。该部分波形如图 1-41（g）、图 1-41（h）、图 1-41（i）、图 1-41（k）所示。图 1-45～图 1-47 分别所示为 u_{b5}、u_{c5}、u_{c8} 实测波形。

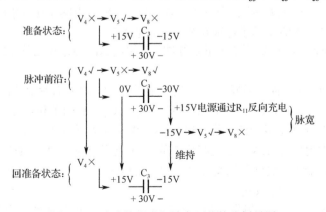

图 1-44　脉冲的形成与放大环节的分析导图

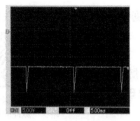
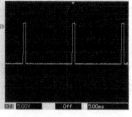
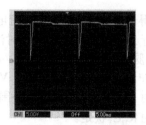

图 1-45　u_{b5} 实测波形　　　图 1-46　u_{c5} 实测波形　　　图 1-47　u_{c8} 实测波形

4. 双窄脉冲的形成

同步信号为锯齿波触发电路——双窄脉冲的形成

双窄脉冲的形成环节由脉冲的形成与放大环节的元器件，以及 C_4、X 和 Y 接线端子组成。双窄脉冲就是指前一个晶体管在 ωt_1 时刻触发过后，经过一段时间在 ωt_2（如滞后 $60°$）时刻，在触发后一个晶体管的同时，给前一个晶体管也补一个脉冲，这样每个晶体管都间隔一段时间触发两次，得到两个窄脉冲，如图 1-48 所示。双窄脉冲实测波形如图 1-49 所示。模块二中的三相桥式全控整流电路就需要这样的脉冲进行触发。

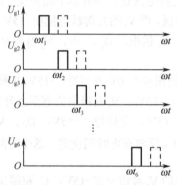

图 1-48　双窄脉冲波形分配

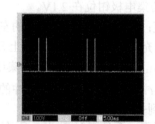

图 1-49　双窄脉冲实测波形

V_5、V_6 两个晶体管构成一个"或"门。当 V_5、V_6 都导通时，V_5 的集电极被钳位在 -15V，D_6、V_7、V_8 处于截止状态，无脉冲输出。但只要 V_5、V_6 中有一个截止，+15V 电压就可以通过 R_{12} 向 D_6、V_7、V_8 供电，D_6、V_7、V_8 饱和导通，有脉冲输出。所以只要用适当的信号控制 V_5、V_6 的截止（前后间隔 $60°$），就可以产生符合要求的双窄脉冲。触发电路实现双窄脉冲的接法示意图如图 1-50 所示，触发芯片 2 的 X 端子接触发芯片 1 的 Y 端子。

设触发芯片 1 在 $\omega t_1 = 0$ 时需要输出触发脉冲，其输出脉冲的方式见脉冲的形成和放大环节所述，这里不再赘述。

准备状态：在 $\omega t_2 = 60°$ 前，触发芯片 2 的 V_4 截止，由于触发芯片 2 的 X 端子接触发芯片 1 的 Y 端子，因此触发芯片 1 中的 -15V 电源、D_{10}、V_6、C_4、Y 端子和触发芯片 2 中的 X 端子、R_{17}、D_4、R_9、+15V 电源形成回路（图 1-50 中的虚线）。触发芯片 1 的 V_6、D_{10} 饱和导通，与 V_6 基极相连的 C_4 的上端电位为 -15V，触发芯片 2 的 +15V 电位，通过 R_9、D_4、R_{17}、本身的 X 端子和触发芯片 1 的 Y 端子，送到了触发芯片 1 的 C_4 的下端，使得其下端电位为 +15V，这样触发芯片 1 的 C_4 就有了上负下正的 30V。

双窄触发：当 $\omega t_2 = 60°$ 时，触发芯片 2 的 V_4 导通。如脉冲的形成和放大环节所述触发芯片 2 的 V_5 截止，D_6、V_7、V_8 饱和导通，正常出脉冲。关键在于触发芯片 2 在自身出脉冲的同时，将自身 0V 电位通过导通的 V_4、R_7、本身的 X 端子和触发芯片 1 的 Y 端子（图 1-50 中的点画线），送放到了触发芯片 1 的 C_4 的下端，使得触发芯片 1 的 C_4 下端电位强制拉成 0V。C_4 的上端由−15V 强制拉到−30V。这一电位加在了触发芯片 1 的 V_6 基极，V_6 承受反向电压截止。触发芯片 1 的 D_6、V_7、V_8 饱和导通，补出一个脉冲，从而形成双窄脉冲。后续触发芯片 1 的 C_4 的上端会由−30V 反向充电到−15V，V_6 又重新导通，D_6、V_7、V_8 截止，脉冲输出结束。

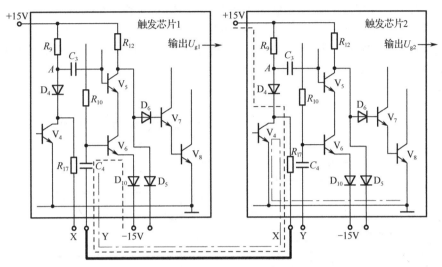

图 1-50　触发电路实现双窄脉冲的接法示意图

在模块二中的三相桥式全控整流电路中，6 个晶闸管需要相隔 60° 补脉冲。六路双窄脉冲集成触发电路连接示意图如图 1-51 所示。

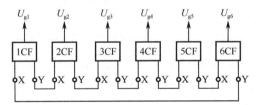

图 1-51　六路双窄脉冲集成触发电路连接示意图

5. 强触发

强触发环节由 $D_7 \sim D_9$、$D_{11} \sim D_{14}$、$C_5 \sim C_7$、$R_{14} \sim R_{16}$、脉冲变压器 TP 及相关外围电路构成。采用强触发脉冲可以缩短晶闸管导通时间，提高其承受高电流上升率的能力。强触发脉冲一般要求初始幅值约为正常情况的 5 倍，前沿为 1A/μs。

同步信号为锯齿波触发电路——强触发环节

变压器二次侧 36V 电压经 $D_{11} \sim D_{14}$ 桥式整流，使 C_7 两端获得 50V 的强触发电压，在 V_4 导通前，V_8 截止无脉冲输出。50V 电压经 R_{15} 对 C_6 充电，将 C_6 充成上正下负的 50V 电压，即 B 点电位达到 50V。当 V_4 导通时，V_8 导通，C_6 上的 50V 电压经脉冲变压器 TP 一次侧、R_{16} 和 V_8 对地快速放电。因为放电回路电阻很小，所以 C_6 两端电压衰减很快，B 点电位迅速下降。一旦 B 点电位低于 15V，D_2 就导通，B 点稳在 15V，脉冲变压器 TP 改由+15V 电源供电。脉冲变压器 TP 一次侧感应出的电压送到二次侧，通过 R_{18} 送出。当 V_4 再次截止时，V_8 截止，50V 电源又经 R_{15} 对 C_6 充电，将 C_6 充成上正下负的 50V 电压，即 B 点电位又回到 50V，为下次触发做准备。该部分波形如图 1-41（j）和图 1-41（1）所示。

6. 同步

同步环节由同步变压器 Ts、V_2、D_1、D_2、R_1 及 C_1 等元器件组成。触发电路的同步就是要求触发电路输出脉冲与主电路电源频率相同、相位固定。要使触发脉冲与主电路电源同步，就必须使为触发电路提供电源的同步变压器 Ts 与为主电路提供电源的整流变压器 Tr 接在同一电网上，如图 1-52（a）所示，这样就保证了同步变压器 Ts 的 u_2' 与整流变压器 Tr 的 u_2 频率相同、相位固定。由前述可知，锯齿波已经与触发脉冲频率相同、相位固定，因此同步环节的目的是使同步变压器 Ts 的 u_2' 与锯齿波频率相同、相位固定，波形如图 1-52（b）所示。

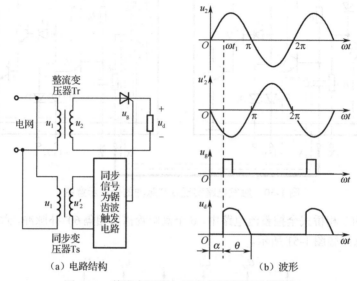

（a）电路结构　　　　　　　　　　（b）波形

图 1-52　整流变压器与同步变压器的同频同相

由锯齿波的形成环节可知，锯齿波是由 V_2 控制的，V_2 由截止变至导通期间产生锯齿波，V_2 截止持续时间就是锯齿波的宽度，V_2 的频率就是锯齿波的频率。下面讲述同步变压器 Ts 的 u_2' 与 V_2 的频率相同、相位固定的原理。

同步变压器 Ts 的 u_2' 在负半周期的**下降段**时，u_2' 下正上负，下端接地被钳位在 0V。由于 D_1 导通，u_2' 下端经过 C_1、D_1 和 u_2' 上端 R 点形成逆时针电流通路，C_1 迅速充电，极性为上负下正，Q 点随 R 点往负值变化，因而 V_2 截止（若 V_2 导通，则 Q 点需要有 1.4V 的电压，以维持 D_2 的 0.7V 压降和 V_2 的基极和发射极之间的 0.7V 压降），由锯齿波的形成环节可知，C_2 开始线性充电，产生锯齿波。

同步变压器 Ts 的 u_2' 在负半周期的**上升段**时，由于 C_1 已充电至负半周期的最大值，R 点电位随着 u_2' 的上升而上升。由于电容的充放电速度慢于 u_2' 的正弦上升速度，因此 Q 点电位低于 R 点电位，D_1 承受反向电压截止。+15V 电源通过 R_1 给 C_1 反向充电，当 Q 点电位充成上正下负，并上升至 1.4V 时，V_2 导通，Q 点电位被钳位在 1.4V，此时锯齿波结束，**调节时间常数 R_1C_1**，即可调节锯齿波宽度。这种状态一直维持到下一个电源周期的负半周期下降段［准确说应该是正弦波下降到 1.4V 时，因为再往下降 Q 点的电位（1.4V）将高于 R 点的电位，D_1 导通］的到来，D_1 导通，原理重复前述过程。该部分波形如图 1-41（b）所示。图 1-53 所示为 u_Q 实测波形。

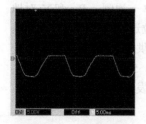

图 1-53　u_Q 实测波形

由此可见，在 u_2' 的一个正弦波周期内，V_2 包括截止与导通两个状态，对应锯齿波恰好是一个周期，同步变压器 Ts 的二次侧电压 u'_2 与 V_2 的频率相同、相位固定，达到同步的目的，即主电路二次侧电压 u_2 的正半周期是同步变压器 Ts 的二次侧电压 u'_2 的负半周期，同步变压器 Ts 的二次侧 u'_2 的负半周期对应锯齿波，锯齿波对应脉冲的输出部分，并且同频同相位。

1.7 实训提高

实训 1 晶闸管半控特性测试

一、实训目的
1. 能熟练在万能板上进行元器件布局、焊接和调试。
2. 掌握晶闸管质量的判断方法。
3. 掌握半控型器件——晶闸管的控制特点。

二、实训内容
1. 晶闸管的引脚和质量判断。
2. 晶闸管的特性测试。

三、实训线路与原理
晶闸管的半控特性原理见"1.1 晶闸管"。晶闸管半控特性测试实训电路图如图 1-54 所示。

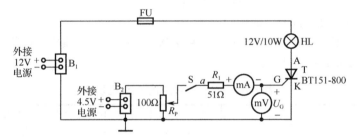

图 1-54　晶闸管半控特性测试实训电路图

四、实训器材
表 1-8 所示为实训器材。

晶闸管半控特性测试——器件介绍

表 1-8　实训器材

序 号	器材及规格	数 量	编 号	序 号	器材及规格	数 量	编 号
1	二输入接线端子	2个	B_1、B_2	9	12V/2A 电源	1个	—
2	0.25W/100Ω 电位器	1个	R_P	10	万用表	1个	—
3	1W / 51Ω 电阻	1个	R_1	11	电烙铁	1个	—
4	1 位拨码开关	1个	S	12	万能板	1个	—
5	BT151-800 普通晶闸管	1个	T	13	导线	若干	—
6	12V/10W 小灯泡及灯座	1套	HL	14	焊锡丝	若干	—
7	1A 熔断器及熔断器座	1套	FU	15	绝缘胶带	若干	—
8	4.5V 电源（可用 3 个 1.5V 干电池串联使用）	1个	—	16	—	—	—

五、实训步骤及测量结果记录
（1）针对本次实训的晶闸管确定引脚定义，并结合万用表简单判断晶闸管的质量，将判断过程记录在表 1-9 中。

表 1-9　晶闸管阻值测量记录表

步　骤	内　容	测 量 值	挡　位
1	测量 A 和 K 间的正向阻值		
2	测量 A 和 K 间的反向阻值		
3	测量 A 和 G 间的正向阻值		
4	测量 A 和 G 间的反向阻值		
5	测量 G 和 K 间的正向阻值		
6	测量 G 和 K 间的反向阻值		
结论			

器件有文字标记的一面面向自己，阳极为＿＿＿＿＿，阴极为＿＿＿＿＿，门极为＿＿＿＿＿。

（2）晶闸管特性测试。

按照图 1-54 焊接万能板，检查无误后，按照下述步骤进行实训。

步骤 1：接入 4.5V 电源，闭合开关 S，调节电位器 R_P，当 a 点电位超过 1V 时，接通 12V 电源，观察实训现象。在保证电路正确和元器件完好的情况下，可继续调节电位器 R_P，增大 a 点电位，观察实训现象。

晶闸管半控特性测
试——特性测试

步骤 2：断开开关 S，观察实训现象。

步骤 3：在小灯泡 HL 持续亮的情况下，将 4.5V 电源反接，观察实训现象。

将实训现象记录在表 1-10 中。

表 1-10　晶闸管半控特性测试记录表

步　骤	实 训 内 容	实训前小灯泡 HL 现象	实训后小灯泡 HL 现象	实训后 a 点与 K 极间的电压	实训后 GK 间的电压
1	接入 4.5V 电源，闭合开关 S，调节电位器 R_P，当 a 点电位超过 1V 时，接通 12V 电源				
	继续调节电位器 R_P，增大 a 点电位到 2V、3V 等				
2	断开开关 S			—	—
3	将 4.5V 电源反接			—	—
结论	步骤 1 和步骤 2 验证了＿＿＿＿＿＿＿＿＿＿＿＿＿＿＿＿＿＿＿＿＿＿＿＿＿＿＿＿ 步骤 3 验证了＿＿＿＿＿＿＿＿＿＿＿＿＿＿＿＿＿＿＿＿＿＿＿＿＿＿＿＿＿＿＿＿				

六、实训错误分析

在表 1-11 中记录本次实训中遇见的问题与解决方案。

表 1-11　问题与解决方案

问　题	解 决 方 案
1.	
2.	
……	

七、思考题

查找资料，自行设计一种晶闸管特性测试电路，并记录在表 1-12 中。

表 1-12 思考题分析记录表

项 目	结 论
测试电路	
测试方法与步骤	

实训 2 单相半波可控整流电路仿真实践

一、实训目的

1. 能使用 MATLAB 进行单相半波可控整流电路模型的搭建和仿真。
2. 通过对单相半波可控整流电路进行仿真，初步了解输出波形与触发脉冲的关系。

二、实训内容

1. 单相半波可控整流电路带电阻负载的仿真。
2. 单相半波可控整流电路带阻感负载的仿真。

单相半波可控整流
电路 MATLAB 仿真

三、实训步骤

（1）在 MATLAB 界面找到 SIMULINK（快捷图标为 ）并打开，创建一个空白的 SIMULINK 仿真文件，并打开 Library Browser。用 SIMULINK 搭建单相半波可控整流电路的仿真电路图，并记录搭建模型图及仿真模型图的过程。

① 建模：根据表 1-13 中的模块名称，在搜索框中搜索需要的模块，并将它放置在文档合适的位置，用导线连接形成建模图，如图 1-55 所示。

示波器编辑

表 1-13 主要模块和作用

模块名称	模块外形	作用
AC Voltage Source（交流电压源模块）		提供一个交流电压源，相当于变压器的二次侧电源
Thyristor（晶闸管模块）		作为可控开关器件
Pulse Generator（脉冲信号发生器模块）		产生脉冲信号，控制晶闸管的通断
Voltage Measurement（电压测量模块）		检测电压的大小
Scope（示波器模块）		观察输入信号、输出信号的仿真波形
Demux（信号多路分解模块）		将总线信号分解后输出
Series RLC Branch（负载串联模块）		电路所带的串联负载

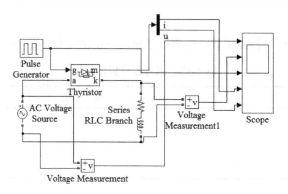

图 1-55　单相半波可控整流电路建模图

注意：不同版本的 MATLAB 的模块所在的组别不同，寻找路径也不同，但模块名称和外形相同，通过搜索寻找模块最便捷。在放置模块时可通过 Ctrl+R 组合键旋转模块。有的版本的 MATLAB 的 Series RLC Branch 的外形会根据所选负载性质的改变而改变。

② 模块参数设置：双击相关模块，根据表 1-14 修改模块的参数。另外，不同版本的 MATLAB 的参数设置界面有所不同，应根据具体情况进行操作。

表 1-14　主要模块的参数设置

模 块 名 称	参 数 设 置
AC Voltage Source	将 Peak amplitude（幅值）设置为 220，将 Phase（初相位）设置为 0，将 Frequency（频率）设置为 50
Thyristor	默认值
Pulse Generator	将 Amplitude（幅值）设置为 1，将 Period（周期）设置为 1/50，将 Pulse delay（脉宽百分比）设置为 20，将 Phase delay（控制角）设置为 $\alpha/(360*50)$
Voltage Measurement	默认值
Scope	将 Number of axes（轴数）设置为 5
Demux	将 Number of outputs（输出端口数）设置为 2
Series RLC Branch	将 Branch type（负载类型）设置为 R，将 Resistance（电阻）设置为 1，将 Inductance（电感）设置为 0，将 Capacitance（电容）设置为 inf

注意：Scope 的 Number of ares 参数根据需要观测的波形数进行设置。设置控制角时，根据 Phase delay 进行设置，若需要设置 $\alpha=30°$，则设置 $\alpha/(360*50)$ 为 $30/(360*50)$。

③ 系统环境参数设置：在 Simulation 菜单中选择 Simulation Parameters 命令，进行仿真参数设置。在 Simulation Parameters...对话框中设置仿真时间，将 Start time 设置为 0，将 Stop time 设置为 0.08，将 Solver（仿真算法）设置为 ode23tb。

注意：有的版本的 MATLAB 在将 Solver 设置为 ode23tb 时会出错。若出错，则可以将其设为 auto。

④ 运行：在 Simulation 菜单中选择 Start 命令，或者单击快捷运行图标 ▶，对建好的模型进行仿真。

注意：有的版本的 MATLAB 在运行时会自动形成 powergui（电力系统分析工具），若不能自行生成，可在运行前搜索 powergui 模块，并将它拖到建模图内。

（2）在电阻为 1Ω 的情况下，观察 α 分别为30°、60°、90°、120°时的相关波形并将波形记录在表 1-15 中。

表 1-15　单相半波可控整流电路电阻负载下的仿真波形记录表

α	波　形
30°	
60°	
90°	
120°	
结　论	控制角越大，输出电压_____（越大、越小）

注意： 若需要对波形进行编辑，则可在 MATLAB 的命令行窗口中输入如下代码。

```
set(0,'ShowHiddenHandles','on');set(gcf,'menubar','figure');
```

运行上述代码可打开示波器的编辑窗口，在此窗口中可对波形的线型、坐标轴、标题、颜色、标注等进行设置。

（3）将负载改为阻感负载，并增大电感，观察输出电压波形变化，并将波形记录在表 1-16 中。

表 1-16　单相半波可控整流电路阻感负载下的仿真波形记录表

$\alpha = 60°$	波形（圈出输出电压拖尾部分）
电阻为 1Ω，电感为 0.001H	
电阻为 1Ω，电感为 1H	
结　论	电感越大，输出电压拖尾现象越_____（严重、不严重）

注意： 将负载设置为阻感负载，只需要将 Series RLC Branch 的 Branch type 设为 RL，对应 Resistance 和 Inductance 设为表 1-16 中的值即可。

四、实训错误分析

在表 1-17 中记录本次实训中遇见的问题与解决方案。

表1-17　问题与解决方案

问　　题	解　决　方　案
1.	
2.	
……	

五、思考题

在单相半波可控整流电路的负载为阻感负载时，怎么改造电路可以使输出电压不拖尾？将分析过程和结果记录于表1-18中。

表1-18　思考题建模分析记录表

项　　目	结　　论
改造方法	
建　模　图	
$\alpha = 60°$，电阻为1Ω，电感为1H时的波形	

知识链接：

SIMULINK 是MATLAB中的一种可视化仿真工具，由美国Mathworks公司推出。SIMULINK是基于模块图环境进行建模设计及多域仿真的。SIMULINK中的电气系统工具箱具有强大的功能，能够进行电路、电机系统、电力电子系统、电力传输及自动控制理论等相关领域的仿真。它把实际工程及实验室中的元器件及设备变为符号，如电源、电阻、电机、电流表等。将这些符号连接形成电路或系统，并进行仿真实验可替代实验台实验。操作简单、安全、便捷，有效降低了实验成本，并且有助于辅助理解理论知识。

现如今世界格局瞬息万变，我国长期依赖国外仿真软件进行教育科研势必会受到牵制。在仿真系统的开发上，清华大学的赵争鸣教授推出了一套模拟电力电子开关的算法，该算法可实现对电力电子系统的仿真，但距商用软件的使用标准还有比较大的距离。未来电力电子仿真类的相关设计等工作还面临相当大的挑战，尤其在仿真算法与系统的相关设计和理论方面。我们需要助力国家实现科技强国，走在科技创新的前沿，尽快研发出具有自主知识产权的仿真软件。

实训3　单相桥式全控整流电路仿真实践

一、实训目的

1. 学会使用MATLAB进行单相桥式全控整流电路模型的搭建和仿真。

2. 通过对单相桥式全控整流电路进行仿真，掌握该电路的波形，并通过该仿真验证波形分析方法的正确性。

二、实训内容

1. 单相桥式全控整流电路带电阻负载的仿真。

2. 单相桥式全控整流电路带阻感负载的仿真。

三、实训步骤

（1）在新建的空白 SIMULINK 仿真文件中，用 SIMULINK 搭建单相桥式全控整流电路的仿真电路图，记录过程。

单相桥式全控整流
电路 MATLAB 仿真

① 建模：具体模块和作用见 1.7 节的实训 2，新增一个 Current Measurement（电流测量模块），用来测量回路中的电流大小，模块外形为 。单相桥式全控整流电路建模图如图 1-56 所示。

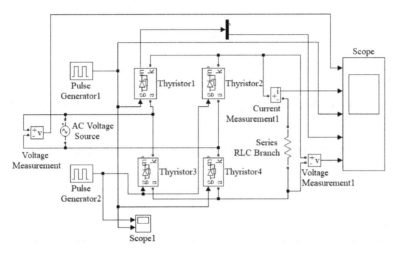

图 1-56　单相桥式全控整流电路建模图

② 模块参数设置：具体内容见 1.7 节的实训 2。在单相桥式全控整流电路中 Thyristor1、Thyristor4 是一对晶闸管，Thyristor2、Thyristor3 是另一对晶闸管，两对晶闸管的触发脉冲相差 $180°$。如果将 Thyristor1、Thyristor4 的 Pulse Generator1 的 Phase delay 设置为 $\alpha/(360*50)$，就将 Thyristor2、Thyristor3 的 Pulse Generator2 的 Phase delay 设置为 $\alpha/(360*50)+0.01$。

③ 系统环境参数设置：具体内容见 1.7 节的实训 2。

④ 运行：具体内容见 1.7 节的实训 2。

（2）在电阻为 1Ω 的情况下，观察 $\alpha=30°$、$\alpha=60°$、$\alpha=90°$、$\alpha=120°$ 时的相关波形并将波形记录在表 1-19 中。

表 1-19　单相桥式全控整流电路电阻负载下的仿真波形记录表

α	波　形
30°	
60°	
90°	

续表

α	波　形
120°	

注意： 若需要对波形进行编辑，可在 MATLAB 的命令行窗口中输入如下代码。

```
set(0,'ShowHiddenHandles','on');set(gcf,'menubar','figure');
```

运行上述代码可打开示波器的编辑窗口，在此窗口中可对波形的线型、坐标轴、标题、颜色、标注等进行设置。

（3）将负载改为阻感负载，并增大电感，观察输出电压和电流波形的变化，并将波形记录在表 1-20 中。

表 1-20　单相桥式全控整流电路阻感负载下的仿真波形记录表

α = 60°	波形（圈出输出电压拖尾部分）
电阻为 1Ω， 电感为 0.001H	
电阻为 1Ω， 电感为 1H	
结　　论	电感越大，负载侧电流越_____（平滑、不平滑）

注意： 将负载设置为阻感负载的操作为，将 Series RLC Branch 的 Branch type 设为 RL，将 Resistance 和 Inductance 设为表 1-20 中的值即可。

四、实训错误分析

在表 1-21 中记录本次实训中遇见的问题与解决方案。

表 1-21　问题与解决方案

问　　题	解　决　方　案
1.	
2.	
……	

五、思考题

（1）若单相桥式全控整流电路中的 Thyristor1 损坏，观察输出波形的变化，分析原因，并记录在表 1-22 中。

表 1-22　思考题 1 建模分析记录表

项　　目	结　　论
建模图	

续表

项　目	结　论
波形	
分析	

（2）单相桥式全控整流电路负载侧反向并联续流二极管后，输出电压波形有什么变化，分析原因，并记录在表 1-23 中。

表 1-23　思考题 2 建模分析记录表

项　目	结　论
建模图	
波形	
分析	

实训 4　锯齿波触发电路及单相桥式全控整流电路调试

一、实训目的

1．通过实训掌握同步信号为锯齿波的触发电路的工作原理、调试方法及各点波形的观测。

2．通过实训掌握单相桥式全控整流电路的工作原理、调试及波形分析方法。

二、实训器材

表 1-24 所示为实训器材。

表 1-24　实训器材

序　号	器材及型号	序　号	器材及型号
1	DJK01 电源控制屏	4	D42　三相可调电阻
2	DJK03-1 晶闸管触发电路	5	双踪示波器
3	DJK02 晶闸管主电路	6	万用表

三、实训内容

1．同步信号为锯齿波的触发电路的调试及各点波形的观察和分析。

2．单相桥式全控整流电路带电阻负载、阻感负载时的调试。

四、实训线路及原理

同步信号为锯齿波的触发电路 I 和同步信号为锯齿波的触发电路 II 相差180°，R_{P1} 用于调节锯齿波斜率，R_{P2} 用于移相，R_{P3} 用于确定初始相位。同步信号为锯齿波的触发电路 I 的实训原理图如图 1-57 所示（同步信号为锯齿波的触发电路 II 的实训原理图与此相同），波形如图 1-58 所示，完整接线图如图 1-59 所示。

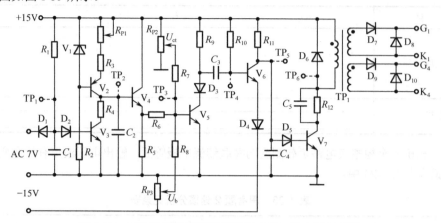

图 1-57　同步信号为锯齿波的触发电路 I 的实训原理图

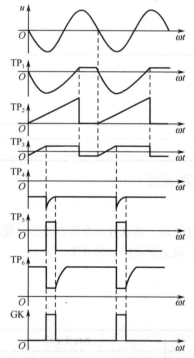

图 1-58　同步信号为锯齿波的触发电路 I
各点电压波形（ $\alpha=90°$ ）

模拟示波器使用

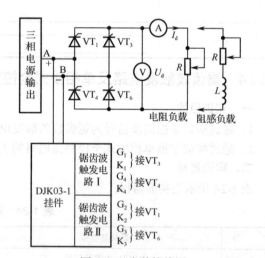

图 1-59　完整接线图

同步信号为锯齿波的
触发电路调试

五、实训步骤

1. 同步信号为锯齿波的触发电路接线与调试

将 DJK01 电源控制屏的电源选择开关打到"直流调速"侧，使输出线电压为 200V，用两根导线将 200V 交流电压接到 DJK03-1 晶闸管触发电路的"外接220V"端。DJK01 电源控制屏通过钥匙开关上电，按下"启动"按钮，打开 DJK03-1 晶闸管触发电路的电源开关，这时 DJK03-1 晶闸管触发电路挂件中的所有触发电路都开始工作，用双踪示波器观察同步信号为锯齿波的触发电路各观察孔的电压波形。将同步电压、$TP_1 \sim TP_6$ 的波形、$G_1K_1 \sim G_4K_4$ 的波形记录到表 1-25 中，并检查 $G_1K_1 \sim G_4K_4$ 的波形是否正确。

表 1-25　同步信号为锯齿波的触发电路波形记录表

测量点	波形	波形分析
同步输入电压		从示波器，读电压峰值_____V； 频率_____Hz
TP_1		负向波形幅值_____V； 波形宽度_____ms
TP_2		锯齿波波形宽度_____ms； 调节 R_{P1}，波形斜率变化情况：_____
TP_3		正向波形电压最大值_____V； 调节 R_{P2} 和 R_{P3}，波形变化情况：_____
TP_4		负向波形电压最大值_____V；波形宽度_____ms； 调节 R_{P2} 和 R_{P3}，波形变化情况：_____
TP_5		波形幅值_____V；波形宽度_____ms； 调节 R_{P2} 和 R_{P3}，波形变化情况：_____
TP_6		波形幅值_____V；波形宽度_____ms； 调节 R_{P2} 和 R_{P3}，波形变化情况：_____
G_1K_1		波形幅值_____V
G_2K_2		波形幅值_____V
G_3K_3		波形幅值_____V
G_4K_4		波形幅值_____V

提示： 调节 R_{P2} 改变控制电压 U_{ct}，用于移相；调节 R_{P3} 改变偏移电压 U_b，用于确定初始相位。标准的确定初始相位的操作为先将 R_{P2} 顺时针旋转到底（使得控制电压 U_{ct} 为零），调节 R_{P3}（使得偏移电压 U_b 为某一定值），观察同步电压与 TP_6 的波形的关系，让 $\alpha=180°$。移相时只要旋转 R_{P2} 即可。实际使用时也可以不确定初始相位，分别旋转 R_{P2} 和 R_{P3}，只要能在 $0°\sim240°$ 范围内移相即可。

2．单相桥式全控整流电路接线与调试

1）电阻负载

按照图 1-59 接线，DJK02 晶闸管主电路中的 VT_1 和 VT_3 共阴极连接，VT_4 和 VT_6 共阳极连接；将 DJK01 电源控制屏的三相电源输出端 A 接 DJK02 晶闸管主电路中的 VT_1 阳极，输出端 B 接 VT_3 阳极，将 VT_1 阴极接 DJK02 晶闸管主电路中的直流电压表"+"极，直流电压表"−"极接 VT_4 阳极。VT_3 阴极接 DJK02 晶闸管主电路中的直流电流表"+"极，直流电流表"−"极接 D42 三相可调电阻的首端 C_1，D42 三相可调电阻的末端 Z_1 接 VT_6 阳极；另外 D42 三相可调电阻需要并联，即两个 900Ω 电阻接成并联形式，首端 C_1 与首端 C_2 连接并与滑动头 C_3 连接，末端 Z_1 与末端 Z_2 连接，将电阻器滑动头放在居中位置处。

同步信号为锯齿波的触发电路的 G_1 端和 K_1 端分别接 VT_3 的门极和阴极，G_4 端和 K_4 端分别接 VT_4 的门极和阴极，G_2 端和 K_2 端分别接 VT_1 的门极和阴极，G_3 端和 K_3 端分别接 VT_6 的门极和阴极。

打开 DJK01 电源控制屏的电源开关，按下 DJK01 电源控制屏的"启动"按钮，打开 DJK03-1 晶闸管触发电路的电源开关，调节 R_{P2} 或 R_{P3}，在 α 分别为最小值、30°、60°、90°、120° 时，用示波器观察并记录输出电压 u_d 和晶闸管两端电压 u_{VT} 的波形，以及电源电压 U_2 和负载电压 U_d 的数值到表 1-26 中。绘制实际接线图或粘贴照片到表 1-27 中。

表 1-26 单相桥式全控整流电路实测记录表（电阻负载）

α	最小值	30°	60°	90°	120°
U_2					
U_d（直流分量）					
输出电压 u_d 波形					
晶闸管两端电压 u_{VT} 波形					

表 1-27 单相桥式全控整流电路（电阻负载）实际接线图

2）阻感负载

阻感负载情况下的接线、调试和测量与电阻负载情况下的接线、调试和测量类似。唯一需要注意的是接线时负载要串联一个电感。记录相关数据到表 1-28 中。绘制实际接线图或粘贴照片到表 1-29 中。

表 1-28 单相桥式全控整流电路实测记录表（阻感负载）

α	最小值	30°	60°	90°	120°
U_2					
U_d（直流分量）					
输出电压 u_d 波形					
晶闸管两端电压 u_{VT} 波形					

表 1-29 单相桥式全控整流电路（阻感负载）实际接线图

六、实训错误分析

在表 1-30 中记录本次实训中遇见的问题与解决方案。

表 1-30　问题与解决方案

问　题	解决方案
1.	
2.	
……	

七、注意事项

（1）示波器的接地夹需要夹好。

（2）将滑线变阻器的滑动头放在居中位置，以防位置错误发生主电路短路。

（3）将 DJK01 电源控制屏的电源选择开关打到"直流调速"侧，不能打到"交流调速"侧，否则将缩短挂件的使用寿命，甚至会损坏挂件。

（4）通电离手，断电改线。在观察主电路的波形时一定要使用测量头，否则测不到波形。

（5）注意触发脉冲与主电路的相位关系，不要将相位接反。

（6）触发脉冲从外部接入 DJK02 晶闸管主电路上的门极和阴极，此时，应将所用晶闸管对应的正桥触发脉冲或反桥触发脉冲的开关拨向"断"的位置，并将 U_{1f} 及 U_{1r} 悬空，避免误导通。

实训 5　调光电路的制作

一、实训目的

1. 熟悉单结晶体管触发电路的工作原理及各元器件的作用，以及各元器件质量的判断方法。

2. 掌握单结晶体管触发电路的安装调试步骤和方法。

3. 对调光电路的工作过程进行全面分析，并进行整板电路的安装调试。

二、实训内容

1. 判断元器件质量。

2. 调光电路的整板制作、焊接、装配与调试。

3. 调光电路主要波形的观测。通过调节电位器的阻值，观察调光效果。

三、实训线路及原理

原理见 1.6.2 节。图 1-60 所示为调光实训电路图，图 1-61 为调光实训电路实物图。

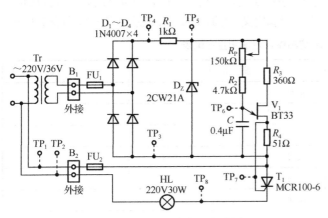

图 1-60　调光电路实训电路图

图 1-61　调光实训电路实物图

四、实训器材

表 1-31 所示为实训器材。

表 1-31　实训器材

序　号	器材及规格	数　量	编　号	序　号	器材及规格	数　量	编　号
1	二极管 1N4007	4 个	$D_1 \sim D_4$	12	输入接线端子	2 个	B_1、B_2
2	稳压管 2CW21A	1 个	D_Z	13	220V/36V/5VA 电源变压器	1 个	Tr
3	瓷片电容 0.4μF/50V	1 个	C	14	小灯珠 220V30W	1 个	HL
4	直插电阻 2W/1kΩ	1 个	R_1	15	熔断器及熔断器座 0.5A	2 个	FU_1、FU_2
5	直插电阻 0.25W/4.7kΩ	1 个	R_2	16	装有 AD 软件的计算机	1 台	—
6	直插电阻 0.25W/360Ω	1 个	R_3	17	焊锡丝	若干	—
7	直插电阻 0.25W/51Ω	1 个	R_4	18	电烙铁	1 个	—
8	电位器 0.25W/150Ω	1 个	R_P	19	万用表	1 个	—
9	单结晶体管 BT33F	1 个	V_1	20	双踪示波器	1 个	—
10	普通晶闸管 MCR100-6	1 个	T_1	21	220V 电源	1 个	—
11	测量用排针	8 个	$TP_1 \sim TP_8$	—	—	—	—

五、实训步骤及测量结果记录

（1）使用 Altium Designer 绘制调光电路原理图及 PCB 原理图，并制作电路板。在制作电路板时注意元器件布局的合理性和布线的正确性，记录调光电路 PCB 原理图于表 1-32 中。

表 1-32　调光电路 PCB 原理图

（2）针对本次实训中的所有元器件，确定引脚定义，并结合万用表简单判断元器件的质量，对主要元器件（单结晶体管、普通晶闸管）确定引脚定义，判断质量，并记录于表 1-33 和表 1-34 中。

表 1-33　单结晶体管阻值测量记录表

步　骤	内　容	测　量　值		挡　位
1	测量 e 极和 b_1 极间的阻值	正向		
2		反向		
3	测量 e 极和 b_2 极间的阻值	正向		
4		反向		
5	测量 b_1 极和 b_2 极间的阻值	正向		
6		反向		
结论				

表 1-34 普通晶闸管阻值测量记录表

步 骤	内 容		测 量 值	挡 位
1	测量 A 和 K 间的阻值	正向		
2		反向		
3	测量 A 和 G 间的阻值	正向		
4		反向		
5	测量 K 和 G 间的阻值	正向		
6		反向		
结论				

① 单结晶体管的底面对自己：

发射极 e 为_____，第一基极 b_1 为_____，第二基极 b_2 为_____。

② 普通晶闸管正面对自己：

门极 G 为_____，阳极 A 为_____，阴极 K 为_____ 。

（3）通过万用表蜂鸣挡检测电路板焊点及走线是否正确，在确定正确的情况下焊接元器件。在焊接时注意元器件的极性、引脚位置、电阻阻值、电容容值等，避免焊错。焊点应无虚焊、错焊、漏焊现象，并且焊点应圆滑无毛刺。将焊接好的调光电路的电路板正面及反面的照片粘贴于表 1-35 中。

表 1-35 调光电路的电路板正面及反面的照片

正 面	反 面

（4）调光电路的电路板检查无误后，进行通电调试。通电调试分为触发电路部分和主电路部分。

① 单结晶体管触发电路的调试。

接通触发电路的电源，用示波器观察单结晶体管触发电路中整流输出排针 TP_4、削波输出排针 TP_5 及排针 TP_6、排针 TP_7 处的波形，并与理论波形对照，记录各排针的波形于表 1-36 中。

表 1-36 调光电路触发电路部分波形记录

测 量 点	波 形
TP_4 - TP_3	
TP_5 - TP_3	
TP_6 - TP_3	
TP_7 - TP_3	

② 调光主电路的调试。

接通主电路，调节电位器 R_P 改变阻值，观察小灯珠的变化情况。将主电路中的输入电源电压波形及小灯珠两端电压波形记录于表 1-37 中。

表 1-37　调光电路主电路部分波形记录

测 量 点	波　　　形
$TP_1 - TP_2$	
$TP_8 - TP_2$	
结论	当电位器阻值较小时，灯光_____；当电位器阻值较大时，灯光_____

六、电路安装及调试注意点

（1）在通电前注意检查。对已焊接安装完毕的电路板进行详细检查（判断元器件质量、判断引脚定义的正确性、判断焊点质量、判断布线的正确性等），检查输入端和输出端有无短路现象。

（2）由于电路直接与市电相连，在调试时应注意安全，防止触电。人体各部位远离电路板，插上电源插头，调节电位器改变阻值，小灯珠亮度将发生变化。

七、实训错误分析

在表 1-38 中记录对应问题的原因、解决方案。

表 1-38　对应问题的原因、解决方案

问　　题	原　　因	解决方案
若通电后，改变电位器的阻值，小灯珠不亮		
若通电后，改变电位器的阻值，小灯珠常亮		
……		

八、思考题

对本次实训进行总结。

1.8　典型案例

案例 1　自动控温电热毯

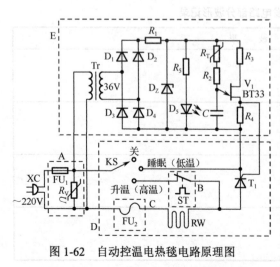

图 1-62　自动控温电热毯电路原理图

图 1-62 所示为自动控温电热毯电路原理图。电热毯有升温（高温）挡和睡眠（低温）挡。自动控温电热毯能够在升温（高温）挡和睡眠（低温）挡间调节，提高使用者的舒适度。该电路主要包括过电压和短路过电流保护环节 A、最高温设定与控制环节 B、电热丝过热保护环节 C、对电热毯的电热丝进行供电的电源主电路 D、单相半波可控整流触发电路 E。

1. 升温（高温）挡电路分析

如图 1-62 所示，当换挡开关 KS 拨到升温（高温）挡时，接入 220V 市电的电源插头 XC 与电热毯电热丝 RW、额定电流为 2A 的玻璃管熔断器丝 FU_1、型号为 MYG14K511 的压敏电阻 R_V、型号为 KSD9700 的温控开关 ST、型号为 AUPO102℃P1（250V/2A）的温度熔断器 FU$_2$ 构成升温（高温）电路，其等效电路如图 1-63 所示。案例中的电热毯额定功率为 100W、额定电压为 220V，由此可知电热丝 RW 的阻值为 484Ω（$R = U^2/P = 220^2/100 = 484\Omega$）。

图 1-63 中的虚线框 A 中为过电压和短路电流保护环节。电流控制在 2A。电压由压敏电阻进行控制，该压敏电阻的正常连续工作电压为 320V，压敏电压为 510V，最大限制电压为 845V，额定功率为 0.6W。

图 1-63 中的虚线框 B 中为最高温设定与控制环节。进行温度控制的 KSD9700 型温控开关 ST 由双金属元件做成。在正常情况下，双金属元件处于自由状态，常闭触点闭合，电路被接通；当温度升高至动作温度值时，双金属元件动作，常闭触点断开，电路被切断；当温度降至复位温度时，双金属元件复原，常闭触点闭合，电路被接通。图 1-64 所示为 KSD9700 型温控开关实物图。表 1-39 所示为 KSD9700 型温控开关动作和复位温度示意表。一般电热毯所用温控开关的代码为 040（或 045）。

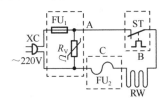

图 1-63　KSD9700 型升温（高温）挡电路原理图

图 1-64　KSD9700 型温控开关实物图

表 1-39　KSD9700 型温控开关动作和复位温度示意表

代　码	动作温度	复位温度
040	(40±5)℃	≥30℃
045	(45±5)℃	≥33℃
050	(50±5)℃	≥35℃
055	(55±5)℃	(42±6)℃

图 1-63 中的虚线框 C 中为电热丝过热保护环节，若温控开关 ST 故障，导致电热丝 RW 温度过高，达到 102℃，温度熔断器 FU$_2$ 熔断。

升温（高温）挡电路工作原理：电源插头 XC 接入 220V 市电后，电热丝 RW 开始加热。当电热丝 RW 的温度升到 40℃（或 45℃）左右时，温控开关 ST 断开，停止加热。由于环境散热，一旦停止加热，电热丝 RW 的温度就开始下降，当电热丝 RW 的温度下降到 30℃（或 33℃）左右时，温控开关 ST 复位，电热丝 RW 重新开始加热。当温控开关 ST 故障，电热丝 RW 升温到 102℃时，温度熔断器 FU$_2$ 熔断。

2. 睡眠（低温）挡电路分析

如图 1-62 所示，当换挡开关 KS 被拨到睡眠（低温）挡时，接入 220V 市电的电源插头 XC 与虚线框 A、虚线框 C、虚线框 D、虚线框 E 构成睡眠（低温）电路，其等效电路如图 1-65 所示。该电路实际是单相半波可控整流电路对电阻负载（电热丝 RW）供电的电路。

普通晶闸管 T$_1$ 选择 KP1-7，相关分析如下。

额定电压选择：

$$U_{\mathrm{Tn}} = (2 \sim 3)U_{\mathrm{RM}} = (2 \sim 3) \times \sqrt{2} \times 220 \approx (622 \sim 933)\mathrm{V}$$

考虑 2 倍裕量，选择电压等级为 7 的晶闸管。

额定电流选择：

$$I_{T(AV)} = (1.5\sim2)\frac{I_T}{1.57} = (1.5\sim2)\frac{U_2/R}{1.57} = (1.5\sim2)\times\frac{220/484}{1.57} = (0.434\sim0.579)\text{V}$$

考虑 2 倍裕量，选择电流等级为 1 的晶闸管。确定晶闸管型号为 KP1-7。

图 1-65 中的虚线框 E 中为触发电路与如图 1-34（a）所示的触发电路相比多了由 R_5 与发光二极管 D_5 构成的电源指示环节，发光二极管的工作电流为 10mA 左右，电阻 R_5 的阻值为360Ω。热敏电阻 R_T 为正温度系数的热敏电阻，电阻 R_2 用来确定控制角的初始值。

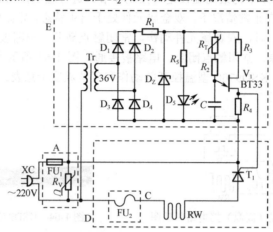

图 1-65　睡眠（低温）挡电路原理图

睡眠（低温）挡电路工作原理：当换挡开关 KS 被拨到睡眠（低温）挡时，电热毯的电热丝 RW 的温度受单相半波可控整流电路控制，若电热丝 RW 的温度在 40℃（或 45℃）左右，由于温度高，热敏电阻 R_T 的阻值变高，控制角 α 变大，给电热丝 RW 供电的电压有效值降低，供电功率 P 也变低。此时若供电功率 P 大于电热丝 RW 的散热功率 P_S，则电热丝 RW 的温度会继续升高，热敏电阻 R_T 的阻值也会继续增高，供电功率 P 继续降低，直至 $P=P_S$，温度恒定。反之，此时若供电功率 P 小于散热功率 P_S，电热丝 RW 的温度会降低，控制角 α 变小，给电热丝 RW 供电的电压有效值变大，供电功率 P 增大，直至 $P=P_S$，电热毯温度恒定在人体感应舒适的温度。事实上当电热毯工作在睡眠（低温）挡时，供电功率会减少至不到原来的一半，供电功率 P 往往小于散热功率 P_S，所以电热毯温度一般比升温（高温）挡时低。

案例 2　内圆磨床主轴电动机直流调速系统

图 1-66　常见内圆磨床实物图

内圆磨床主要用于磨削小于 60° 的圆锥孔和圆柱孔，内圆磨床主轴电动机采用直流调速系统，其主电路由单相桥式半控整流电路构成。该系统由整流主电路、给定电压电路、同步控制电路、滤波稳压电路、单结晶体管触发和移相电路、放大电路、抗干扰和消振荡电路、信号综合电路、电压微分负反馈电路、电流截止负反馈电路等组成。图 1-66 所示为常见内圆磨床实物图。图 1-67 所示为内圆磨床主轴电动机直流调速系统电气线路图。

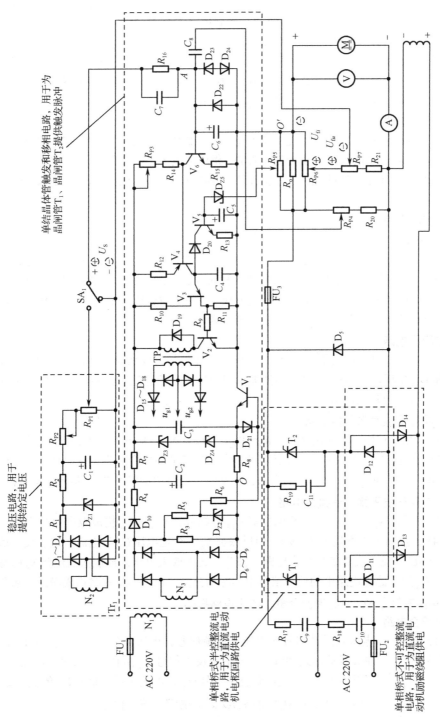

图1-67 内圆磨床主轴电动机直流调速系统电气线路图

1. 整流主电路

整流主电路主要由单相桥式半控整流电路和单相桥式不可控整流电路构成。单相桥式半控整流电路由晶闸管 T_1 和晶闸管 T_2、整流二极管 D_{11} 和整流二极管 D_{12} 组成,用于为直流电动机电枢回路供电;单相桥式不可控整流电路由四个整流二极管 $D_{11} \sim D_{14}$ 组成,用于为直流电动机励磁绕组供电。两种电路的工作原理不再赘述。交流输入 AC 220V 为整流主电路供电, R_{18} 和 C_{10} 构成的阻容吸收电路,用来吸收交流侧浪涌电压。由 R_{17} 和 C_9、R_{19} 和 C_{11} 构成的阻容电路,用来吸收晶闸管截止过程中产生的过电压,并抑制晶闸管两端电压上升率。

2. 给定电压电路

同步变压器 Tr_1 的 N_2 绕组输出一定的交流电压,为由整流二极管 $D_1 \sim D_4$ 构成的单相桥式不可控整流电路供电,其脉动的直流电压经稳压管 D_{Z1} 稳压和电容 C_1 滤波后输出恒定的直流电压,提供给由 R_{P1} 和 R_{P2} 构成的给定电压电路,该电路送出给定电压 U_S,R_{P1} 和 R_{P2} 分别调节给定电压的上限、下限。

3. 同步控制电路

同步控制电路的作用在于让触发电路的触发信号与主电路同步。同步变压器 Tr_1 的 N_3 绕组输出与直流电动机主电路交流侧电源电压同步的电压,经整流二极管 $D_6 \sim D_9$ 构成的单相桥式不可控整流电路整流后,经过由 R_5 与稳压管 D_{Z2} 构成的稳压削波电路,稳压并削波成梯形波电压,该梯形波电压经 R_6 和 R_8 加在开关管 V_1 的基极和发射极。当梯形波电压低于 0.7V 时,V_1 关断,反之 V_1 导通。二极管 D_{21} 用于防止开关管 V_1 基射结反向击穿。

4. 滤波稳压电路

经二极管 $D_6 \sim D_9$ 单相桥式不可控整流电路进行整流后的直流脉动电压先通过 C_2 滤波,再由稳压管 D_{Z3} 和 D_{Z4} 稳压,最后由 C_3 进一步滤波形成恒定的直流电压,给后面的单结晶体管触发电路供电。二极管 D_{10} 起隔离作用。

5. 单结晶体管触发和移相电路

单结晶体管触发和移相电路由 R_{P3}、$R_9 \sim R_{12}$、$D_{15} \sim D_{19}$、$V_2 \sim V_4$、C_4 和隔离变压器 TP 等构成。C_4 的充放电转折时刻决定了 V_3 的通断时刻。C_4 充电的快慢决定了输出脉冲的相位。该电路输出相差180°的脉冲 u_{g1} 和 u_{g2},分别用来控制整流主电路中的 T_1 和 T_2,具体原理不再赘述。

6. 放大电路与抗干扰、消振荡电路

放大电路主要由 V_6、R_{14}、R_{15} 和电位器 R_{P3} 等组成。$D_{22} \sim D_{24}$ 构成双向限幅电路(正向电压不超过 1.4V,反向电压不超过 0.7V),用以保护 V_6。给定电压 U_S 与电流、电压反馈信号综合后的偏差信号 ΔU(见下文"信号综合电路"部分)送入放大电路,经放大后送到 V_4 的基极,用于控制移相。C_6 用于滤除电路中的反馈信号中的脉动分量。R_{16} 和 C_7 并联构成滞后—超前校正网络,用于滤除偏差信号 ΔU 中的谐波分量,防止电路振荡。

7. 信号综合电路

信号综合电路包含电压负反馈信号和电流正反馈信号。电压负反馈信号 U_{fu} 由 R_{P6} 滑动端与

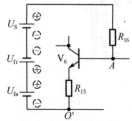

图 1-68　信号综合电路

R_{P7} 滑动端之间取出;电流正反馈信号 U_{fi} 由 R_{P6} 滑动端与 O' 点之间取出。给定电压 U_S、电压负反馈信号 U_{fu}、电流正反馈信号 U_{fi} 的极性如图 1-68 所示,即加在放大电路 AO' 之间的综合偏差信号:

$$\Delta U = U_S - U_{fu} + U_{fi} \tag{1-53}$$

电压负反馈信号主要用来调整由整流电源内阻引起的电压变化。当负载电流增大时,整流电源内阻分压变大,整流电源输出端电压下降,直流电动机电枢端电压下降,电动机转速下降,U_{fu} 减小,ΔU 上升,控制角 α

减小，整流电源输出端电压升高，电压稳定。反之，若负载电流降低，则整流电源输出端电压最终亦可调整稳定。电流正反馈信号用于调整电动机转速的波动（由负载转矩变化引起）。当负载电流增大时，电枢电流变大，电动机转速下降，U_{fi} 增大，ΔU 上升，整流电源输出端电压升高，电动机转速上升。反之负载电流减小，电动机转速最终调整稳定。

8．电压微分负反馈电路

电压微分负反馈电路主要由微分电容 C_8 与 R_{P4} 等元件组成，主要用来防止系统产生振荡。系统振荡主要是由系统本身的惯性和系统放大倍数太大导致的。当可控整流电源输出电压或电动机转速忽高忽低时，电压微分负反馈电路就输出一个反映这种变化的电压，反馈到输入端，引起 ΔU 变化，从而抑制系统的振荡。

9．电流截止负反馈电路

电流截止负反馈电路主要由 R_{P5} 和 D_{Z5} 等元器件构成。先利用主电路中的 R_{P5} 分压取出负反馈电流截止信号，再利用 D_{Z5} 产生比较电压。当电枢电流 I_a 大于截止值时，D_{Z5} 击穿，V_5 提前导通，C_4 充电电流减小，C_4 两端电压上升变慢，控制角 α 增大，主电路可控整流输出电压下降，主电路电枢电流 I_a 下降，当电枢电流 I_a 降低到截止值以下时，D_{Z5} 又恢复截止，系统恢复。

滤波电容 C_5 用于保证在瞬时电流很小（甚至为零）时，V_5 可靠导通，能正常进行电流截止负反馈；隔离二极管 D_{20} 的作用是防止当主电路脉动电流的峰值很大时，电流截止负反馈信号将 V_5 击穿，造成误导通。

10．系统工作

闭合 SA_1 接通电源，各电路开始工作，直流电动机励磁绕组得电，调节 R_{P1} 和 R_{P2} 改变给定电压 U_S，进而达到调节主电路电源的目的，直流电动机启动工作。

【课后自主学习】

1．你对如今使用的软件的开发有何建议，查一查，想一想，写一写。

2．掌握本模块中的基本概念，扫码完成自测题。

模块一自测题

习　　题

1．晶闸管的导通和截止条件是什么？晶闸管的非正常导通方式有哪几种？

2．某整流电路的输出电压波形如图 1-69 所示，其电压有效值为150V，试计算输出平均电压 U_d。

3．在如图 1-70 所示的电路中，$E = 50V$，$L = 0.5H$，$R_d = 0.5\Omega$，$I_L = 50mA$（擎住电流），在使用一次脉冲触发时，为了保证晶闸管充分导通，触发脉冲宽度至少是多大？

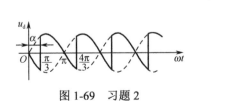

图 1-69　习题 2

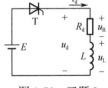

图 1-70　习题 3

4．单相半波可控整流电路，带阻感负载，负载两端反接续流二极管，电感值极大，$U_2 = 220V$，$R_d = 5\Omega$，当 $\alpha = 60°$ 时，画出 u_d，i_d，u_T，i_{VD}，i_T 的波形，并计算 U_d，I_d，I_{dT}，I_T，I_{dVD}，I_{VD}，U_{RM}。

5．单相桥式全控整流电路，带阻感负载，电感值极大，$U_2 = 220V$，负载电阻 $R_d = 2\Omega$，当 $\alpha = 60°$ 时，试画出 u_d，i_d，i_2 的波形，求整流输出平均电压 U_d，电流 I_d，变压器二次侧电流有效值 I_2；并考虑安全裕量，选择晶闸管型号。

6. 图 1-71 所示为另一种单相桥式半控整流电路，带阻感负载，电感值极大，试分析该电路的工作原理，画出 u_d，i_d，u_{T1}，i_{T1}，i_{T2}，i_{D1}，i_{D2}，i_2 的波形。当 $U_2 = 100V$，负载电阻 $R_d = 3\Omega$，$\alpha = 60°$ 时，试求 U_d，I_d，I_{dT}，I_T，I_{dD}，I_D，I_2，U_{RM} 的值。

7. 图 1-72 所示为单相桥式全控整流电路，带阻感负载，电感值极大，负载两端反接续流二极管，$U_2 = 220V$，$R_d = 5\Omega$，当 $\alpha = 45°$ 时，计算 U_d，I_d，I_{dT}，I_T，I_{dVD}，I_{VD}，U_{RM}，I_2。

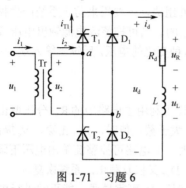

图 1-71　习题 6　　　　　　　　　图 1-72　习题 7

8. 单结晶体管振荡频率的高低与什么因素有关？

9. 在单结晶体管触发电路中，如果在削波稳压管两端并联一个大电容，该触发电路能正常触发主电路吗？说明原因。

10. 同步信号为锯齿波的触发电路由哪几个基本环节组成？锯齿波的斜率和什么有关？输出脉冲的宽度和什么有关？电路如何连接才能实现双窄脉冲的输出呢？

模块二 三相整流电路及有源逆变电路

三相整流电路比单相整流电路的直流输出电压脉动小，可带负载容量大，在工业生产中有更广泛的应用。针对本模块，先学习三相半波可控整流电路和三相桥式全控整流电路，掌握它们的结构、波形分析和公式推导等，理解不同性质的负载对整流电路的影响。然后学习带平衡电抗器的双反星形三相可控整流电路，体会此电路与三相桥式全控整流电路的异同，了解各电路的应用场合，了解谐波、漏感对电路的影响及减少谐波提高功率因数的方法。再学习有源逆变电路，掌握有源逆变电路的工作条件、失败原因等。通过学习典型例题，巩固整流电路的分析方法及数量关系的研究方法。在学习整流电路和逆变电路的同时，了解集成驱动电路的构成、使用方法等。通过实训操作和案例分析加深对本模块的理解。

理实一体化、线上线下混合学习导学：

1. 学生在学习"2.1 三相半波可控整流电路"和"2.2 三相桥式全控整流电路"时，配合进行"实训 2 三相桥式全控整流电路仿真实践"，边学习理论，边进行仿真实践，让实践验证理论。对于"实训 1 三相半波可控整流电路仿真实践"选做。

2. 学生课后自学"2.3 带平衡电抗器的双反星形三相可控整流电路"，教师在网络课堂上安排学习任务，并进行测试。

3. 学生自主学习并讨论"2.5 有源逆变电路"和"2.6 典型例题"，教师随堂指导，并安排课堂学习检测。

4. 学生在学习"2.7 三相相控整流电路的驱动控制"后完成"实训 3 三相桥式全控整流电路及有源逆变电路调试"。

5. 学生在学习"2.9 典型案例"后完成 "实训 4 直流调速系统调试"。

6. 在学时充裕时，教师可串讲"2.4 可控整流电路中的其他问题"中变压器漏抗结论、功率因数提高结论及谐波减小方法，为学生积累理论知识打基础。具体分析可作为学生课后自学内容。

2.1 三相半波可控整流电路

大部分工业场合的负载容量较大，在要求直流电压脉动较小，控制速度较快时，多采用三相整流电路。三相半波可控整流电路是三相整流电路最基本的形式，有共阴极和共阳极两种接法。

2.1.1 电阻负载

1. 电路结构

三相半波可控整流电路的电路结构如图 2-1（a）所示，$\alpha=0°$ 时的波形图如图 2-1（b）所示，$\alpha=0°$ 时的实测 u_d 和 u_{T1} 波形分别如图 2-1（c）和图 2-1（d）所示。Tr 为整流变压器，其二次侧为星形接法，便于引出零线；一次侧为三角形接法，便于给三次谐波提供通路，降低高次谐波对电网的影响。晶闸管 T_1、晶闸管 T_2、晶闸管 T_3 采用的是共阴极接法。整流变压器 Tr 二次侧的电压（简称"交流电源电压"）波形表达式为

$$u_u = \sqrt{2}U_2\sin\omega t \tag{2-1}$$

$$u_v = \sqrt{2}U_2\sin\left(\omega t - \frac{2\pi}{3}\right) \tag{2-2}$$

三相半波可控整流电路

$$u_{\mathrm{w}} = \sqrt{2}U_2\sin\left(\omega t + \frac{2\pi}{3}\right) \tag{2-3}$$

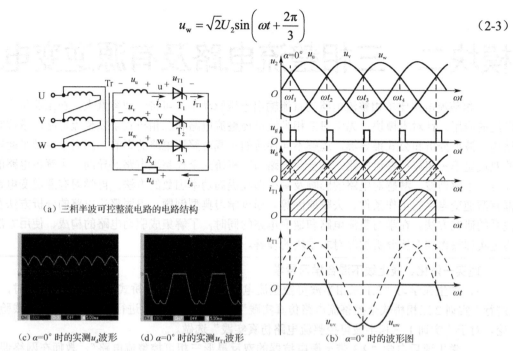

(a) 三相半波可控整流电路的电路结构

(c) $\alpha=0°$ 时的实测 u_{d} 波形　　　(d) $\alpha=0°$ 时的实测 u_{T1} 波形　　　(b) $\alpha=0°$ 时的波形图

图 2-1　三相半波可控整流电路带电阻负载

2. 波形分析

将如图 2-1（a）所示的电路中的晶闸管换成整流二极管，由整流二极管的优先导通原则可知，共阴极组整流二极管谁的阳极电位最高谁导通，其他整流二极管承受反向电压自然关断。整流二极管将在图 2-1（b）中的 ωt_1、ωt_2、ωt_3 时刻进行自然换相。在 $\omega t_1 \sim \omega t_2$ 区间，u 相电压的瞬时值最高，u 相上的整流二极管承受正向电压导通，其余两相的整流二极管承受反向电压，负载上得到 u 相电源电压。同理，在 $\omega t_2 \sim \omega t_3$ 区间负载得到 v 相电源电压，在 $\omega t_3 \sim \omega t_4$ 区间负载得到 w 相电源电压。两两电源之间的交点 ωt_1、ωt_2、ωt_3 为**自然换相点**，该点是三相半波可控整流电路各相晶闸管控制角的起点（也就是 $\alpha=0°$ 的点）。若自然换相点距离相电压正半周的起点为 30°，则触发脉冲距离对应相电压正半周的起点为 $30°+\alpha$。下面分析当控制角 α 不同时，整流电路的工作波形，并讨论负载上的电压和电流的波形和晶闸管 T_1 上的电压和电流波形。

> **讨论**：为什么自然换相点是 $\alpha=0°$ 的点？
>
> **答**：假设 u 相在 $\omega t=15°$（a 点）时触发并导通，为了保证触发的对称性，v 相应该在 $120°+15°$（b 点）时触发，而此时晶闸管 T_2 因承受反向电压（$u_{\mathrm{T2阳极}}(u_{\mathrm{v}}) < u_{\mathrm{T2阴极}}(u_{\mathrm{u}})$）无法触发，因此 u 相持续导通。直到 u 相的电压和 v 相的电压相等（c 点，即自然换相点）时，晶闸管 T_2 才刚好承受正向电压，此时可进行触发。因此自然换相点是 $\alpha=0°$ 的点。该讨论图解如图 2-2 所示。

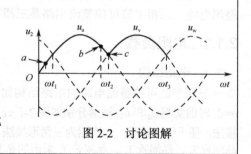

图 2-2　讨论图解

1）$\alpha=0°$ 时的波形分析

在 $\omega t_1 \sim \omega t_2$ 区间，u 相的瞬时电压最高，因此 u 相回路中的晶闸管 T_1 承受正向电压。在 ωt_1 时刻晶闸管 T_1 触发导通，u 相电源、晶闸管 T_1 及负载形成单回路。输出电压 $u_{\mathrm{d}}=u_{\mathrm{u}}$，$u_{\mathrm{T1}}=0$，$i_{\mathrm{d}}=u_{\mathrm{d}}/R_{\mathrm{d}}$，$i_{\mathrm{d}}=i_2=i_{\mathrm{T1}}$。

在 $\omega t_2 \sim \omega t_3$ 区间，v 相的瞬时电压最高，因此 v 相回路中的晶闸管 T_2 承受正向电压。在 ωt_2 时刻晶闸管 T_2 触发导通，晶闸管 T_1 两端电压为 $u_{T1} = u_u - u_v < 0$，晶闸管 T_1 承受反向电压自然关断。此时 v 相电源、晶闸管 T_2 及负载形成单回路。输出电压 $u_d = u_v$，$i_d = u_d/R_d$，$i_d = i_2$，$i_{T1} = 0$，$u_{T1} = u_{T1阳极} - u_{T1阴极} = u_u - u_v = u_{uv}$。

在 $\omega t_3 \sim \omega t_4$ 区间，w 相的瞬时电压最高，则 w 相回路中的晶闸管 T_3 承受正向电压。在 ωt_3 时刻晶闸管 T_3 触发导通，晶闸管 T_2 两端电压为 $u_{T2} = u_v - u_w < 0$，晶闸管 T_2 承受反向电压自然关断。此时 w 相电源、晶闸管 T_3 及负载形成单回路。输出电压 $u_d = u_w$，$i_d = u_d/R_d$，$i_d = i_2$，$i_{T1} = 0$，$u_{T1} = u_{T1阳极} - u_{T1阴极} = u_u - u_w = u_{uw}$。

之后的时刻，重复 $\omega t_1 \sim \omega t_4$ 的分析过程。**当 $\alpha = 0°$ 时，负载上的电压是三相交流电相电压正半周期的外包络线**。在交流电源的一个周期内，负载上出现三个相同的连续波头（脉波数 $m = 3$），脉动频率是 $3 \times 50\text{Hz} = 150\text{Hz}$，每个晶闸管导通 $120°$。

2）α 为其他角度时的波形分析

三相半波可控整流电路带电阻负载 $\alpha = 30°$ 时的波形图如图 2-3（a）所示。其电压和电流波形是在 $\alpha = 0°$ 的波形基础上往后退 $30°$ 所得波形。其输出电压、电流波形处在临界连续状态。当 $\alpha < 30°$ 时，输出电压、电流波形连续，原因是在后一相晶闸管导通时前一相晶闸管承受反向电压自然关断。当 $\alpha > 30°$ 时，输出电压、电流波形断续，原因是在前一相晶闸管因本相的交流电源电压过零变负而自然关断时，后一相晶闸管未到触发时刻，此时 3 个晶闸管都不导通，输出电压为零，直到后一相晶闸管触发导通，负载上才得到相应的相电压。

三相半波整流电路带电阻负载 $\alpha = 60°$ 时的波形图如图 2-3（b）所示，此时每个晶闸管导通 $90°$，断续 $30°$。若控制角再往后退 $90°$，则输出电压减小为零。由此可见，**其移相范围为 $0° \sim 150°$**。图 2-4 和图 2-5 分别所示为 $\alpha = 30°$ 时负载和晶闸管 T_1 上的实测电压波形；图 2-6 和图 2-7 分别所示为 $\alpha = 60°$ 时负载和晶闸管 T_1 上的实测电压波形。

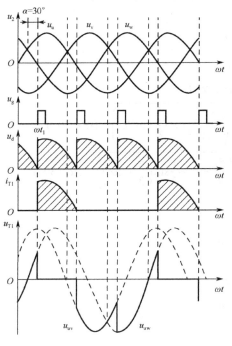

（a）$\alpha = 30°$ 时的波形图

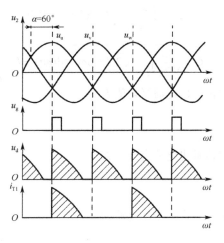

（b）$\alpha = 60°$ 时的波形图

图 2-3　三相半波可控整流电路带电阻负载 $\alpha = 30°$ 和 $\alpha = 60°$ 时的波形图

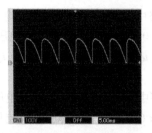

图 2-4　$\alpha = 30°$ 时的实测 u_d 波形

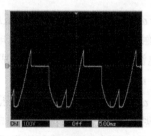

图 2-5　$\alpha = 30°$ 时的实测 u_T1 波形

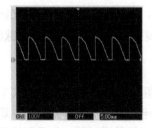

图 2-6　$\alpha = 60°$ 时的实测 u_d 波形

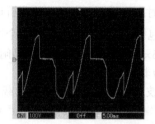

图 2-7　$\alpha = 60°$ 时的实测 u_T1 波形

3. 参数计算

通过波形分析可知，在 α 为 $0° \sim 30°$ 时，输出电压、电流波形连续，以输出电压的一个波头为例，控制角在波头起点 $\omega t = 30°$ 位置后移 α 时，这个波头的末点在 $\omega t = 150°$ 位置也后移 α；在 α 为 $30° \sim 150°$ 时，输出电压、电流波形断续，控制角在波头起点 $\omega t = 30°$ 位置后移 α 时，这个波头的末点则固定在 π 点。直流输出电压平均值的表达式在连续和断续时分别为

$$U_\mathrm{d} = \frac{3}{2\pi} \int_{\frac{\pi}{6}+\alpha}^{\frac{5\pi}{6}+\alpha} \sqrt{2} U_2 \sin\omega t \, \mathrm{d}(\omega t) = 1.17 U_2 \cos\alpha \quad (\alpha \leqslant 30°) \tag{2-4}$$

$$U_\mathrm{d} = \frac{3}{2\pi} \int_{\frac{\pi}{6}+\alpha}^{\pi} \sqrt{2} U_2 \sin\omega t \, \mathrm{d}(\omega t) = 0.675 U_2 \left[1 + \cos\left(\frac{\pi}{6} + \alpha\right) \right] \quad (\alpha > 30°) \tag{2-5}$$

当 $\alpha = 0°$ 时，$U_\mathrm{d} = 1.17 U_2$；当 $\alpha = 150°$ 时，$U_\mathrm{d} = 0$。

直流输出电压有效值的表达式在连续和断续时分别为

$$U = \sqrt{\frac{3}{2\pi} \int_{\frac{\pi}{6}+\alpha}^{\frac{5\pi}{6}+\alpha} (\sqrt{2} U_2 \sin\omega t)^2 \, \mathrm{d}(\omega t)} = U_2 \sqrt{\frac{3}{2\pi} \left(\frac{2\pi}{3} + \frac{\sqrt{3}}{2} \cos 2\alpha \right)} \quad (\alpha \leqslant 30°) \tag{2-6}$$

$$U = \sqrt{\frac{3}{2\pi} \int_{\frac{\pi}{6}+\alpha}^{\pi} (\sqrt{2} U_2 \sin\omega t)^2 \, \mathrm{d}(\omega t)} = U_2 \sqrt{\frac{3}{2\pi} \left(\frac{5\pi}{6} - \alpha + \frac{1}{2} \sin\left(\frac{\pi}{3} + 2\alpha\right) \right)} \quad (\alpha > 30°) \tag{2-7}$$

直流输出电流平均值 I_d 为

$$I_\mathrm{d} = \frac{U_\mathrm{d}}{R_\mathrm{d}} \tag{2-8}$$

直流输出电流有效值 I 为

$$I = \frac{U}{R_\mathrm{d}} \tag{2-9}$$

晶闸管上的平均电流为

$$I_\mathrm{dT} = \frac{1}{3} I_\mathrm{d} \tag{2-10}$$

晶闸管上的有效电流为

$$I_{\mathrm{T}} = \frac{1}{\sqrt{3}} I \qquad (2\text{-}11)$$

变压器二次侧电流有效值为

$$I_2 = I_{\mathrm{T}} = \frac{1}{\sqrt{3}} I \qquad (2\text{-}12)$$

晶闸管上承受的最大正向电压为

$$U_{\mathrm{FM}} = \sqrt{2} U_2 \qquad (2\text{-}13)$$

晶闸管上承受的最大反向电压为

$$U_{\mathrm{RM}} = \sqrt{2} \times \sqrt{3} U_2 = \sqrt{6} U_2 \qquad (2\text{-}14)$$

2.1.2　大电感负载

图 2-8（a）所示为三相半波可控整流电路带大电感负载时的电路结构；图 2-8（b）所示为 $\alpha = 60^\circ$ 时的波形图。将该电路与带电阻负载的三相半波可控整流电路的工作情况相比较，具体分析不再赘述，二者不同点如下。

（1）由于负载为大电感负载，输出电流 i_{d} 近似为一条水平线。

（2）当 $\alpha \leqslant 30^\circ$ 时，由于晶闸管的换相时刻在原导通相的交流电源电压过零变负之前，因此各电压波形与电阻负载的三相半波可控整流电路一致。由于大电感负载具有续流作用，因此当 $\alpha > 30^\circ$ 时，u_{d} 的波形出现负值部分，不存在断续问题，直流输出电压平均值 U_{d} 只有一个式子，即

$$U_{\mathrm{d}} = \frac{3}{2\pi} \int_{\frac{\pi}{6}+\alpha}^{\frac{5\pi}{6}+\alpha} \sqrt{2} U_2 \sin\omega t \mathrm{d}(\omega t) = 1.17 U_2 \cos\alpha \qquad (2\text{-}15)$$

（3）由式（2-15）可知，当 $\alpha = 90^\circ$ 时，$U_{\mathrm{d}} = 0$，其**移相范围为 0°～90°**。

（4）晶闸管上承受的最大正/反向电压均为 $\sqrt{6} U_2$。

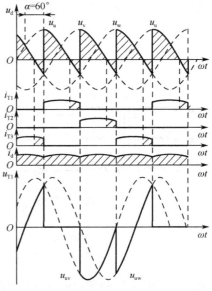

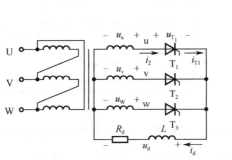

（a）三相半波可控整流电路带大电感负载时的电路结构　　　　（b）$\alpha=60^\circ$ 时的波形图

图 2-8　三相半波可控整流电路带大电感负载

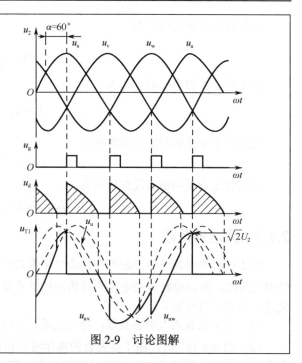

讨论：三相半波可控整流电路在带电阻负载时为什么晶闸管上承受的最大正向电压为 $\sqrt{2}U_2$？

答： 由波形分析可知，在 $\alpha = 60°$ 时每个晶闸管导通 $90°$，关断 $30°$。在关断的 $30°$ 区间里，晶闸管上承受的电压为其本相的相电压，即晶闸管 T_1 关断时的端电压为相电压 u_u，由图 2-9 可知，晶闸管上承受的最大正向电压为相电压的峰值 $\sqrt{2}U_2$。

图 2-9　讨论图解

2.1.3　共阳极组三相半波可控整流电路

采用共阳极接法的三相半波可控整流电路带阻感负载时的电路结构及波形图如图 2-10 所示。图 2-10（a）中的三个晶闸管的阳极连接在一起成为公共端，阴极分别连接到各相电源的输出端，因此晶闸管只有在阳极电位高于阴极电位时才能触发导通，如图 2-10（a）所示电路中的晶闸管只有在电源相电压处于负半周期时才能触发导通，换相时会换到阴极电位更负的相。**负载上的电压是三相交流电相电压负半周期的外包络线。** 采用共阳极接法的三相半波可控整流电路带阻感负载时的波形分析与参数计算与采用共阴极接法时的相仿，只是输出电压和电流的极性相反。

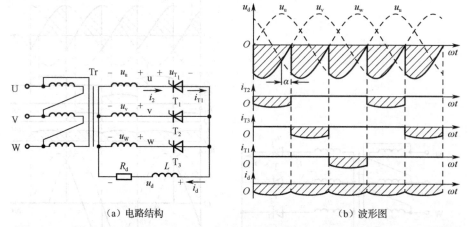

（a）电路结构　　　　　　　　　　　　（b）波形图

图 2-10　采用共阳极接法的三相半波可控整流电路带阻感负载时的电路结构和波形图

例 2-1： 在如图 2-11（a）所示的电路图中有四种电源电压，分别为 $u_1 = \sqrt{2}U_2\sin\omega t$、$u_2 = \sqrt{2}U_2\cos\omega t$、$-u_1$ 和 $-u_2$，该整流电路带电阻负载。试绘出 $\alpha = 0°$ 时的 u_d 波形，确定控制角 $\alpha = 0°$ 的位置，并写出 U_d 的表达式。

例 2-1

解： u_1、u_2、$-u_1$、$-u_2$ 电源波形图如图 2-11（b）第一个坐标轴上波形所示，在第①段中，u_1 最大，晶闸管 T_1 触发导通，电源 u_1、晶闸管 T_1 及负载形成单回路，$u_d = u_1$。在第②段中，$-u_2$ 最大，晶闸管 T_4 触发导通，电源 $-u_2$、晶闸管 T_4 及负载形成单回路，$u_d = -u_2$。在第③段中，$-u_1$ 最大，晶闸管 T_2 触发导通，电源 $-u_1$、晶闸管 T_2 及负载形成单回路，$u_d = -u_1$。在第④段中，u_2 最大，晶闸管 T_3 触发导通，电源 u_2、晶闸管 T_3 及负载形成单回路，$u_d = u_2$。负载 u_d 的波形图如图 2-11（b）第二个坐标轴上波形所示。

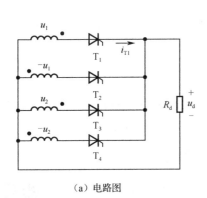

（a）电路图

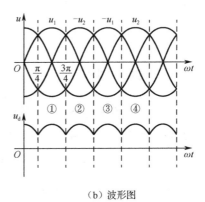

（b）波形图

图 2-11　例 2-1

利用三相半波可控整流电路的分析思路可知，电源电压波形的两两交点为 $\alpha = 0$ 的点，即 u_1 对应的 $\alpha = 0$ 的点在 $\omega t = \dfrac{\pi}{4}$ 处，$-u_2$ 对应的 $\alpha = 0$ 的点在 $\omega t = \dfrac{3\pi}{4}$ 处，以此类推。

在推导 U_d 的表达式时，利用三相半波可控整流电路的分析思路可知，波形有连续和断续的问题。当 $0 \leqslant \alpha \leqslant \pi/4$ 时，负载上的电压波形连续；当 $\pi/4 < \alpha \leqslant 3\pi/4$ 时，负载上的电压波形断续。U_d 的表达式如下。

$0 \leqslant \alpha \leqslant \dfrac{\pi}{4}$ 时：

$$U_d = \frac{4}{2\pi} \int_{\frac{\pi}{4}+\alpha}^{\frac{3\pi}{4}+\alpha} \sqrt{2} U_2 \sin \omega t \, \mathrm{d}(\omega t) = 1.27 U_2 \cos \alpha$$

$\dfrac{\pi}{4} < \alpha \leqslant \dfrac{3\pi}{4}$ 时：

$$U_d = \frac{4}{2\pi} \int_{\frac{\pi}{4}+\alpha}^{\pi} \sqrt{2} U_2 \sin \omega t \, \mathrm{d}(\omega t) = 1.27 U_2 \frac{1 + \cos\left(\dfrac{\pi}{4} + \alpha\right)}{\sqrt{2}}$$

例 2-2： 某小型氮肥厂合成塔电炉采用的是单相 220V 可控硅调压器。该调压器结构简单，调试容易，但最多只能为 15m 电炉丝供电。随着该厂生产力的提高，需要提高电炉功率，以为 15～18m 的电炉丝供电，该如何改造该调压器呢？

解： 对于单相 220V 可控硅调压器，考虑输出电压最大时的情况：

$$U_d = 0.9 U_2 \frac{1 + \cos \alpha}{2} = 0.9 \times 220 \times \frac{1 + \cos 0°}{2} = 198\text{V}$$

由此可知，该调压器输出 198V 直流电压，可对 15m 电炉丝供电。

在使用三相半波可控硅调压器时，可求得最大输出电压：

$$U_d = 1.17 U_2 \cos \alpha = 1.17 \times 220 \times \cos 0° = 257.4\text{V}$$

估算此时可供电的电炉丝长度：

$$l = 257.4 \times 15 \div 198 = 19.5\text{m}$$

因此，三相半波可控硅调压器最长可为 19.5m 的电炉丝供电，满足为 15～18m 的电炉丝供电的要求。进一步考虑控制范围。

由三相半波可控整流电路的波形连续公式 $198 = 1.17 \times 220 \times \cos\alpha_1'$，可求得 $\alpha_1' \approx 39°$，此时输出波形已由连续区进入断续区，因此需要运用波形断续公式，即

$$198 = 0.675 \times 220 \times \left[1 + \cos\left(\frac{\pi}{6} + \alpha_1 \right) \right]$$

求得 $\alpha_1 \approx 41°$。由此可知，三相半波可控硅调压器输出 198V 直流电压，可为 15m 电炉丝供电，此时控制角约为 41°。

对 18m 电炉丝的供电电压进行估算：

$$198 \times 18 \div 15 = 237.6\text{V}$$

运用三相半波可控整流电路的波形连续公式 $237.6 = 1.17 \times 220 \times \cos\alpha_2$，求得 $\alpha_2 \approx 22°$。因此，三相半波可控硅调压器在 $[22°, 41°]$ 范围内调节，可为 15～18m 的电炉丝供电。

2.2　三相桥式全控整流电路

在三相整流电路中，2.1 节所述的三相半波可控整流电路接线简单，但变压器中绕组的电流是单方向流动的，存在直流磁化问题，并且绕组利用率较低，同时负载电流需要经过零线，增加了损耗，而三相桥式全控整流电路不存在直流磁化问题，提高了装置利用率，是目前被广泛应用的整流电路。

三相桥式全控整流电路

2.2.1　电阻负载

1. 电路结构

三相桥式全控整流电路是由一组共阴极组三相半波可控整流电路（晶闸管为 T_1、T_3、T_5）和一组共阳极组三相半波可控整流电路（晶闸管为 T_4、T_6、T_2）串联而成的，其电路如图 2-12 所示。当负载完全相同，控制规律也一致时，负载电流 I_{d1} 和 I_{d2} 完全相同，在零线中流过的电流平均值为 $I_d = I_{d1} - I_{d2} = 0$，因此可将零线去除，得到如图 2-13 所示的三相桥式全控整流电路。由于共阴极组三相半波可控整流电路在工作时流过变压器二次侧绕组的电流为正向，共阳极组三相半波可控整流电路在工作时流过变压器二次侧绕组的电流为反向，正向电流和反向电流在电源的一个周期内相抵消，因此三相桥式全控整流电路不存在直流磁化问题，且每相绕组在正负半周期都有电流流过，提高了变压器的利用率。

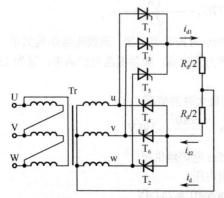

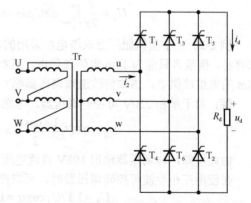

图 2-12　共阴极组三相半波可控整流电路和共阳极组三相半波可控整流电路的串联电路

图 2-13　三相桥式全控整流电路（电阻负载）

2．波形分析

1）$\alpha = 0°$ 时的波形分析

三相桥式全控整流电路带电阻负载在 $\alpha = 0°$ 时的波形图如图 2-14 所示，实测 u_d 和 u_{T1} 波形如图 2-15 所示。图 2-13 所示电路中的共阴极组三相半波可控整流电路自然换流点（$\alpha = 0°$）在 ωt_1、ωt_3、ωt_5 时刻，晶闸管 T_1、晶闸管 T_3、晶闸管 T_5 分别触发导通；共阳极组三相半波可控整流电路自然换流点（$\alpha = 0°$）在 ωt_2、ωt_4、ωt_6 时刻，晶闸管 T_2、晶闸管 T_4、晶闸管 T_6 分别触发导通。每个晶闸管导通 $120°$。根据电路波形的工作规律，这六个晶闸管的触发导通顺序为 $T_1 \rightarrow T_2 \rightarrow T_3 \rightarrow T_4 \rightarrow T_5 \rightarrow T_6$，并且触发导通相差 $60°$。将交流电源电压的一个周期分为六份，即两两自然换相点之间作为一份，每份 $60°$，触发导通的晶闸管组别为 $T_6 T_1 \rightarrow T_1 T_2 \rightarrow T_2 T_3 \rightarrow T_3 T_4 \rightarrow T_4 T_5 \rightarrow T_5 T_6$，则负载上可得到六组电源的线电压 $u_{uv} \rightarrow u_{uw} \rightarrow u_{vw} \rightarrow u_{vu} \rightarrow u_{wu} \rightarrow u_{wv}$。下面具体分析三相桥式全控整流电路的工作波形，并讨论负载上的电压和电流波形，晶闸管 T_1 上的电压和电流波形。

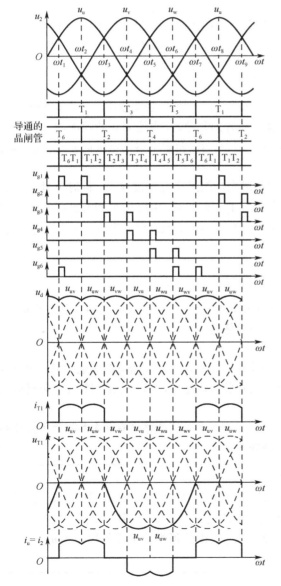

图 2-14　三相桥式全控整流电路带电阻负载在 $\alpha = 0°$ 时的波形图

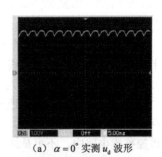

（a）$\alpha = 0°$ 实测 u_d 波形

（b）$\alpha = 0°$ 实测 u_{T1} 波形

图 2-15　$\alpha = 0°$ 时的实测 u_d 和 u_{T1} 波形

$\omega t_1 \sim \omega t_2$ 区间：在 ωt_1 时刻，u 相电压瞬时值最高，晶闸管 T_1 触发导通，同时 v 相电压瞬时值最低，晶闸管 T_6 触发导通。此时晶闸管 T_6 和晶闸管 T_1 同时导通，电流从 u 相流出，经晶闸管 T_1、负载、晶闸管 T_6 流回 v 相，电流通路如图 2-16（a）所示。负载上得到电压 $u_d = u_u - u_v = u_{uv}$，$u_{T1} = 0$，$i_d = i_2 = i_{T1} = u_d / R_d$。

$\omega t_2 \sim \omega t_3$ 区间：在 ωt_2 时刻，u 相电压瞬时值最高，晶闸管 T_1 触发导通，同时 w 相电压瞬时值最低，晶闸管 T_2 触发导通。此时晶闸管 T_1 和晶闸管 T_2 同时导通，电流从 u 相流出，经晶闸管 T_1、负载、晶闸管 T_2 流回 w 相，电流通路如图 2-16（b）所示。负载上得到电压 $u_d = u_u - u_w = u_{uw}$，$u_{T1} = 0$，$i_d = i_2 = i_{T1} = u_d / R_d$。

$\omega t_3 \sim \omega t_4$ 区间：在 ωt_3 时刻，v 相电压瞬时值最高，晶闸管 T_3 触发导通，同时 w 相电压瞬时值最低，晶闸管 T_2 触发导通。此时晶闸管 T_2 和晶闸管 T_3 同时导通，电流从 v 相流出，经晶闸管 T_3、负载、晶闸管 T_2 流回 w 相，电流通路如图 2-16（c）所示。负载上得到电压 $u_d = u_v - u_w = u_{vw}$，$i_d = u_d / R_d$，$i_2 = i_{T1} = 0$，$u_{T1} = u_{uv}$。

$\omega t_4 \sim \omega t_5$ 区间：在 ωt_4 时刻，v 相电压瞬时值最高，晶闸管 T_3 触发导通，同时 u 相电压瞬时值最低，晶闸管 T_4 触发导通。此时晶闸管 T_3 和晶闸管 T_4 同时导通，电流从 v 相流出，经晶闸管 T_3、负载、晶闸管 T_4 流回 u 相，电流通路如图 2-16（d）所示。负载上得到电压 $u_d = u_v - u_u = u_{vu}$，$i_d = u_d / R_d$，$i_{T1} = 0$，$i_2 = -i_d$，$u_{T1} = u_{uv}$。

$\omega t_5 \sim \omega t_6$ 区间：在 ωt_5 时刻，w 相电压瞬时值最高，晶闸管 T_5 触发导通，同时 u 相电压瞬时值最低，晶闸管 T_4 触发导通。此时晶闸管 T_4 和晶闸管 T_5 同时导通，电流从 w 相流出，经晶闸管 T_5、负载、晶闸管 T_4 流回 u 相，电流通路如图 2-16（e）所示。负载上得到电压 $u_d = u_w - u_u = u_{wu}$，$i_d = u_d / R_d$，$i_{T1} = 0$，$i_2 = -i_d$，$u_{T1} = u_{uw}$。

$\omega t_6 \sim \omega t_7$ 区间：在 ωt_6 时刻，w 相电压瞬时值最高，晶闸管 T_5 触发导通，同时 v 相电压瞬时值最低，晶闸管 T_6 触发导通。此时晶闸管 T_5 和晶闸管 T_6 同时导通，电流从 w 相流出，经晶闸管 T_5、负载、晶闸管 T_6 流回 v 相，电流通路如图 2-16（f）所示。负载上得到电压 $u_d = u_w - u_v = u_{wv}$，$i_d = u_d / R_d$，$i_2 = i_{T1} = 0$，$u_{T1} = u_{uw}$。

之后的时刻，重复 $\omega t_1 \sim \omega t_7$ 过程。

综上所述，图 2-13 所示电路相关结论如下。

（1）在交流电源电压的一个周期内，负载上出现六个相同的连续线电压波头（脉波数 $m = 6$），**负载上的电压是三相交流六脉线电压正半周期的外包络线**。

（2）输出电压的脉动频率为 $6 \times 50\text{Hz} = 300\text{Hz}$。

（3）电路中每个晶闸管导通 $120°$，并且在每个时刻均有两个晶闸管同时导通，形成向负载供电的回路，其中一个晶闸管在共阴极组三相半波可控整流电路中，另一个晶闸管在共阳极组三相半波可控整流电路中，不可是同一相的晶闸管。

（4）触发电路采用先断后通的控制方式，为了保证每个电流通路中有两个晶闸管可控导通，每个晶闸管采用**双窄脉冲触发**，或者采用**宽脉冲触发**。

讨论：六个线电压的位置是如何确定的？

答：星形连接的负载，线电压超前其对应的相电压 $30°$，且 $U_{\text{线}} = \sqrt{3}U_{\text{相}}$。因此当 u_u 是过原点的相电压时，u_{uv} 超前 u_u $30°$，在 u_{uv} 的基础上滞后 $120°$ 为 u_{vw}，在 u_{vw} 的基础上滞后 $120°$ 为 u_{wu}，u_{uv} 的反向为 u_{vu}，u_{vw} 的反向为 u_{wv}，u_{wu} 的反向为 u_{uw}。由此可得线电压的顺序为 $u_{uv} \to u_{uw} \to u_{vw} \to u_{vu} \to u_{wu} \to u_{wv}$，两个线电压之间相差 $60°$。

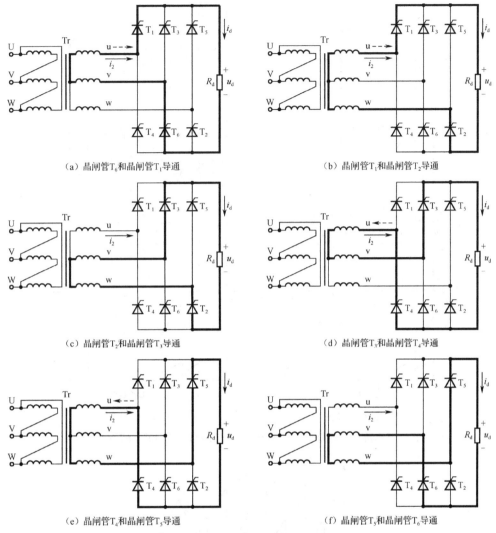

（a）晶闸管T₆和晶闸管T₁导通 （b）晶闸管T₁和晶闸管T₂导通

（c）晶闸管T₂和晶闸管T₃导通 （d）晶闸管T₃和晶闸管T₄导通

（e）晶闸管T₄和晶闸管T₅导通 （f）晶闸管T₅和晶闸管T₆导通

图 2-16 三相桥式全控整流电路带电阻负载电流通路

2）α 为其他角度时的波形分析

三相桥式全控整流电路带电阻负载在 $\alpha = 30°$ 时的波形图如图 2-17（a）所示。其电压和电流波形是在 $\alpha = 0°$ 的波形的基础上往后退 $30°$ 所得的。其输出电压、电流波形连续。以其中一个输出波头为例，它的起点在线电压波头正峰点处，末点在两两线电压的后内交点处。

三相桥式全控整流电路带电阻负载在 $\alpha = 60°$ 时的波形图如图 2-17（b）所示。其电压和电流波形是在 $\alpha = 30°$ 的波形的基础上继续往后退 $30°$ 所得。此时输出电压、电流波形处在临界连续状态。负载上的波头起点在两两线电压的后内交点处，末点正好在本相线电压过零点处，本相晶闸管到末点时自然关断。

三相桥式全控整流电路带电阻负载在 $\alpha > 60°$ 时，输出电压、电流波形断续，前一相的晶闸管在本相线电压过零点处自然关断，后一相的晶闸管未到触发时刻，此时六个晶闸管都不导通，输出电压为零，直到后一相的晶闸管被触发导通，负载上才得到相应的线电压。

三相桥式全控整流电路带电阻负载在 $\alpha = 90°$ 时的波形图如图 2-18 所示。此时每个晶闸管导通 $30°$，断续 $30°$。若控制角再往后退 $30°$，则输出电压减小为零。由此可见，其移相范围为 $0°\sim120°$。

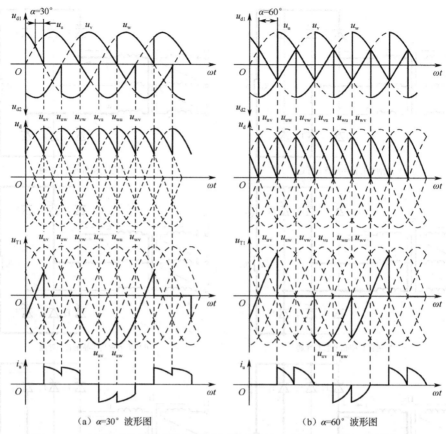

（a）α=30°波形图　　　　　　　　（b）α=60°波形图

图 2-17　三相桥式全控整流电路带电阻负载在 α 分别为 30°、60°时的波形图

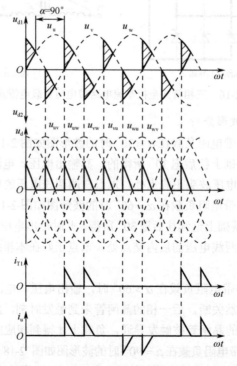

图 2-18　三相桥式全控整流电路带电阻负载在 α=90°时的波形图

图 2-19～图 2-21 分别所示为 $\alpha = 30°$、$\alpha = 60°$ 和 $\alpha = 90°$ 时的实测 u_d 波形；图 2-22～图 2-24 分别所示为 $\alpha = 30°$、$\alpha = 60°$ 和 $\alpha = 90°$ 时的实测 u_T1 波形。

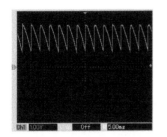
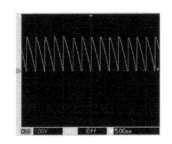
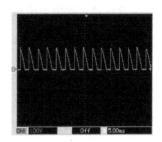

图 2-19　$\alpha = 30°$ 实测 u_d 波形　　　图 2-20　$\alpha = 60°$ 实测 u_d 波形　　　图 2-21　$\alpha = 90°$ 实测 u_d 波形

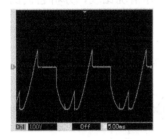
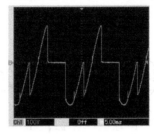
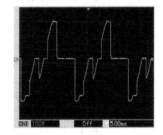

图 2-22　$\alpha = 30°$ 实测 u_T1 波形　　　图 2-23　$\alpha = 60°$ 实测 u_T1 波形　　　图 2-24　$\alpha = 90°$ 实测 u_T1 波形

3. 参数计算

通过分析可知，α 为 $0°\sim60°$ 时，输出电压、电流波形连续，负载上承受的是电源的线电压，以输出电压的一个线电压波头为例，设该线电压表达式为 $u_\mathrm{uv} = \sqrt{3} \times \sqrt{2}U_2\sin\omega t$，若以该线电压波形正半周期的起点为坐标轴的原点，控制角在线电压波头起点 $\omega t = 60°$ 的位置后移 α，则这个线电压波头末点 $\omega t = 120°$ 的位置也后移 α。而 α 为 $60°\sim120°$ 时，输出电压、电流波形断续，当控制角在线电压波头起点 $\omega t = 60°$ 的位置后移 α 时，这个波头末点固定在 π 点。直流输出电压平均值的表达式在连续和断续时分别为

$$U_\mathrm{d} = \frac{6}{2\pi}\int_{\frac{\pi}{3}+\alpha}^{\frac{2\pi}{3}+\alpha} \sqrt{6}U_2\sin\omega t\,\mathrm{d}(\omega t) = 2.34U_2\cos\alpha \quad (\alpha \leqslant 60°) \tag{2-16}$$

$$U_\mathrm{d} = \frac{6}{2\pi}\int_{\frac{\pi}{3}+\alpha}^{\pi} \sqrt{6}U_2\sin\omega t\,\mathrm{d}(\omega t) = 2.34U_2\left[1+\cos\left(\frac{\pi}{3}+\alpha\right)\right] \quad (\alpha > 60°) \tag{2-17}$$

当 $\alpha = 0°$ 时，$U_\mathrm{d} = 2.34U_2$；当 $\alpha = 120°$ 时，$U_\mathrm{d} = 0$。

直流输出电流平均值为

$$I_\mathrm{d} = \frac{U_\mathrm{d}}{R_\mathrm{d}} \tag{2-18}$$

直流输出电流有效值为

$$I = \frac{U}{R_\mathrm{d}} \tag{2-19}$$

晶闸管上的平均电流为

$$I_\mathrm{dT} = \frac{1}{3}I_\mathrm{d} \tag{2-20}$$

晶闸管上的有效电流为

$$I_\mathrm{T} = \frac{1}{\sqrt{3}}I \qquad\qquad (2\text{-}21)$$

变压器二次侧电流有效值为

$$I_2 = \sqrt{\frac{2}{3}}I \qquad\qquad (2\text{-}22)$$

晶闸管上承受的最大反向电压为

$$U_\mathrm{RM} = \sqrt{2} \times \sqrt{3}U_2 = \sqrt{6}U_2 \qquad\qquad (2\text{-}23)$$

2.2.2　大电感负载

图 2-25 所示为三相桥式全控整流电路带大电感负载在 $\alpha = 30°$ 和 $\alpha = 90°$ 时的波形图。具体原理不再赘述，仅以此电路与三相桥式全控整流电路带电阻负载时的工作情况比较，分析它们的不同点。

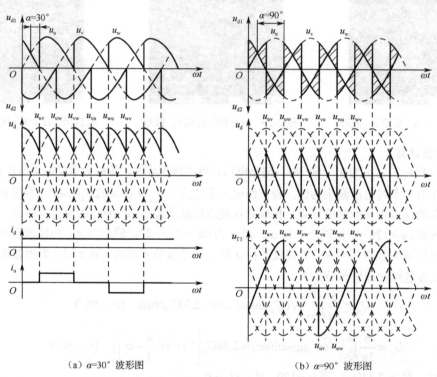

（a）$\alpha = 30°$ 波形图　　　　　　　　　　（b）$\alpha = 90°$ 波形图

图 2-25　三相桥式全控整流电路带大电感负载在 $\alpha = 30°$ 和 $\alpha = 90°$ 时的波形图

（1）若负载为大电感负载，则输出电流 i_d 近似为一条水平线。

（2）当 $\alpha \leqslant 60°$ 时，整流电路输出电压波形和晶闸管上的电压波形与带电阻负载时的一致。由于大电感具有续流作用，所以在 $\alpha > 60°$ 时 u_d 的波形出现负的部分，但其正面积大于负面积，U_d 为正值，整流电路输出电压因大电感的续流作用而不存在断续问题，直流输出电压平均值 U_d 只有一个式子，即

$$U_\mathrm{d} = \frac{6}{2\pi}\int_{\frac{\pi}{3}+\alpha}^{\frac{2\pi}{3}+\alpha} \sqrt{6}U_2\sin\omega t\mathrm{d}(\omega t) = 2.34U_2\cos\alpha \qquad\qquad (2\text{-}24)$$

（3）由式（2-24）可知，当 $\alpha = 90°$ 时，$U_\mathrm{d} = 0$，其**移相范围为 0°～90°**。从图 2-25（b）所示的 u_d 波形图也可看出，在 $\alpha = 90°$ 时，u_d 的正面积基本等于负面积，U_d 为零。

（4）晶闸管上承受的最大正/反向电压均为 $\sqrt{6}U_2$。

2.2.3　大电感带反电动势负载

三相桥式全控整流电路在接反电动势阻感负载时，若负载电感足够大，能够使得负载电流连续，则电路中的电压、电流波形分析和参数计算与三相桥式全控整流电路带大电感负载时的相同，除了直流输出电流平均值 I_d 不同：

$$I_d = \frac{U_d - E}{R_d} \tag{2-25}$$

例 2-3：三相桥式全控整流电路带大电感负载，负载电阻 $R_d = 8\Omega$，要求 U_d 在 0～220V 间变化。在不考虑控制角裕量时，试求整流变压器二次侧线电压，并选择晶闸管型号（电压、电流取 2 倍裕量）。

解：在三相桥式全控整流电路带大电感负载时，因为 $U_d = 2.34U_2\cos\alpha$，不考虑控制角裕量，$\alpha = 0°$，故整流变压器二次侧相电压有效值为

$$U_2 = \frac{U_d}{2.34} = \frac{220V}{2.34} \approx 94V$$

整流变压器二次侧线电压有效值为

$$U_{2L} = \sqrt{3}U_2 \approx 162.8V$$

例 2-3

晶闸管可能承受的最大电压为

$$\sqrt{6}U_2 \approx 230.3V$$

取 2 倍裕量，则 $U_{RM} = 460.6V$，按照晶闸管参数系列取 500V。

流过负载的平均电流为

$$I_d = \frac{U_d}{R_d} = \frac{220V}{8\Omega} = 27.5A$$

晶闸管承受的有效电流为

$$I_T = \sqrt{\frac{1}{3}}I_d = \frac{27.5A}{\sqrt{3}} \approx 15.88A$$

考虑 2 倍裕量，晶闸管的额定电流为

$$I_{T(AV)} = 2 \times \frac{I_T}{1.57} \approx 20.2A$$

按照晶闸管参数系列取 30A，故选择的晶闸管型号为 KP30-5。

2.3　带平衡电抗器的双反星形三相可控整流电路

本节介绍一种带平衡电抗器的双反星形三相可控整流电路（下文简称双反星形整流电路），它与三相桥式全控整流电路相比，适用于低压、大电流场合，如电镀等工业场合。双反星形整流电路的输出电流是三相桥式全控整流电路输出电流的一倍，而双反星形整流电路的输出电压是三相桥式全控整流电路输出电压的 1/2。若使用三相桥式全控整流电路，晶闸管损耗较多，会降低电路利用率。

2.3.1　电路结构

图 2-26 所示为双反星形整流电路。整流变压器的二次侧的每相均有两组匝数相同、极性相反的绕组，两组绕组输出端分别接成两组三相半波可控整流电路，即 u 相、v 相、w 相为一组，u′相、v′相、w′相为一组。u 相与 u′相绕在同一相铁芯上，同样 v 相与 v′相、w 相与 w′相都绕在同一

相铁芯上，故得名双反星形整流电路。图 2-26 中的"·"为同名端。电路中设置了平衡电抗器 L_p，两组三相半波可控整流电路各分一半，其作用是保证两组三相半波可控整流电路同时导电，每组承担一半的负载。

2.3.2　变压器直流磁化现象的消除

变压器的直流磁化现象会严重影响电路的工作，双反星形整流电路的电路结构能消除变压器的直流磁化现象。以 u 相、u'相为例，来讲解双反星形整流电路中各相绕组上的电压、电流关系。双反星形整流电路中的 u 相、u'相的电压、电流如图 2-27 所示。由于变压器每相上的两组绕组匝数相同、极性相反，因此平均电流大小相等而极性相反，绕组中的电流在二次侧交流电压的一个周期的前半周期内若从下往上流动（如图 2-26 中的电流 i_u 所示），则在后半周期内从上往下流动（如图 2-26 中电流 $i_{u'}$ 所示），直流安匝（电流×匝数）互相抵消，从而消除铁芯中的直流磁化现象。

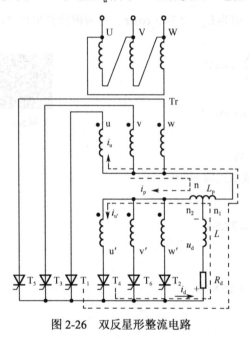

图 2-26　双反星形整流电路　　　　　　　图 2-27　u 相和 u'相绕组的电压、电流

2.3.3　工作原理

平衡电抗器的作用是保证两组三相半波可控整流电路同时工作，提高电路利用率。为了深刻理解此问题，下文分两种情况（无平衡电抗器、有平衡电抗器）讨论双星形整流电路的工作原理。

1. 无平衡电抗器

将图 2-26 中的平衡电抗器去掉，把晶闸管换成二极管，如图 2-26 所示的电路变成六相半波可控整流电路。u_u、u_v、u_w 大小相等、角度相差 $120°$，同理 $u_{u'}$、$u_{v'}$、$u_{w'}$ 大小相等、角度相差 $120°$，而 u_u 与 $u_{u'}$、u_v 与 $u_{v'}$、u_w 与 $u_{w'}$ 角度相差 $180°$。因此六个交流电源电压 u_u、$u_{w'}$、u_v、$u_{u'}$、u_w、$u_{v'}$ 大小相等，角度相差 $60°$，波形如图 2-28 所示。六个二极管采用的是共阴极接法，根据二极管的优先导通原则可知，二极管阳极电压谁最高谁就导通，其他二极管因承受反向电压而关断。因此每个二极管只能导通 $60°$，每个二极管的平均电流为 $I_d/6$。负载电压波形是六个交流电源电压正半周期的外包络线。**不带平衡电抗器的电路变为六相半波可控整流电路。**将二极管换成晶闸管，图 2-28 中的外包络线就是晶闸管控制角 $\alpha = 0°$ 时的波形，由此可求得输出电压的平均值为

$$U_d = \frac{6}{2\pi} \int_{\frac{\pi}{3}+\alpha}^{\frac{2\pi}{3}+\alpha} \sqrt{2}U_2 \sin \omega t d(\omega t) = 1.35 U_2 \cos \alpha \qquad （2-26）$$

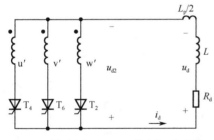

图 2-28　六相半波可控整流电路输出电压波形

由此可以看出，六相半波可控整流电路的 U_d 为 $1.35U_d$，比三相半波可控整流电路的输出电压的平均值 $1.17U_d$ 略大。但是因为六相半波可控整流电路每个晶闸管只能导通 $60°$，导电时间短，变压器利用率低，故极少被采用。

2．有平衡电抗器

双反星形整流电路带平衡电抗器是为了保证两组三相半波可控整流电路同时工作。图 2-29（a）所示为二次侧电源 $u_{u'}$、$u_{v'}$、$u_{w'}$ 供电的三相半波可控整流电路的电路结构，图 2-29（b）所示为对应负载上的电压 u_{d2} 的波形，晶闸管 T_2、晶闸管 T_4、晶闸管 T_6 每管工作 $120°$。图 2-30（a）所示为二次侧电源 u_u、u_v、u_w 供电的三相半波可控整流电路的电路结构，图 2-30（b）所示为对应的负载上的电压 u_{d1} 的波形，晶闸管 T_1、晶闸管 T_3、晶闸管 T_5 每管工作 $120°$。图 2-29（b）所示 u_{d2} 波形和图 2-30（b）所示 u_{d1} 波形相差 $180°$。当平衡电抗器工作时，两组三相半波可控整流电路均工作，即将如图 2-29（b）和图 2-30（b）所示的坐标轴重合，得到如图 2-31 所示的双反星形整流电路输出电压 u_{d1}、u_{d2} 合成波形。现对相电压的自然换相点位置进行分段，从图 2-31 中可看出，六段里晶闸管工作的顺序为 $T_6 T_1 \rightarrow T_1 T_2 \rightarrow T_2 T_3 \rightarrow T_3 T_4 \rightarrow T_4 T_5 \rightarrow T_5 T_6$。由此可知每个晶闸管的触发方式与三相桥式全控整流电路的触发方式相同。

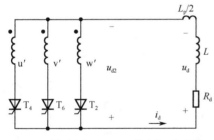
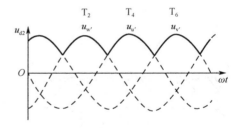

（a）二次侧电源 $u_{u'}$、$u_{v'}$、$u_{w'}$ 供电的三相半波　　　　　　（b）对应负载上的电压波形
可控整流电路的电路结构

图 2-29　二次侧电源 $u_{u'}$、$u_{v'}$、$u_{w'}$ 供电的三相半波可控整流电路的电路结构及对应负载上的电压 u_{d2} 的波形

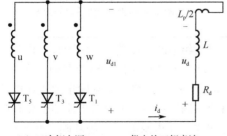
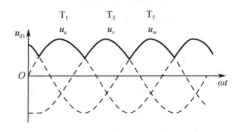

（a）二次侧电源 u_u、u_v、u_w 供电的三相半波　　　　　　（b）对应负载上的电压波形
可控整流电路的电路结构

图 2-30　二次侧电源 u_u、u_v、u_w 供电的三相半波可控整流电路的电路结构及对应负载上的电压 u_{d1} 的波形

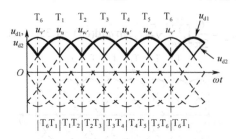

图 2-31　双反星形整流电路输出电压 u_{d1}、u_{d2} 合成波形

下面具体分析负载上的输出电压 u_d 的波形。

如图 2-32 所示，在 ωt_1 时刻，$u_{v'}$ 大于 u_u，针对如图 2-26 所示电路，抽出含 $u_{v'}$、u_u 的电流通路得到如图 2-33 所示电路。$u_{v'}$ 大于 u_u 导致有逆时针的环流 i_p 流过电源 $u_{v'}$ →晶闸管 T_6 →晶闸管 T_1 →电源 u_u →平衡电抗器的右半部分→平衡电抗器的左边部分。平衡电抗器的左、右两部分均产生右正左负的大小为 $u_p/2$ 的电压，有

$$u_d = u_{d2} - \frac{1}{2}u_p = u_{d1} + \frac{1}{2}u_p = \frac{1}{2}(u_{d1} + u_{d2}) \tag{2-27}$$

根据式（2-27）可画出输出电压 u_d 的波形，如图 2-32 中的黑粗波形。每过 60° 有一个晶闸管换流，在一个交流电源电压的周期内共换流了 6 次，负载波头脉动了 6 次。在输出波形连续的情况下，由于双反星形整流电路是两组三相半波可控整流电路并联运行的电路，因此其输出电压的平均值是三相半波可控整流电路输出电压的平均值，即

$$U_d = 1.17 U_2 \cos\alpha \tag{2-28}$$

对式（2-27）进行整理，可得

$$u_p = u_{d2} - u_{d1} \tag{2-29}$$

其波形类似等腰三角波，如图 2-32 所示。

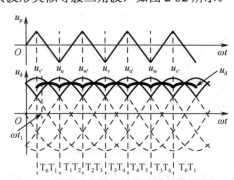

图 2-32　带平衡电抗器的双反星形可控整流电路输出电压波形

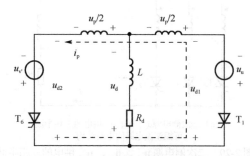

图 2-33　平衡电抗器作用下，两个晶闸管导通的等效电路

讨论：能否进一步说明平衡电抗器为什么能让两组三相半波可控整流电路同时工作？

答：因为电感对电流的变化有抑制和促进作用。在如图 2-33 所示的电路的左侧环路中，电感对电流的变化有抑制作用，由式（2-27）可知输出电压为 $u_{d2} - u_p/2$，负载输出电压在电源电压 $u_{v'}$ 的基础上减去 $u_p/2$。而在如图 2-33 所示的电路的右侧环路中，电感对电流的变化有促进作用，由式（2-27）可知输出电压为 $u_{d1} + u_p/2$，负载输出电压在电源电压 u_u 的基础上增加 $u_p/2$。这样在负载上得到相同的电压值 u_d，从而保证两组三相半波可控整流电路同时工作。

图 2-32 所示波形为 $\alpha = 0°$ 时双反星形整流电路的输出电压波形，当 $\alpha = 30°$、$\alpha = 60°$、$\alpha = 90°$ 时双反星形整流电路的输出电压波形如图 2-34 所示。若负载为阻感负载，当 $\alpha = 90°$ 时，输出电压波形正面积和负面积相等，则 $U_d = 0$，当负载为**阻感负载时移相范围为 0°～90°**；若负载为电阻负载，输出电压波形不会出现负值，仅保留波形中的正值部分，可以看出，当 $\alpha = 120°$ 时，$U_d = 0$，当负载为**电阻负载时移相范围为 0°～120°**。

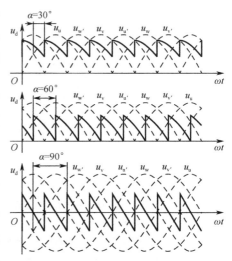

图 2-34 当 $\alpha = 30°$、$\alpha = 60°$、$\alpha = 90°$ 时双反星形整流电路输出电压波形

综上所述，双反星形整流电路与三相桥式全控整流电路进行比较可得出以下结论。

（1）三相桥式全控整流电路是由共阴极组三相半波可控整流电路与共阳极组三相半波可控整流电路**串联**而成的，而双反星形整流电路通过平衡电抗器将共阴极组三相半波可控整流电路与共阳极组三相半波可控整流电路**并联**。

（2）当变压器二次侧交流电压有效值 U_2 相等时，双反星形输出电路的输出电压平均值 U_d 是三相桥式全控整流电路输出电压平均值的 1/2，而输出电流平均值 I_d 是三相桥式全控整流电路输出电流的 2 倍。

（3）两种电路晶闸管的导通及触发脉冲的分配关系一样，u_d 和 i_d 波形形状一样，频率均为 300Hz。

2.4 可控整流电路中的其他问题

在实际工程中，可控整流电路中的电源变压器中的漏抗会使得开关器件的换流过程不能瞬时完成。另外采用相控方式进行控制的整流电路的谐波含量比较高，输入功率因数比较低。本节将对这两个问题进行定性和定量分析，学习内容如表 2-1 所示。

表 2-1 可控整流电路中的其他问题

项　目	具　体　内　容
变压器漏抗对整流电路的影响	在实际工程中，变压器的漏抗、绕组电阻和励磁电流对整流电路的工作是有影响的。在理想情况下，开关器件被认为是理想开关，并且变压器的漏抗和绕组电阻忽略不计，开关器件的换流是瞬时完成的。但实际的电源变压器中存在漏抗和电阻，漏抗对电流的变化起阻碍作用，电流不能突变，因此开关器件的换流过程不能瞬时完成。本部分定性分析换相原理，定量求解**换相压降 ΔU_d** 和**换相重叠角 γ**。 变压器漏抗对整流电路的影响 **结论**：变压器漏抗会引起电压缺口，电网波形畸变，变压器漏抗会使功率因数降低，输出电压脉动增大
整流电路中的谐波与功率因数	整流装置中的谐波含量比较大，输入功率因数比较低，本部分先明确谐波和功率因数的定义，然后通过傅里叶级数及功率因数的定义从输入侧定量研究整流电路中的谐波和功率因数，最后通过研究整流输出电压波形来寻找减少输出电压纹波的方法

项　目	具 体 内 容
整流电路中的谐波与功率因数	 谐波与功率因数定义　　带阻感负载时可控整流电路交流　　整流电路直流侧输出 侧谐波和功率因数分析　　电压的谐波分析 **结论1**：功率因数定义为： $$\lambda = \frac{I_1\cos\varphi_1}{I} = \nu\cos\varphi_1$$ 式中，ν 为基波电流有效值 I_1 和总电流有效值 I 的比值，$\nu = I_1/I$，称为**基波因数**；$\cos\varphi_1$ 称为位移因数或基波功率因数。 **结论2**：在整流电路中，**脉波数 m 越大，其谐波越小，电能质量越好**
降低谐波、提高功率因数的方法	若整流装置中产生了谐波并且功率因数过低，可通过增大整流输出电压的脉波数来解决。输出电压脉波数越大，即波峰数越多，电压谐波次数就越高，谐波幅值就越小。因此，可搭建 **12 脉波**（$m=360°/30°=12$）、**18 脉波**（$m=360°/20°=18$）、**24 脉波**（$m=360°/15°=24$），甚至更多脉波的多相整流电路，即按一定规律将两个或更多个相同结构的整流电路（如三相桥式全控整流电路）组合而成的电路，这种电路称为**多重化整流电路**。将整流电路进行**移相多重联结**，可以减少交流侧输入电流谐波；将串联的多重整流电路用顺序控制，可提高功率因数 移相多重联结　　多重联结电路的顺序控制

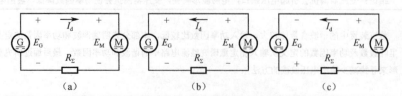

漏感对整流电路的影响　　例 2-4　　整流电路中的谐波与功率因数

2.5　有源逆变电路

有源逆变电路是指将直流电转变成交流电回馈给电网的电路。若某一电路在不改变电路结构的情况下，在满足一定的条件时，既可工作在可控整流状态，又可工作在有源逆变状态，则该电路就是**变流电路**。本节讨论这个条件。

2.5.1　有源逆变电路的工作条件

1. 直流发电机—电动机系统能量传递

要寻找有源逆变电路的工作条件，需要先研究如图 2-35 所示的电路的能量传递过程，G 为直流发电机；M 为直流电动机；R_Σ 为等效电阻，其阻值很小。

有源逆变条件

图 2-35　直流发电机—电动机之间能量流转电路

图 2-35（a）所示的直流发电机与直流电动机的电动势同极性连接（**逆串**）。当 $E_G > E_M$ 时，直流发电机为发电运行，直流电动机为电动运行，大部分能量从直流发电机流向直流电动机，即电流从直流发电机的正极流出，沿顺时针方向流入直流电动机的正极，电流大小为

$$I_d = \frac{E_G - E_M}{R_\Sigma} \qquad (2\text{-}30)$$

图 2-35（b）所示的直流发电机与直流电动机也是**逆串**。当 $E_G < E_M$ 时，直流发电机为电动运行，直流电动机为发电运行。大部分能量从直流电动机流向直流发电机，即电流从直流电动机的正极流出，沿逆时针方向流入直流发电机的正极，电流大小为

$$I_d = \frac{E_M - E_G}{R_\Sigma} \qquad (2\text{-}31)$$

图 2-35（c）所示的直流发电机与直流电动机的电动势反极性连接（**顺串**）。直流发电机和直流电动机均为发电运行，电流大小为

$$I_d = \frac{E_G + E_M}{R_\Sigma} \qquad (2\text{-}32)$$

此时能量全消耗在等效电阻上，由于此电阻的阻值很小，回路中有很大的电流，相当于电路短路，这种短路电流对线路中的设备会造成不良影响，为**错误状态**，通常要避免出现这种情况。

2．有源逆变条件的具体分析

用单相全波整流电路替代图 2-35 中的直流发电机，并在回路中串联大电感负载（目的是保证回路中的电流近似为水平线）。

如图 2-36（a）所示电路，当 $0° < \alpha < 90°$ 时，经分析可知，在整个周期内 u_d 的正面积大于负面积，输出电压平均值为正值，极性为上正下负。若 $U_d > E_M$、i_d 自 U_d 的正极沿顺时针方向流至直流电动机上端，即能量从交流电网流出，通过单相全波整流电路输出直流电压 U_d 后输送给直流电动机，直流电动机吸收电能，工作在电动状态，此时电路工作在整流状态，能量传递方式与图 2-35（a）相同。

现讨论如何将如图 2-36（a）所示电路从整流状态转变为逆变状态。

逆变就是整流的反过程，即直流电动机工作在发电状态，将吸收的直流电能转变成交流电能反馈回电网，能量传递方式应与图 2-35（b）相同。图 2-35（b）中的电流方向为逆时针方向，由于晶闸管具有单向导电性，晶闸管若流过反向电流会自然关断，因此图 2-36（b）中的 i_d 电流方向不能改变，仍应该为顺时针方向。此时只能将直流电动机的电动势改为反向，即如图 2-36（b）所示的上负下正方向，同时为了避免 U_d 与直流电动机的电动势发生顺串，形成短路，出现如图 2-35（c）所示的错误状态，故 U_d 的极性应该也被改为上负下正。当 $90° < \alpha < 180°$ 时，在整个周期内 u_d 的负面积大于正面积，输出电压平均值为负值，极性为上负下正。若 $|E_M| > |U_d|$，则电流 i_d 自 E_M 的下端流出沿顺时针方向流向 U_d 的正极处，即直流电动机发电运行，它通过单相全波整流电路将吸收的直流电能转变成交流电能反馈回电网，此时电路工作在逆变状态。

通过上述分析可知，有源逆变电路的工作条件如下。

（1）电路中必须有外接的用于提供直流电能的直流电动势 E_M，并能改变极性，且直流电动势的值大于变流器直流侧的平均电压，即 $|E_M| > |U_d|$。

（2）变流装置输出电压也能改变极性，通过控制变流器的控制角 α，使其大于 $90°$，U_d 为负值。所有半控电路和接有续流二极管的电路都不能实现有源逆变，因为其输出电压瞬时值不会出现负值。**欲实现有源逆变，只能采用全控电路。**

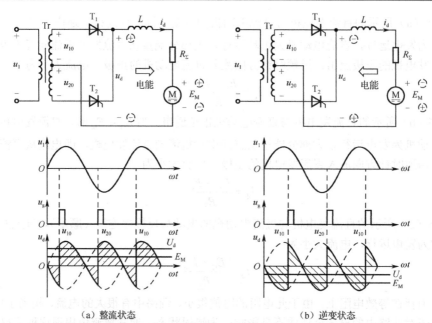

（a）整流状态　　　　　　　　　　　（b）逆变状态

图 2-36　单相全波整流电路工作于整流和逆变状态时的电路波形

2.5.2　逆变角的计量

通过上述分析可知，通过改变控制角 α 可以实现整流和逆变的转变。当 $0° < \alpha < 90°$ 时，电路工作在整流状态；当 $90° < \alpha < 180°$ 时，电路工作在逆变状态。在整流状态和逆变状态的转变过程中，电路结构没有变化，因此可沿用整流电路的分析方法和思路对逆变电路进行定量分析。

习惯上用逆变角 β 来替换控制角 α。控制角 α 和逆变角 β 满足：$\alpha + \beta = \pi$。同时规定将 $\alpha = \pi$ 处作为逆变角 $\beta = 0°$ 的点，**逆变角由 $\beta = 0°$ 的点向左计量**。如图 2-37 所示，在 $\alpha = 150°$ 时进行控制，即 α 的起点在坐标原点，往右计量 $150°$ 进行控制；相当于在 $\beta = 30°$ 时进行控制，β 的起点在 $\alpha = 180°$ 处，从此位置往左计量 $30°$ 进行控制。其输出电压平均值为

$$U_d = 0.9U_2 \cos\alpha = 0.9U_2 \cos(\pi - \beta) = -0.9U_2 \cos\beta \tag{2-33}$$

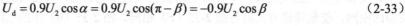

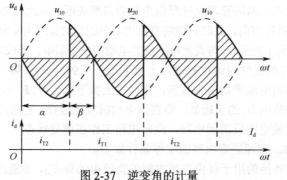

图 2-37　逆变角的计量

逆变角的计量

2.5.3　逆变失败与最小逆变角的确定

1. 逆变失败

逆变失败（逆变颠覆）是指当变流装置在逆变时换相失败，电路重新工作在整流状态，变流器的输出平均电压和直流电动势顺串，产生很大短路电流，造成事故。

逆变装置在实际使用过程中，换相重叠角对电路工作是有影响的，对换相重叠角考虑不足会导致逆变失败。以三相半波变流电路为例，当晶闸管 T_1 换流到晶闸管 T_2 时，若逆变电路工作在 $\beta > \gamma$ 状态，则在整个换相过程中，v 相电压一直高于 u 相电压，环流正向流过晶闸管 T_2，反相流过晶闸管 T_1，使 v 相电流由 0 变为 I_d，u 相电流由 I_d 变为 0。在换相结束时，晶闸管 T_1 受足够的反向电压而关断，换相成功。当晶闸管 T_2 换流到晶闸管 T_3 时，若换相的裕量角不足，即 $\beta < \gamma$，由图 2-38 可知，电路工作在自然换相点 f 之前，$u_w > u_v$，w 相电流从 0 开始增加，v 相电流从 I_d 开始减小；过了自然换相点 f 之后，由于 $u_v > u_w$，因此原来减小的 v 相电流又增大回 I_d，而原来增大的 w 相电流又减小回 0，应该导通的晶闸管 T_3 重新关断，而应该关断的晶闸管 T_2 继续导通。随着时间推移，v 相电压越来越高，电路中的电压 u_d 与 E_M 顺串，逆变失败。

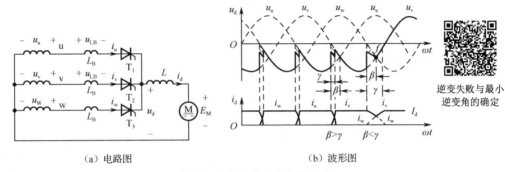

逆变失败与最小逆变角的确定

（a）电路图　　　　　　　　　　（b）波形图

图 2-38　变压器漏感对逆变电路的影响

造成逆变失败的原因主要有以下几种。

（1）晶闸管发生故障，在应该截止时，器件失去截止能力，或在应该导通时器件不能正常导通，导致不能正常换相，造成逆变失败。

（2）触发电路工作不可靠，不能适时、准确地为各晶闸管分配脉冲，如脉冲丢失、脉冲延时等，导致晶闸管不能正常换相，造成逆变失败。

（3）交流电源异常，出现缺相或突然消失等问题，导致 $U_d > 0$，直流电动势 E_M 与 U_d 出现顺串，造成逆变失败。

（4）换相的裕量角不足，导致换相不成功，造成逆变失败。

2．最小逆变角的确定

为了防止逆变失败，需要确定最小逆变角：

$$\beta_{\min} = \delta + \gamma + \theta' \tag{2-34}$$

式中，δ 为晶闸管关断时间 t_q 折合的电角度，为 $4°\sim5°$；θ' 为安全裕量角，约为 $10°$（考虑脉冲调整时不对称、电网波动、畸变、温度等因素）；γ 为换相重叠角，随着平均电流和换相电抗的增加而增大。综上所述，最小逆变角取 **$30°\sim35°$**。

例 2-5： 在三相半波变流电路中，已知 $U_2 = 230V$，电感足够大，回路电阻 $R_\Sigma = 0.2\Omega$，电动机为电动状态，$E_M = 220V$，$I_d = 20A$。后电动机变为制动状态，制动电流为 40A。求控制角 α 的变化范围。

解： 如图 2-39（a）所示，整流状态下，U_d 可表示为

$$U_d = E_M + I_d R_\Sigma$$

$$U_d = 1.17 U_2 \cos\alpha$$

由上式可知：

$$1.17 \times 230 \times \cos\alpha = 220 + 20 \times 0.2$$

得
$$\cos\alpha \approx 0.8324$$

最小控制角为 $\alpha \approx 34°$。

如图2-39（b）所示，在逆变状态下，U_d 可表示为
$$U_d = E_M + I_d R_\Sigma$$
$$U_d = -1.17 U_2 \cos\beta$$

由上式可知：
$$-1.17 \times 230 \times \cos\beta = -220 + 40 \times 0.2$$

得
$$\cos\beta \approx 0.7878$$

逆变角为 $\beta \approx 38°$。

最大控制角为 $\alpha = 180° - \beta = 142°$。

因此，控制角的变化范围为 $34° \leqslant \alpha \leqslant 142°$。

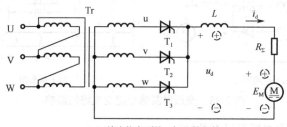

（a）整流状态下的 u_d 与 E_M 的极性

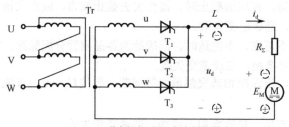

（b）逆变状态下的 u_d 与 E_M 的极性

图2-39　例2-5

2.6　典型例题

例2-6：图2-40所示为两相零式可控整流电路，由来自电网的三相交流电源中的u相、v相电源供电，n为零线。试完成：

（1）画出晶闸管控制角分别为 $\alpha = 0°$、$\alpha = 60°$、$\alpha = 130°$ 时的 u_d 波形。

（2）求晶闸管的移相范围。

（3）推导出 U_d 的计算公式。

（4）U_{dmax}、U_{dmin} 各为多少？

例2-6

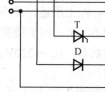

图2-40　例2-6电路图

解：（1）单看晶闸管T构成的单回路，由于一端接零线，因此在u相电压正半周期时，晶闸管T承受正向电压导通。单看整流二极管D构成的单回路，由于一端接零线，因此在v相电压正半周期时，整流二极管D承受正向电压导通。当晶闸管T导通时，电流通路如图2-41（a）所示，$u_d = u_u$；当整流二极管D导通时，电流通路如图2-41（b）所示，$u_d = u_v$。

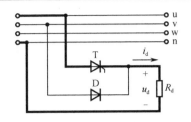 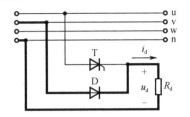

（a）晶闸管T导通时的电流通路　　　　（b）整流二极管D导通时的电流通路

图 2-41　例 2-6 电流通路

当 $\alpha=0°$ 时，$\omega t=150°$ 前 $u_u>u_v$，晶闸管 T 触发导通，$u_d=u_u$；$\omega t=150°$ 后 $u_u<u_v$，整流二极管 D 承受正向电压导通，晶闸管 T 承受反向电压自然关断，$u_d=u_v$，直到 u_v 的正半周结束（$\omega t=300°$），整流二极管 D 承受反向电压自然关断，u_d 波形如图 2-42（a）所示。

$\alpha=60°$ 时的 u_d 波形只需要在 $\alpha=0°$ 时的 u_d 波形的基础上，向后退 60° 即可，如图 2-42（b）所示。

在分析 $\alpha=130°$ 时的 u_d 波形时，需要注意的是，在 $\omega t=120°$ 时整流二极管 D 已经承受正向电压并导通，$u_d=u_v$，这种状态一直持续到 $\omega t=130°$ 时，此时由于 $u_u>u_v$，晶闸管 T 的阳极和阴极间承受正向电压，门极加上正脉冲后，晶闸管 T 触发导通，$u_d=u_u$，直到 $\omega t=150°$ 后 $u_u<u_v$，整流二极管 D 再次导通，晶闸管 T 承受反向电压自然关断，$u_d=u_v$，如图 2-42（c）所示。

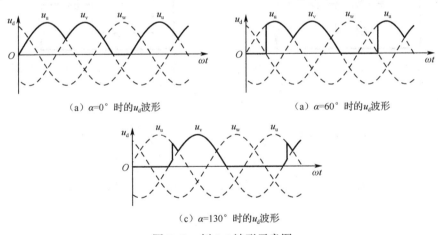

（a）$\alpha=0°$ 时的 u_d 波形　　　　　（a）$\alpha=60°$ 时的 u_d 波形

（c）$\alpha=130°$ 时的 u_d 波形

图 2-42　例 2-6 波形示意图

（2）由上述分析可知，$\alpha\in[0°,150°]$。

（3）当 $\alpha\in[0°,120°]$ 时：

$$U_d=\frac{1}{2\pi}\left[\int_\alpha^{150°}\sqrt2 U_2\sin\omega t\,\mathrm{d}(\omega t)+\int_{150°}^{300°}\sqrt2 U_2\sin(\omega t-120°)\mathrm{d}(\omega t)\right]$$

$$=\frac{\sqrt2(1+\sqrt3+\cos\alpha)}{2\pi}U_2$$

当 $\alpha\in[120°,150°]$ 时：

$$U_d=\frac{1}{2\pi}\left[\int_{120°}^\alpha\sqrt2 U_2\sin(\omega t-120°)\mathrm{d}(\omega t)+\int_\alpha^{150°}\sqrt2 U_2\sin\omega t\,\mathrm{d}(\omega t)+\int_{150°}^{300°}\sqrt2 U_2\sin(\omega t-120°)\mathrm{d}(\omega t)\right]$$

$$=\frac{\sqrt2 U_2}{2\pi}[\sqrt3+2+\cos\alpha-\cos(\alpha-120°)]$$

（4）当 $\alpha=0°$ 时：

$$U_{\text{dmax}} = \frac{1}{\pi} \int_0^{150°} \sqrt{2} U_2 \sin\omega t \, \mathrm{d}(\omega t) = \frac{\sqrt{2}(2+\sqrt{3})}{2\pi} U_2$$

当 $\alpha = 150°$ 时：

$$U_{\text{dmin}} = \frac{1}{2\pi} \int_0^{180°} \sqrt{2} U_2 \sin\omega t \, \mathrm{d}(\omega t) = \frac{\sqrt{2}}{\pi} U_2$$

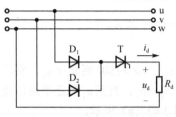

图 2-43 例 2-7 电路图

例 2-7： 图 2-43 所示为两相可控整流电路，由来自电网的三相交流电源 u、v、w 供电。

（1）求晶闸管的移相范围。

（2）推导出 U_d 的计算公式。

解：（1）由图 2-43 可知，负载上的电压来自电源线电压 u_{uw} 和 u_{vw}，当 $u_{uw} > 0$ 或 $u_{vw} > 0$ 时，晶闸管 T 承受正向电压，触发导通。当 $u_{uw} > u_{vw} > 0$ 时，晶闸管 T 和整流二极管 D_1 导通，其电流通路如图 2-44（a）所示。当 $u_{vw} > u_{uw} > 0$ 时，晶闸管 T 和整流二极管 D_2 导通，其电流通路如图 2-44（b）所示。其波形示意图如图 2-45 所示。由图 2-45 可知，晶闸管的移相范围为 $\alpha \in [0°, 240°]$。

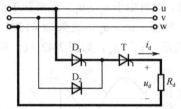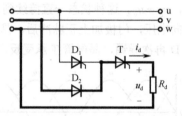

（a）晶闸管T和整流二极管D_1导通时的电流通路   （b）晶闸管T和整流二极管D_2导通时的电流通路

例 2-7

图 2-44 例 2-7 电流通路

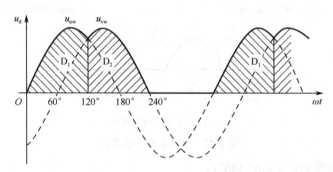

图 2-45 例 2-7 波形示意图

（2）当 $\alpha \in [0°, 120°]$ 时：

$$U_d = \frac{1}{2\pi} \left[\int_\alpha^{120°} \sqrt{2} U_{2L} \sin\omega t \, \mathrm{d}(\omega t) + \int_{120°}^{240°} \sqrt{2} U_{2L} \sin(\omega t - 60°) \mathrm{d}(\omega t) \right] = (2 + \cos\alpha) \times 0.225 U_{2L}$$

当 $\alpha \in [120°, 240°]$ 时：

$$U_d = \frac{1}{2\pi} \int_\alpha^{240°} \sqrt{2} U_{2L} \sin(\omega t - 60°) \mathrm{d}(\omega t) = 0.225 U_{2L} [1 - \cos(240° - \alpha)]$$

注：电源线电压 $U_{2L} = \sqrt{3} U_2$，U_2 为电源相电压。

2.7 三相整流电路的驱动控制

三相整流电路的结构比单相整流电路复杂，因此对驱动电路的要求也较高。为提高电路可靠性，三相相控整流电路的驱动电路一般采用的是集成电路，这些集成电路能方便地驱动单相整流电路。

2.7.1　KC04 移相集成触发器

KC04 移相集成触发器主要作为单相或三相桥式全控整流电路触发电路。图 2-46 所示为 KC04 组成的移相式触发电路。该电路分为同步电路、锯齿波形成电路、移相电路、脉冲形成电路、脉冲输出电路几部分。图 2-47 所示为 KC04 各点电压波形图。下面介绍 KC04 移相集成触发器的原理。

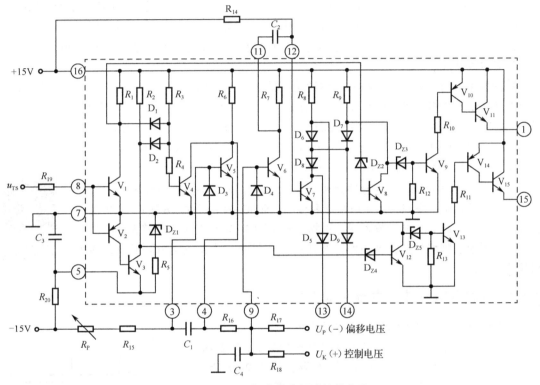

图 2-46　KC04 组成的移相式触发电路

同步电路： $V_1 \sim V_4$、D_1、D_2 等元器件组成同步电路。正弦波同步电压 u_{TS} 经限流电阻 R_{19} 加到 V_1、V_2 的基极。当 u_{TS} 处于正半周期且大于 $0.7V$ 时，V_2、V_3 截止，V_1 导通，D_1 导通，$+15V$ 电源无法对 V_4 供电，V_4 因得不到足够的基极电压而截止，V_4 的集电极输出高电平；当 u_{TS} 处于负半周期且小于 $-0.7V$ 时，V_1 截止，V_2、V_3 导通，D_2 导通，V_4 因同样原因截止，V_4 的集电极输出高电平；当 $-0.7V \leqslant u_{TS} \leqslant 0.7V$ 时，V_1、V_2、V_3、D_1、D_2 均截止，$+15V$ 电源经 R_3、R_4 给 V_4 提供足够大的基极电流，V_4 饱和导通，V_4 的集电极输出低电平，形成如图 2-47 所示的与正弦波同步电压 u_{TS} 同步的矩形波电压 u_{c4}。

锯齿波形成电路： V_5、C_1、R_6、R_{15}、R_P 等元器件组成锯齿波形成电路。当 V_4 截止时，$+15V$ 电源、R_6、C_1、R_{15}、R_P、$-15V$ 电源形成回路，$+15V$ 电源对 C_1 进行近似恒流充电，C_1 被

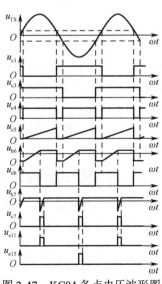

图 2-47　KC04 各点电压波形图

充成右正左负的电压；当 V_4 导通时，C_1 通过 V_4 对地迅速放电，V_5 的集电极形成锯齿波电压 u_{c5}。该锯齿波的斜率取决于 R_{15}、R_P 与 C_1 的大小。

移相电路：V_6 及相关外围元器件组成移相电路。控制电压 U_K、锯齿波电压 u_{c5}、偏移电压 U_P 分别通过 R_{16}、R_{17}、R_{18} 在 V_6 的基极叠加成矩形波电压 u_{b6}。当 $u_{b6} > 0.7V$ 时，V_6 导通，脉冲前沿形成。偏移电压 U_P 用于确定脉冲的初始相位，控制电压 U_K 用于移相。

脉冲形成电路：V_7 与相关元器件组成脉冲形成电路。当 V_6 截止时，+15V 电源经 R_{14} 给 V_7 供电，V_7 因基极电流足够大而导通，同时+15V 电源、R_7、C_2、V_7 的基极和发射极形成回路，C_2 进行充电，极性为左正右负。当 V_6 导通时，C_2 上的电压对 V_7 的基极和发射极来说为反偏电压，V_7 截止。此后+15V 电源、R_{14}、C_2、V_6 形成回路，C_2 进行反向充电，极性为左负右正。当 C_2 的反向充电电压大于 V_7 导通值时，V_7 恢复导通。这样在 V_7 的集电极得到了矩形波脉冲电压 u_{c7}，脉宽由时间常数 $R_{14}C_2$ 决定。

脉冲输出电路：$V_8 \sim V_{15}$ 及相关元器件组成脉冲输出电路。在同步电压 u_{TS} 的一个周期内，V_7 的集电极输出两个相位差为180°的脉冲。在 u_{TS} 处于正半周期时，V_1 导通，V_8 截止，V_{12} 导通，D_{Z4} 截止，由 $V_{13} \sim V_{15}$ 组成的放大电路无脉冲输出；因为 V_8 截止，所以 D_{Z3} 导通，V_7 的正脉冲经 $V_9 \sim V_{11}$ 组成的电路放大后由引脚 1 输出。同理在 u_{TS} 处于负半周期时，V_8 导通，V_{12} 截止，V_7 的正脉冲经 $V_{13} \sim V_{15}$ 组成电路放大后由引脚 15 输出。

另外，KC04 的引脚 13 为脉冲列调制端，引脚 14 为脉冲封锁控制端。

在实际使用中，重点关注引脚功能和使用，即 KC04 的引脚 16 接+15V 电源，引脚 7 接地，引脚 8 为脉冲输入端，引脚 1 和引脚 15 输出两个相位差为180°的单窄脉冲，剩余引脚配外接扩展电路，其作用在于帮助芯片完成锯齿波形成、移相和脉冲的形成。

六路双窄脉冲
集成触发电路

2.7.2 六路双窄脉冲发生器 KC41C

KC41C 是一种双窄脉冲发生器（输入单窄脉冲，由芯片内部产生双窄脉冲并输出），其输出引脚的电压波形如图 2-48 所示，其原理图如图 2-49（a）所示，外部接线图如图 2-49（b）所示。KC41C 的引脚 16 接+15V 电源，引脚 8 接地，引脚 1~6 脚是六路单窄脉冲输入端，输入脉冲相位差为60°，每路脉冲由输入二极管送给本相和前相 [图 2-49（a）中的黑色二极管的作用是在相差60°时给前相管补脉冲，以形成双窄脉冲]，再经过由 $V_1 \sim V_6$ 组成的电流放大器分六路输出。引脚 15~10 是与引脚 1~6 一一对应的六路双窄脉冲输出端。V_7 为电子开关，当引脚 7 接高电平时，V_7 导通，引脚 10~15 被封锁；当引脚 7 接低电平时，V_7 截止，引脚 10~15 有脉冲输出。

2.7.3 三相桥式全控整流电路完整触发电路

利用三片 KC04 与一片 KC41C 可组成如图 2-50 所示的三相桥式全控整流电路的触发电路。三相桥式全控整流电路要求用双窄脉冲触发，即用两个间隔60°的双窄脉冲触发晶闸管，下面简述原理。

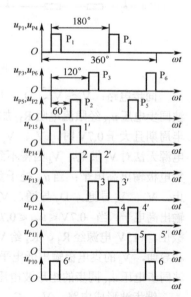

图 2-48 KC41C 各引脚电压波形

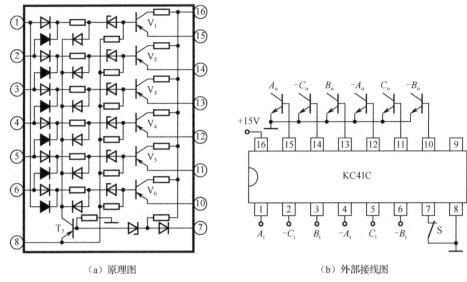

（a）原理图　　　　　　　　　　　（b）外部接线图

图 2-49　KC41C 原理图及外部接线图

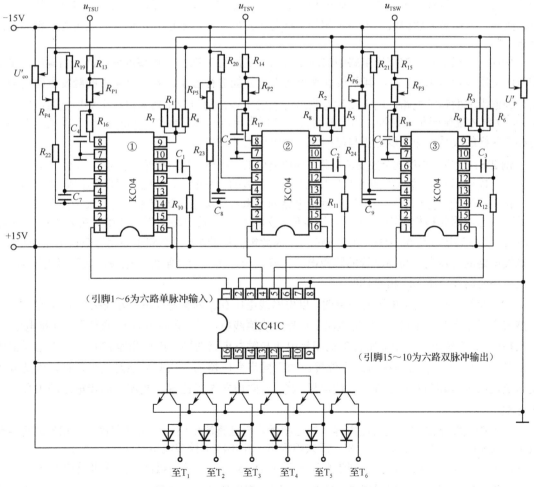

图 2-50　三相桥式全控整流电路的触发电路

u_{TSU}、u_{TSV}、u_{TSW} 分别接 KC04①、KC04②、KC04③的引脚 8 的输入端，因为 u_{TSU}、u_{TSV}、u_{TSW} 的相位互差120°，若 KC04①的引脚 8 为 0°时输入，则 KC04②的引脚 8 为 120°时输入，KC04③的引脚 8 为 240°时输入。KC04①的引脚 1、引脚 15 分别接 KC41C 的引脚 1、引脚 4，由于 KC04 的两路输出互相差180°，因此 KC41C 的引脚 1 在 0°时输入脉冲，引脚 4 在 180°时输入脉冲。KC04②的引脚 1、引脚 15 分别接 KC41C 的引脚 3、引脚 6，KC41C 的引脚 3 在 0°+120°=120°时输入脉冲，引脚 6 在 180°+120°=300°时输入脉冲。同理，KC04③的引脚 1、引脚 15 分别接 KC41C 的引脚 5、引脚 2，KC41C 的引脚 5 在 0°+240°=240°时输入脉冲，引脚 2 在 180°+240°-360°=60°时输入脉冲。由此可见，通过引脚的适当连接，KC41C 的 6 个输入引脚，即引脚 1~6，分别在 0°、60°、120°、180°、240°、300°时输入脉冲，两两之间相差60°。KC41C 的引脚 15~10 输出相差60°的双窄脉冲，再通过下端的功率管输出，分别触发六路晶闸管。KC04①、KC04②、KC04③的控制电压 U_K 合并为一个总控制电压 U'_{co}，偏移电压 U_p 合并为一个总偏移电压 U'_p，保证确定初始相位和移相同步进行。

2.7.4 定相

定相是指触发电路要保证每个晶闸管触发脉冲与施加于晶闸管的阳极电压保持固定、正确的相位关系。为了得到这个固定、正确的相位关系要先让同步变压器原边接入主电路供电的电网，保证频率一致；然后明确触发电路定相的关键是确定同步变压器的同步信号与晶闸管阳极电压的关系。

例如，三相桥式全控整流电路中的晶闸管 T_1。晶闸管 T_1 在主电路整流变压器 u 相输出正半周期电源电压（记作 $+u_u$）时，其阳极承受正向电压并能进行触发。若此晶闸管的触发电路是同步信号为锯齿波的触发电路，则需要注意到这种触发电路在同步变压器输出负半周期电源电压（记作 $-u_{su}$）时才能输出触发脉冲，因此晶闸管 T_1 的同步电压与其阳极电压相差180°。其他 5 个晶闸管亦有这样的关系，即同步电压与晶闸管阳极电压相差180°。

例 2-8：现有三相桥式全控变流电路，该电路可工作在整流状态和逆变状态下，已知主电路整流变压器为 Dy-11 联结，触发电路采用同步信号为锯齿波的触发电路。试确定同步变压器的联结组别。

解：（1）确定晶闸管阳极电压与触发电路同步电压的关系。该变流电路要求工作在整流状态与逆变状态，因此移相范围为180°。同步信号为锯齿波触发电路的锯齿波底宽接近240°，故取30°~210°作为控制角 0°~180°的移相范围，因此锯齿波的 30°处对应于晶闸管阳极电压的 0°处。该触发电路的同步电压与晶闸管的阳极电压正好反相，即对于晶闸管 T_1 来说，其阳极电压 $+u_u$ 与触发电路的同步电压 $-u_{su}$ 相差180°。

（2）绘制整流、同步电压的矢量图。以电网线电压 $\dot{U}_{UV}$ 为参考矢量，方向指向 12 点位置。由于整流变压器为 Dy-11 接法，可得整流变压器二次侧线电压 $\dot{U}_{uv}$ 方向指向 11 点位置，其相电压 $\dot{U}_u$ 方向指向 12 点位置。由于晶闸管 T_1 的阳极电压与触发电路的同步电压相差180°。因此触发晶闸管 T_1 的同步电压 $-\dot{U}_{su}$ 方向指向 6 点位置。由于同步变压器的二次侧只能是星形联结，因此同步变压器的线电压超前相电压30°，线电压 $-\dot{U}_{suv}$ 方向指向 5 点位置。整流、同步电压的矢量图如图 2-51 所示。

（3）确定联结组别。由前述内容可知三相桥式全控整流电路由一组共阴极组三相半波可控整流电路（晶闸管为 T_1、T_3、T_5）和一组共阳极组三相半波可控整流电路（晶闸管为 T_4、T_6、T_2）串联而成。因此共阴极组对应的同步变压器采用 Dy-5 接法。共阴极组与共阳极组相差180°，则共阳极组对应的同步变压器采用 Dy-11 接法。同步变压器的接法如图 2-52 所示。晶闸管与阳极电压、同步电压的关系如表 2-2 所示。

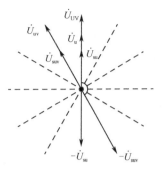

图 2-51 整流、同步电压矢量图

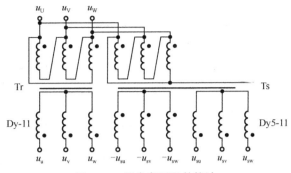

图 2-52 同步变压器的接法

表 2-2 晶闸管与阳极电压、同步电压的关系

晶 闸 管	T_1	T_2	T_3	T_4	T_5	T_6
阳 极 电 压	$+u_u$	$-u_w$	$+u_v$	$-u_u$	$+u_w$	$-u_v$
同 步 电 压	$-u_{su}$	$+u_{sw}$	$-u_{sv}$	$+u_{su}$	$-u_{sw}$	$+u_{sv}$

即同步变压器采用 Dy5-11 接法。

为防止电网电压波形畸变对触发电路产生干扰,需要对同步电压进行 RC 滤波,当 RC 滤波器滞后角为 60° 时,同步变压器的同步电压滞后晶闸管的阳极电压120°。若主电路整流变压器仍为 Dy-11 联结,采用上述例题的分析思路,可知同步变压器为 Dy3-9 接法。

2.8 实 训 提 高

实训 1 三相半波可控整流电路仿真实践

一、实训目的

1. 学会使用 MATLAB 进行三相半波可控整流电路模型的搭建和仿真。

2. 通过对三相半波可控整流电路的仿真掌握该电路的波形。

二、实训内容

1. 三相半波可控整流电路带电阻负载的仿真。

2. 三相半波可控整流电路带阻感负载的仿真。

三、实训步骤

(1)在 MATLAB 界面中找到 SIMULINK(快捷图标为 ▦)并打开,创建一个空白的 SIMULINK 仿真文件,并打开 Library Browser。用 SIMULINK 搭建三相半波可控整流电路的仿真电路图,记录搭建模型图及仿真模型图的过程。

① 建模:根据表 2-3 中的模块名称,在搜索框中搜索需要的模块,并将它放置在文档合适的位置,用导线连接形成建模图,如图 2-53 所示。

表 2-3 主要模块和作用

模 块 名 称	模 块 外 形	作 用
AC Voltage Source	▢-〜-▢	用来提供一个交流电压源,相当于变压器的二次侧电源
Thyristor		作为可控开关器件

模 块 名 称	模 块 外 形	作　　用
Voltage Measurement		检测电压的大小
Scope		观察输入信号、输出信号的仿真波形
Demux		将总线信号分解后输出
Series RLC Branch		电路所带的串联负载
Current Measurement		测量回路中的电流大小
Constant （常数模块）	1	设定电路中的系数
Three-Phase V-I Measurement （三相电压-电流测量模块）		测量三相回路中的电压和电流
Synchronized 6-Pulse Generator （同步 6 脉冲触发器模块）		输出相隔 60°的六路双窄脉冲
Ground （地模块）		模拟地

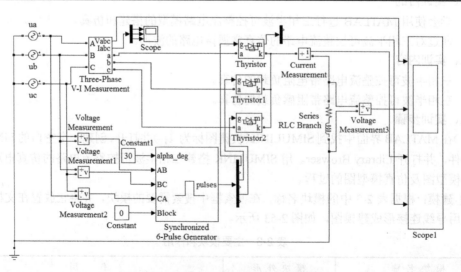

图 2-53　三相半波可控整流电路建模图

注意： 不同版本的 MATLAB 的模块所在的组别不同，寻找路径也不同，但是模块名称和模块外形相同，搜索寻找模块最便捷。在放置模块时可通过 Ctrl+R 组合键旋转模块。有的版本的 MATLAB，对于 Series RLC Branch 的外形会根据所选负载性质的改变而改变。

② 模块参数设置：双击相关模块，根据表 2-4 修改模块的参数。另外，不同版本的 MATLAB 的参数设置界面不同，可根据具体情况进行设置。

表 2-4　主要模块的参数设置

模 块 名 称	参 数 设 置	
AC Voltage Source	u_a	将 Peak amplitude 设置为 220；将 Phase 设置为 0；将 Frequency 设置为 50
	u_b	将 Peak amplitude 设置为 220；将 Phase 设置为-120；将 Frequency 设置为 50
	u_c	将 Peak amplitude 设置为 220；将 Phase 设置为-240；将 Frequency 设置为 50
Thyristor	默认值	
Voltage Measurement	默认值	
Scope	将 Scope 的 Number of axes 设置为 3； 将 Scope1 的 Number of axes 设置为 4	
Demux	将 Number of outputs 设置为 2（另外 2 个分别为 3 和 6）	
Series RLC Branch	将 Branch type 设置为 R；将 Resistance 设置为 1；将 Inductance 设置为 0；将 Capacitance 设置为 inf	
Current Measurement	默认值	
Constant	将接 Synchronized 6-Pulse Generator 的 BLOCK 端的 Constant 设为 0（若设为大于 0 的数，则 Synchronized 6-Pulse Generator 被封锁，不可使用）；将接 Synchronized 6-Pulse Generator 的 alpha_deg 端的 Constant 设为 α	
Three-Phase V-I Measurement	将 Voltage measurement 设置为 phase-to-ground	
Synchronized 6-Pulse Generator	将 Frequency of synchronization voltages（同步电网频率）设置为 50；将 Pulse width（脉宽）设置为 10	

注意：Scope 的 Number of axes 参数根据需要观测的波形数进行设置。在设置控制角时，对 Synchronized 6-Pulse Generator 的 alpha_deg 端进行设置。例如，设置 $\alpha=30°$，将与 alpha_deg 端相连的 Constant 设为 30。

③ 系统环境参数设置：在 Simulation 菜单中选择 Simulation Parameters 命令，进行仿真参数设置。在 Simulation Parameters...对话框中设置仿真时间，将 Start time 设置为 0，将 Stop time 设置为 0.08，将 Solver 设置为 ode23tb。

注意：有的版本的 MATLAB 在将 Solver 设置为 ode23tb 时会出错。若出错，则可以将其设为 auto。

④ 运行：在 Simulation 菜单中选择 Start 命令，或者单击快捷运行图标 ▶，对建好的模型进行仿真。

注意：有的版本的 MATLAB 在运行时会自动形成 powergui，若不能自行生成，可在运行前搜索 powergui 模块，并将它拖到建模图内。

（2）在电阻为 1Ω 的情况下，观察在 α 分别为0°、30°、60°、90°、120°时的相关波形，并记录波形于表 2-5 中。

表 2-5 三相半波可控整流电路电阻负载下的仿真波形记录表

α	波 形
0°	
30°	
60°	
90°	
120°	

α 的移相范围为[　，　]

注意：若需要对波形进行编辑，则可在 MATLAB 的命令行窗口中输入如下代码。

```
set(0,'ShowHiddenHandles','on');set(gcf,'menubar','figure');
```

运行上述代码可打开示波器的编辑窗口，在此窗口中可对波形的线型、坐标轴、标题、颜色、标注等进行设置。

（3）将负载改为阻感负载（电阻为1Ω，电感为0.1H），观察在 α 分别为0°、30°、60°、90°时的相关波形，并记录波形于表 2-6 中。

表 2-6 三相半波可控整流电路阻感负载下的仿真波形记录表

α	波 形
0°	
30°	
60°	
90°	

α 的移相范围为[　，　]

注意：将负载设置为阻感负载，只需要将 Series RLC Branch 的 Branch type 设为 RL，对应 Resistance 和 Inductance 设为对应值即可。

（4）观察三相半波可控整流电路中的 Thyristor2 损坏断路时的输出波形，并分析原因，将结果填入表 2-7。

表 2-7　晶闸管故障分析记录表

项　　目	Thyristor2 损坏
建模图	
波形	
原因分析	

四、实训错误分析

在表 2-8 中记录本次实训中遇见的问题与解决方案。

表 2-8　问题与解决方案

问　　题	解　决　方　案
1.	
2.	
……	

五、思考题

对于三相半波可控整流电路的触发脉冲信号，除了用 Synchronized 6-Pulse Generator 来实现，还可以用什么方式实现呢？将分析记入表 2-9。

表 2-9　思考题建模分析记录表

项　　目	结　　论
脉冲实现方法	
建模图	
输出波形图	

实训 2　三相桥式全控整流电路仿真实践

一、实训目的

1. 学会使用 MATLAB 进行三相桥式全控整流电路模型的搭建和仿真。
2. 通过对三相桥式全控整流电路进行仿真掌握该电路的波形，并能通过仿真进行故障分析。
3. 通过 FFT 仿真，感性认识整流电路消除谐波的方法。

二、实训内容

1. 三相桥式全控整流电路带电阻负载的仿真。
2. 三相桥式全控整流电路带阻感负载的仿真。
3. 故障分析。
4. 谐波分析。

三相桥式全控整流
电路MATLAB仿真

三、实训步骤

（1）新建一个空白 SIMULINK 仿真文件，在其中用 SIMULINK 搭建三相桥式全控整流电路的仿真电路图，记录过程。

① 建模：具体模块和作用见 2.8 节的实训 1。三相桥式全控整流电路建模图如图 2-54 所示。

② 模块参数设置：具体内容见 2.8 节的实训 1。另外，三相桥式全控整流电路需要双窄脉冲触发，在设置 Synchronized 6-Pulse Generator 的相关参数时应勾选 Double pulsing 复选框。

③ 系统环境参数设置：具体内容见 2.8 节的实训 1。

④ 运行：具体内容见 2.8 节的实训 1。

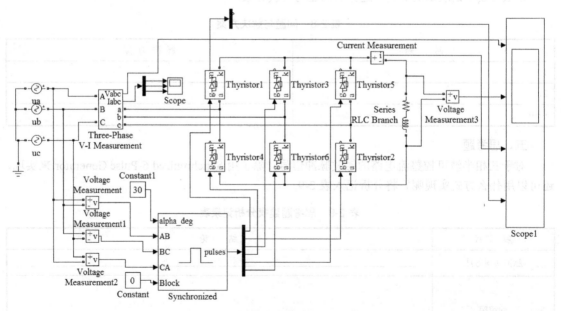

图 2-54　三相桥式全控整流电路建模图

（2）在电阻为 1Ω 的情况下，观察 α 分别为 0°、30°、60°、90°、120° 时的相关波形，并记录波形于表 2-10 中。

表 2-10　三相桥式全控整流电路电阻负载下的仿真波形记录表

α	波　形
0°	
30°	
60°	
90°	
120°	
α的移相范围为[　　,　　]	

注意：若需要对波形进行编辑，则可在 MATLAB 的命令行窗口中输入如下代码。

```
set(0,'ShowHiddenHandles','on');set(gcf,'menubar','figure');
```

运行上述代码可打开示波器的编辑窗口，在该窗口中可对波形的线型、坐标轴、标题、颜色、标注等进行设置。

（3）将负载改为阻感负载（电阻为1Ω，电感为0.1H），观察α分别为0°、30°、60°、90°时的相关波形，并记录波形于表 2-11 中。

表 2-11　三相桥式全控整流电路阻感负载下的仿真波形记录表

α	波　形
0°	
30°	
60°	
90°	
α的移相范围为[　　,　　]	

注意：负载为阻感负载时只需要将 Series RLC Branch 的 Branch type 设为 RL，将 Resistance 和 Inductance 设为相应的值即可。

（4）观察三相桥式全控整流电路 Thyristor2 损坏断路时的输出波形，并分析原因，结果填入表 2-12。

表 2-12　晶闸管故障分析记录表

项　目	Thyristor2 损坏
建模图	
波形	
原因分析	

（5）观察三相桥式全控整流电路 A 相电源缺失时的输出波形，并分析原因，结果填入表 2-13。

表 2-13　电源故障分析记录表

项　目	A 相电源缺失
建模图	
波形	
原因分析	

四、实训错误分析

在表 2-14 中记录本次实训中遇见的问题与解决方案。

表 2-14　问题与解决方案

问　题	解　决　方　案
1.	
2.	
……	

五、思考题

试用 powergui 中的 FFT Analysis 选项分析单相半波可控整流电路、单相桥式可控整流电路、三相桥式全控整流电路在负载为电阻负载的情况下输出电压的谐波问题，在表 2-15 中进行适当记录，并讨论在什么情况下谐波会减少。

谐波分析

表 2-15　思考题分析记录表

项目	结论
FFT 介绍	Structure:＿＿＿＿＿＿＿＿＿＿＿； Input:＿＿＿＿＿＿＿＿＿＿＿； Signal number:＿＿＿＿＿＿＿＿＿； Start times:＿＿＿＿＿＿＿＿＿＿； Number of cycles: ＿＿＿＿＿＿＿＿＿＿＿＿＿＿； Display entire signal: ＿＿＿＿＿＿＿＿＿＿＿＿＿＿； Display FFT window: ＿＿＿＿＿＿＿＿＿＿＿＿＿＿； Fundamental frequency: ＿＿＿＿＿＿＿＿＿＿＿＿＿＿； Max Frequency:＿＿＿＿＿＿＿＿； Frequency axis:＿＿＿＿＿＿＿； Display style:＿＿＿＿＿＿＿＿； ＿＿＿＿＿＿＿＿＿＿＿＿＿＿； Base value:＿＿＿＿＿＿＿＿＿＿
单相半波可控整流电路 FFT 谐波分析图	结论：单相半波可控整流电路主要有＿＿＿＿＿＿＿＿次谐波
单相桥式全控整流电路 FFT 谐波分析图	结论：单相桥式全控整流电路主要有＿＿＿＿＿＿＿＿次谐波
三相桥式全控整流电路 FFT 谐波分析图	结论：三相桥式全控整流电路主要有＿＿＿＿＿＿＿＿次谐波
结论	由上述 FFT 谐波分析可知，可通过＿＿＿＿＿＿＿＿＿＿＿方法来减少整流电路中的谐波

注意：双击 powergui，选择 FFT Analysis 选项可打开 Powergui: FFT Tools 窗口。

实训3　三相桥式全控整流电路及有源逆变电路调试

一、实训目的

1．通过实训掌握六路双窄集成触发器的工作原理、调试方法及各点波形的观测方法。

2．通过实训掌握三相桥式全控整流电路的工作原理、调试及波形分析方法。

3．通过实训掌握有源逆变电路的工作原理、调试及波形分析方法。

二、实训器材

表 2-16 所示为实训器材。

表 2-16　实训器材

序　号	器材及型号	序　号	器材及型号
1	DJK01 电源控制屏	5	D42 三相可调电阻
2	DJK02 晶闸管主电路	6	DJK10 变压器
3	DJK02-1 三相晶闸管触发电路	7	双踪示波器
4	DJK04 给定电路	8	万用表

三、实训内容

1．六路双窄集成触发器的调试、各点波形的观察和分析。

2．三相桥式全控整流电路分别带电阻负载、阻感负载时的调试。

3．三相有源逆变电路的调试。

四、实训线路及原理

六路双窄脉冲集成触发电路工作原理、三相桥式全控整流电路工作原理、三相有源逆变电路工作原理参见前文相关内容，相关实训原理图分别如图 2-55、图 2-56、图 2-57 所示。三相桥式全控整流电路和三相有源逆变电路的触发电路均采用六路双窄集成触发电路。

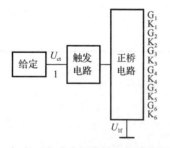

图 2-55　六路双窄脉冲集成触发电路实训原理图

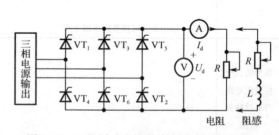

图 2-56　三相桥式全控整流电路实训原理图

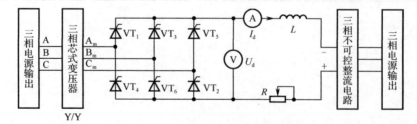

图 2-57　三相有源逆变电路实训原理图

五、实训步骤

1．六路双窄脉冲移相触发电路调试

六路双窄脉冲集成
触发电路调试

（1）打开 DJK01 电源总开关，将 DJK01 上的调速电源选择开关拨至直流调速侧。

（2）用 10 芯的扁平电缆将 DJK02 的三相同步信号输出端和 DJK02-1 的三相同步信号输入端相连。用 8 芯的扁平电缆将 DJK02-1 的触发脉冲输出端和触发脉冲输入端相连。用 20 芯的扁平电缆将 DJK02-1 的正桥触发脉冲输出端和 DJK02 的正桥触发脉冲输入端相连，并将 DJK02 正桥触发脉冲的六个开关拨至通挡。

（3）将 DJK04 上的给定电压 U_g 输出端直接与 DJK02-1 上的移相控制电压 U_{ct} 输出端相连，将 DJK02-1 的 U_{1f} 输出端接地。将 DJK04 上的地端与 DJK02-1 的地端相连。

（4）打开 DJK02-1 电源开关，拨动"触发脉冲指示"旋钮子开关，点亮"窄"处的发光二极管。通过双踪示波器观察 A、B、C 三相的锯齿波（注意示波器两路纵轴的挡位要一致），并调节 A、B、C 三相锯齿波斜率调节电位器，使三相锯齿波斜率尽可能一致。

（5）通过双踪示波器观察三相同步信号是否为大小相等、角度相差120°的正弦波（注意示波器两路纵轴的挡位要一致）。

（6）调节 DJK02-1 上的偏移电压电位器，用双踪示波器观察 A 相同步电压信号和"双脉冲观察孔" VT_1 的输出电压波形，使 $\alpha = 150°$（$\omega t = 180°$）（注意，此处的 α 表示三相晶闸管电路中的移相角，$\alpha = 0°$ 是从自然换流点开始计算的），确定好初始相位。

（7）打开 DJK04 的电源开关，适当增加给定电压 U_g 的正电压，用示波器观测 DJK02-1 上"脉冲观察孔"输出的电压波形，此时应观测到 $VT_1 - VT_6$ 的单窄脉冲和 $VT_1' - VT_6'$ 双窄脉冲。

（8）用示波器观察正桥 $VT_1 - VT_6$ 晶闸管门极和阴极之间的触发脉冲是否正常。

（9）调试好电路，记录相关波形和参数到表 2-17 中。

表 2-17　六路双窄脉冲移相触发电路波形记录表

测 量 点	波形与参数
锯 齿 波	A 相与 B 相输出的电压波形： B 相与 C 相输出的电压波形： A 相、B 相、C 相输出的电压波形斜率是否一致：_____
同 步 信 号	a 相与 b 相输出的电压波形： b 相与 c 相输出的电压波形： a 相、b 相、c 相电压为_____ V、_____ V、_____ V。 a 相、b 相、c 相输出的电压波形是否为大小相等、角度相差 120°的正弦波：_____

续表

测 量 点	波形与参数
VT_1-VT_6 单窄脉冲	6 个单窄脉冲是否正常输出：_____
a 相同步信号与 VT_1 单窄脉冲在 $\alpha = 90°$ 时的波形	
VT_1' - VT_6' 双窄脉冲	6 个双窄脉冲是否正常输出：_____
a 相同步信号与 VT_1' 双窄脉冲在 $\alpha = 90°$ 时的波形	
主电路晶闸管	晶闸管 VT_1-VT_6 门极和阴极间触发是否正常：_____

2. 三相桥式全控整流电路

1）电阻负载

三相桥式全控整流电路调试

按照图 2-56 接线，DJK02 中的 VT_1、VT_3 和 VT_5 采用共阴极连接，VT_2、VT_4 和 VT_6 采用共阳极连接；将 DJK01 的 A、B、C 三相电源输出分别接 DJK02 中的 VT_1、VT_3、VT_5 的阳极，将 VT_1 的阴极接 DJK02 中的直流电压表的"+"极，DJK02 中的直流电压表的"−"极接 VT_4 阳极。将 VT_5 阴极接 DJK02 中的直流电流表的"+"极，DJK02 中的直流电流表的"−"极接 D42 中滑线变阻器的首端 C_1，D42 中滑线变阻器的末端 Z_1 接 VT_2 的阳极。另外 D42 中的滑线变阻器需要并联，即两个 900Ω 可调电阻接成并联形式，首端 C_1 与首端 C_2 连接并与滑动头 C_3 连接，末端 Z_1 与末端 Z_2 连接，可调电阻的滑动头放在居中位置处。

调整 DJK06 上的给定电位器至输出电压为零，按下 DJK01 的"启动"按钮，打开 DJK02-1、DJK04 的电源开关，调节给定电位器，增加移相电压，在 α 分别为 0°、30°、60°、90°、120° 时，用示波器观察输出电压 u_d、晶闸管两端电压 u_{VT} 的波形，并记录电源电压 U_2 和负载电压 U_d 的值于表 2-18 中。绘制实际接线图或粘贴照片到表 2-19 中。

表 2-18　三相桥式全控整流电路实测记录表（电阻负载）

α	0°	30°	60°	90°	120°
U_2					
U_d（直流分量）					
输出电压 u_d 波形					
晶闸管两端电压 u_{VT} 波形					

表 2-19　三相桥式全控整流电路（电阻负载）实际接线图

2）阻感负载

带阻感负载的三相桥式全控整流电路的接线、调试和测量与带电阻负载三相桥式全控整流电路的类似。唯一需要注意的是在接线时负载要串联一个电感。记录相关数据于表 2-20 中。绘制实际接线图或粘贴照片到表 2-21 中。

表 2-20　三相桥式全控整流电路实测记录表（阻感负载）

α	最小值	30°	60°	90°	120°
U_2					
U_d（直流分量）					
输出电压 u_d 波形					
晶闸管两端电压 u_{VT} 波形					

表 2-21　三相桥式全控整流电路（阻感负载）实际接线图

3．三相有源逆变电路

图 2-57 所示为三相有源逆变电路实训原理图，主电路由三相桥式全控整流电路、逆变变压器及作为逆变直流电源的三相不可控整流电路组成。逆变变压器采用升压变压器，即逆变输出的电压接芯式变压器中的 A_m 端、B_m 端、C_m 端，返回电网的电压从高压端 A 端、B 端、C 端输出，变压器采用 Y/Y 接法。下面具体介绍接线。

三相桥式有源逆变电路调试

将 DJK01 的三相电源输出端 A 端、B 端、C 端分别接 DJK10 的 A 端、B 端、C 端，DJK10 中的三相芯式变压器的 A_m 端、B_m 端、C_m 端分别接 DJK02 中的 VT_1、VT_3、VT_5 的阳极。DJK10 中的三相芯式变压器的 X 相、Y 相、Z 相连接，X_m 端、Y_m 端、Z_m 相连接。DJK02 中的 VT_1、VT_3 和 VT_5 共阴极连接，VT_2、VT_4 和 VT_6 共阳极连接。将 VT_1 阴极接 DJK02 中的直流电压表的"+"极，将 DJK02 中的直流电压表的"-"极接 VT_4 阳极。将 VT_5 阴极接 DJK02 中的直流电流表的"+"极，将 DJK02 中的直流电流表的"-"极接电感 700mH 接线柱，电感"*"处接 DJK10 中的三相不可控整流桥的"-"极，三相不可控整流桥的"+"极接 D42 中滑线变阻器的首端 C_1，D42 中滑线变阻器的末端 Z_1 接 VT_2 的阳极。另外，D42 中滑线变阻器需要并联，即两个 900Ω 的可调电阻接成并联形式，首端 C_1 与首端 C_2 连接并与滑动头 C_3 连接，末端 Z_1 与末端 Z_2 连接，电阻器的滑动头放在居中位置处。DJK10 中的三相不可控整流桥的 A 端、B 端、C 端分别接三相芯式变压器的 A 端、B 端、C 端。

调整给定电位器至输出电压为零，打开 DJK02-1、DJK04 的电源开关，按下 DJK01 中的"启动"按钮，调节给定电位器，增加移相电压，使 β 角在 30°～90° 范围内调节，同时，根据需要不断调整 D42 中滑线变阻器，使得负载电流 I_d 保持在 0.6A 左右（注意 I_d 不得超过 0.65A）。用示波

器观察输出电压 u_d、晶闸管两端电压 u_{VT} 的波形，并记录电源电压 U_2 和负载电压 U_d 的值于表 2-22 中。绘制实际接线图或粘贴照片到表 2-23 中。

表 2-22　三相有源逆变电路实测记录表

β	30°	60°	90°
U_2			
U_d（直流分量）			
输出电压 u_d 波形			
晶闸管两端电压 u_{VT} 波形			

表 2-23　三相有源逆变电路实际接线图

六、实训错误分析

在表 2-24 中记录本次实训中遇见的问题与解决方案。

表 2-24　问题与解决方案

问　题	解决方案
1.	
2.	
……	

七、注意事项

（1）示波器的接地夹需要夹好。

（2）将可调电阻的滑动头放在居中的位置，以防位置错误发生主电路短路。

（3）将 DJK01 的电源选择开关打到"直流调速"侧，不能打到"交流调速"侧，否则将缩短挂件的使用寿命，甚至导致挂件损坏。

（4）通电离手，断电改线。

（5）在观察主电路的波形时一定要使用测量头，否则测不到波形。

实训 4　直流调速系统调试

一、实训目的

1. 了解双闭环不可逆直流调速系统的组成和工作原理。

2. 掌握双闭环不可逆直流调速系统的调试步骤和方法。

二、实训器材

表 2-25 所示为实训器材。

表 2-25　实训器材

序　号	器材及型号	序　号	器材及型号
1	DJK01 电源控制屏	7	DJ13-1 直流发电机
2	DJK02 晶闸管主电路	8	DJ15 直流并励电动机
3	DJK02-1 三相晶闸管触发电路	9	D42 三相可调电阻
4	DJK04 电机调速控制实验 I	10	慢扫描示波器
5	DJK08 可调电阻、电容箱	11	万用表
6	DD03-3 电机导轨、光码盘测速系统及数显转速表	—	—

三、实训内容

1．调试各控制单元，包括确定移相控制电压 U_{ct} 的调节范围，对调节器进行调零，调整调节器的正、负限幅值，整定电流反馈系数，整定转速反馈系数。

2．测定开环外特性 $n = f(I_d)$。

3．测定高、低转速时系统闭环静态特性 $n = f(I_d)$ 及闭环控制特性 $n = f(U_g)$。

四、实训线路及原理

双闭环直流调速系统由速度调节器（PI 调节）和电流调节器（PI 调节）综合调节，具有良好的静、动态性能。将转速环作为主环（外环），将电流环作为副环（内环），可抑制电网电压扰动对转速的影响。双闭环直流调速系统的实训原理框图如图 2-58 所示。

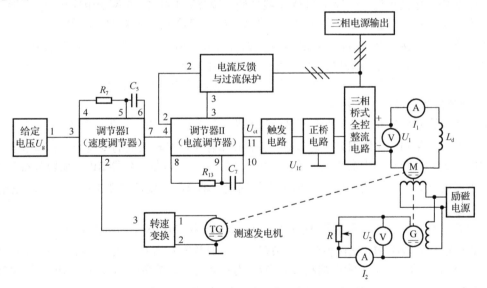

图 2-58　双闭环直流调速系统的实训原理框图

在系统启动时加入给定电压 U_g，两个调节器以饱和限幅值输出，电动机以限定的最大启动电流加速启动，直到电动机转速达到给定转速（$U_g = U_{fn}$）。若电动机出现超调，则两个调节器退饱和。最后电动机的运行稳定在略低于给定转速值下。

双闭环直流调速系统在工作时，电动机要先加励磁，改变给定电压 U_g 即可改变电动机的转速。速度调节器的输出电压作为电流调节器的给定电压，利用速度调节器的输出限幅来限制电动机的最大启动电流。电流调节器的输出电压作为触发电路的控制电压 U_{ct}，利用电流调节器的输出限幅来限制 α_{max}。

五、实训步骤

1. 双闭环直流调速系统的调试原则

（1）先调好单元参数，再组成双闭环直流调速系统。

（2）双闭环直流调速系统先运行在开环，确定电流和转速均为负反馈后，再组成闭环系统。

（3）先调试电流内环，后调试转速外环。

（4）先调整稳态精度，后调整动态指标。

2. 触发电路的调试

见 2.8 节"实训 3 的六路双窄脉冲移相触发电路调试"部分。

3. 控制单元的调试

1）确定移相控制电压 U_{ct} 的调节范围

DJK04 的给定电压 U_g 输出端与 DJK02-1 的移相控制电压 U_{ct} 的输入端相连，通过示波器观察三相桥式全控整流电路带电阻负载时的输出电压 U_d 的波形。输出电压 U_d 能够随给定电压 U_g 的增加而增加，三相桥式全控整流电路的输出电压最大值为 $U_{dmax} = 0.9U_d'$，调节给定电压 U_g 使得三相桥式全控整流电路的输出电压等于 U_{dmax}，记录此时 $U_{dmax} = $ _____，$U_g' = U_{ctmax} = $ _____。U_g 的调节范围为 $0 \sim U_{ctmax}$，三相桥式全控整流电路的输出电压被限定在 $0 \sim U_{dmax}$ 内。确定完范围后将给定电压 U_g 退为零，结束该环节调试。

2）对调节器进行调零

将调节器 I 连接成 P（比例）调节器：DJK04 中的调节器 I 的所有输入端接地，调节器 I 的 4、5 两端接 DJK08 中的可调电阻的 120kΩ 接线柱处，调节器 I 的 5、6 两端用导线短接。调节器 I 的输出端 7 接万用表（毫伏挡），调节调零电位器 RP_3，使输出电压尽可能接近零。

将调节器 II 连接成 P 调节器：DJK04 中的调节器 II 的所有输入端接地，调节器 II 的 8、9 两端接 DJK08 中的可调电阻的 13kΩ 接线柱处，调节器 II 的 9、10 两端用导线短接。调节器 II 的输出端 11 接万用表（毫伏挡），调节调零电位器 RP_3，使输出电压尽可能接近零。

3）调整调节器正、负限幅值

去掉调节器 I 的 5、6 两端间的短接线，5、6 两端接 DJK08 中的可调电容的 0.47μF 接线柱处，将调节器 I 连接成 PI（比例积分）调节器。去掉调节器 I 所有输入端的接地线，将调节器 I 的 3 端与 DJK04 的给定电压输出端相连。当 U_g 为 +5V 时，调节负限幅电位器 RP_2，使调节器 I 的 7 端的输出电压为 -6V；当 U_g 为 -5V 时，调节正限幅电位器 RP_1，使调节器 I 的 7 端的输出电压尽可能接近零。

去掉调节器 II 的 9、10 两端间的短接线，9、10 两端接 DJK08 中的可调电容的 0.47μF 接线柱处，将调节器 II 连接成 PI（比例积分）调节器。去掉调节器 II 所有输入端的接地线，将调节器 II 的 4 端与 DJK04 的给定电压输出端相接。当 U_g 为 +5V 时，调节负限幅电位器 RP_2，使调节器 II 的 11 端的输出电压尽可能接近零；当 U_g 为 -5V 时，调整正限幅电位器 RP_1，使调节器 II 的 11 端输出为 U_{ctmax}。

4）整定电流反馈系数

DJK04 的给定电压 U_g 输出端与 DJK02-1 移相控制电压 U_{ct} 的输入端相连，设置三相桥式全控整流电路带电阻负载时的电阻为最大值，将给定电压 U_g 调为零。启动双闭环直流调速系统，给定电压 U_g 从零开始增大，输出电压 U_d 随之升高，当 $U_d = 220V$ 时，减小负载阻值，调节电流反馈与过流保护上的电流反馈电位器 RP_1，使负载电流 $I_d = 1.3A$，2 端 I_f 的电流反馈电压应为 $U_{fi} = 6V$，此时的电流反馈系数为 $\beta = U_{fi}/I_d \approx 4.615V/A$。

5）整定转速反馈系数

DJK04 的给定电压 U_g 的输出端与 DJK02-1 移相控制电压 U_{ct} 的输入端相连，三相桥式全控整流电路接直流电动机负载，DJK02 上的 200mH 作为 L_d，给定电压 U_g 调为零。启动双闭环直流调速系统，接通励磁电源，给定电压 U_g 从零开始增加，当电动机的 $n = 1500$rpm 时，调节转速变换上的转速反馈电位器 RP_1，使反馈电压 $U_{fn} = -6$V，此时转速反馈系数 $\alpha = U_{fn}/n = 0.004$V/rpm。

4. 开环外特性测定

DJK04 的给定电压 U_g 的输出端与 DJK02-1 移相控制电压 U_{ct} 的输入端相连，三相桥式全控整流电路接直流电动机负载，DJK02 上的 200mH 作为 L_d，直流发电机接负载电阻 R，将阻值设为最大值，使给定电压 U_g 调为零。启动双闭环直流调速系统，接通励磁电源，输出给定电压 U_g 从零开始增加，使电动机转速达到1200rpm。减小负载电阻的阻值（增大负载），直至电流达到最大允许电流，将测出的双闭环直流调速系统开环外特性 $n = f(I_d)$ 记录于表 2-26 中。记录完后将给定电压 U_g 退零，断开励磁电源，按下"停止"按钮，结束实训。

表 2-26　开环外特性记录表

n/rpm							
I_d/A							

5. 系统静态特性测试

（1）按图 2-58 接线，DJK04 的给定电压 U_g 为正给定，转速反馈电压为负电压，DJK02 上的 200mH 作为 L_d，直流发电机接负载电阻 R，将阻值设为最大值，使给定电压 U_g 调为零。两个调节器均先接为 P 调节器，启动双闭环直流调速系统，接通励磁电源，给定电压 U_g 从零开始增加，观察双闭环直流调速系统是否能正常运行。双闭环直流调速系统正常后，将两个调节器恢复成 PI 调节器。记录双闭环直流调速系统实际接线图于表 2-27 中。

表 2-27　双闭环直流调速系统实际接线图

（2）机械特性 $n = f(I_d)$ 的测定。

① 发电机空载，给定电压 U_g 从零开始逐渐增大，使电动机转速接近 $n = 1200$rpm，接入发电机负载电阻 R，改变负载电阻的阻值，直至电流达到最大允许电流，将测出的系统静态特性 $n = f(I_d)$ 记录于表 2-28 中。

表 2-28　高速时系统静态特性记录表

n/rpm							
I_d/A							

② 降低给定电压 U_g，测试 $n = 800$rpm 时的静态特性 $n = f(I_d)$，并记录于表 2-29 中。

表 2-29　低速时系统静态特性记录表

n/rpm							
I_d/A							

③ 闭环控制系统 $n = f(U_g)$ 的测定。

调节给定电压 U_g 及发电机负载电阻的阻值，使 $n = 1200$rpm，电流为最大允许电流，逐渐降低给定电压 U_g，测出闭环控制特性 $n = f(U_g)$，并记录于表 2-30 中。

表 2-30　闭环控制特性记录表

n/rpm							
U_g/V							

六、注意事项

1. 为防止电动机发生意外或影响寿命，电枢电流不可超过额定值，转速不可超过 1.2 倍额定值。

2. 电动机要先加励磁，再启动。启动电动机前必须先使整流输出电压为零，再增加给定电压，不能在开环或闭环时突加给定电压，否则会引起过大的启动电流，产生过流保护动作，进行告警、跳闸。

3. 实训时三相桥式全控整流电路先带电阻负载，待系统正常后，再换成电动机负载。

4. 为了防止失控，给定电压的极性需要与反馈电压的极性相反，确保为负反馈。

5. 在进行调速实训时，为了防止震荡，电压隔离器输出端需要接电容进行滤波。

6. DJK04 与 DJK02-1 的地需要短接。

2.9　典 型 案 例

案例 1　电力机车控制系统

1. 电力机车主电路

图 2-59 所示为 SS7 电力机车参数与外形。电力机车三段桥式整流电路的电路图如图 2-60（a）所示，该电路对整流电压进行三段式控制，其直流输出电压数值变化幅度不大，且提高了输入功率因数，在大功率电力机车直流负载上被广泛应用，图 2-60（b）～（d）为对应的输出电压波形。

生产厂商	大同机车厂
整备重量	138吨
生产型号	SS7（韶山7）
生产年份	1992—2006年
产 量	113台
主要用户	中国铁路总公司、孝柳铁路公司
传动方式	交流—直流电
最高速度	120千米/小时
牵引功率	4,800千瓦

（a）参数

（b）外形

图 2-59　SS7 电力机车参数与外形

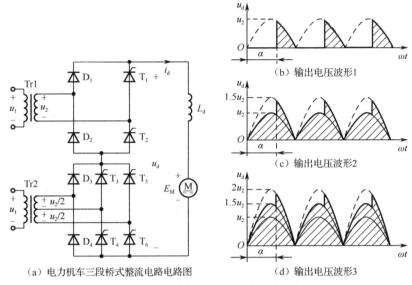

（a）电力机车三段桥式整流电路电路图

（b）输出电压波形1

（c）输出电压波形2

（d）输出电压波形3

图 2-60　电力机车三段桥式整流电路

电力机车三段桥式整流电路中的变压器的三组绕组二次侧交流电压分别为 u_2、$u_2/2$、$u_2/2$。三组单相桥式半控整流电路分别为第一组 T_1、T_2、D_1、D_2；第二组 T_3、T_4、D_3、D_4；第三组 T_5、T_6、D_3、D_4。这三组单相桥式半控整流电路具体的三段控制过程如下。

第一段：封锁 T_3、T_4、T_5、T_6，控制 T_1、T_2，第一组单相桥式半控整流电路工作。α 的移相范围为 $0°\sim180°$，输出电压波形如图 2-60（b）所示。输出电压 $U_{d1}=0.9U_2\cos\alpha$，当第一组单相桥式半控整流电路满开放（$\alpha=0°$）时，输出电压 $U_{d1}=0.9U_2$。

第二段：当第一组单相桥式半控整流电路满开放时，封锁 T_5、T_6，控制 T_3、T_4，第二组单相桥式半控整流电路工作。α 的移相范围为 $0°\sim180°$，输出电压波形如图 2-60（c）所示。第二组单相桥式半控整流电路的输出电压与第一组单相桥式半控整流电路满开放的输出电压叠加，输出电压为

$$U_{d1}=0.9U_2+0.9(U_2/2)\cos\alpha$$

当第二组单相桥式半控整流电路满开放（$\alpha=0°$）时，输出电压为

$$U_{d1}=0.9U_2+0.9(U_2/2)=1.35U_2$$

第三段：当第一组、第二组单相桥式半控整流电路满开放时，控制 T_5、T_6，第三组单相桥式半控整流电路工作。同理，α 的移相范围为 $0°\sim180°$，输出电压波形如图 2-60（d）所示。第三组单相桥式半控整流电路输出电压与第一组、第二组单相桥式半控整流电路满开放时的输出电压叠加，输出电压为

$$U_{d1}=1.35U_2+0.9(U_2/2)\cos\alpha$$

当第三组单相桥式半控整流电路满开放（$\alpha=0°$）时，输出电压为

$$U_{d1}=1.35U_2+0.9(U_2/2)=1.8U_2$$

若将该电路全部输出直流电压看作 U_{d0}，则在各组满开放时三组单相桥式半控整流电路的输出直流电压分别为 $U_{d0}/2$、$3U_{d0}/4$、U_{d0}，电压数值变化幅度不会太大，且提高了功率因数。

图 2-61 所示为电力机车三段桥式有源逆变电路。进口的 8K 电力机车和国内生产的 SS7E 电力机车采用的主电路就是这种电路。将 T_7、T_8 满开放，电路的工作原理与如图 2-60（a）所示的电路的工作原理相同。当电路实现有源逆变时，封锁 T_3、T_4、T_5、T_6，开放 T_1、T_2、T_7、T_8。T_1、T_2、T_7、T_8 组成的单相全控桥式整流电路用来实现有源逆变，D_3、D_4 用来续流。调节 α，

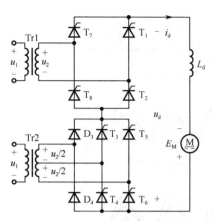

图 2-61　电力机车三段桥式有源逆变
电路

使输出电压 U_{d0} 总是小于反电动势 E_M，实现有源逆变。

2. 电力机车控制系统思路

国产交直传动电力机车的控制系统经历了三个发展阶段，分别为接点控制、模拟控制和微机控制。目前微机控制系统使用得比较多。微机控制的交直传动电力机车已有 8 种车型，分别为 SS4B、SS7D、SS7E、SS8、SS9、TM1、DDJ1、春城号动车组。

国产电力机车微机控制系统由处理器、数字入出、电机信号、信号调整、脉冲放大、转换控制等插件组成。处理器插件分处理器上板和处理器下板。处理器上板可分为 5 个模块：DSP 数据采集模块、CPLD 模块、CAN 通信模块、A/D 转换模块、电源调理模块。处理器下板可分为 7 个模块：DSP 数据分析模块、CPLD 脉冲形成模块、D/A 转换模块、DSP 供电模块、CAN 通信模块、波形处理模块、电源调理模块。处理器工作流程为处理器上板实现 32 路模拟量的模数转换、16 路 TTL 数字量输入、速度传感器工作指示，以及与网卡进行通信，将微机柜的相关数据发送给中央控制单元，并接收中央控制单元发送来的各种数据，同时将所有数据写入存储器，以便送入处理器下板进行处理。电力机车微机控制系统框图如图 2-62 所示。

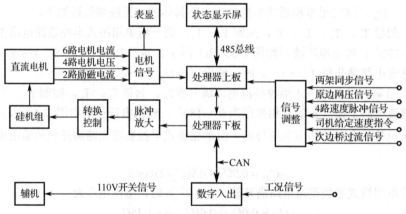

图 2-62　电力机车微机控制系统框图

微机控制系统的基本工作原理：数字入出插件负责将 110V 的开关信号转换为 5V 的电平信号。信号调整插件对司机给定速度指令、原边网压信号等信号进行调整。来自机车主电路的各种传感器、司机控制器、电位器的电压型或电流型信号，通过信号调整插件调整成适宜微机处理的采样范围内的信号。处理器插件从数字入出转换的电平信号中读取工况，如牵引、制动、操作端等，从而判定工况的构成。信号调整插件、电机信号插件通过处理器插件上的 A/D 转换通道读取各模拟量的值，根据工况和某种车型的特性计算公式计算出当前需要的电枢电流，再经过轴重转移补偿、最大牵引（制动）电流限制、牵引（制动）限制曲线等环节计算出两架的电流给定值 I_{S1}、I_{S2}。再经过软件的防空转/滑行环节计算出两架的实际电枢电流值 I_{SS1}、I_{SS2}。这些电流进入牵引（制动）的调节环节，与反馈的电机电流、电机电压、励磁电流等通过比例积分环节计算出两架三段桥及励磁桥的移相电压值 U_{e1}、U_{e2}、U_{e3}、U_{e4}。处理器下板中的 CPLD 脉冲形成模块产生的脉冲序列输出至脉冲放大插件，经脉冲放大插件放大后由转换控制插件输出触发脉冲，控制各晶闸管的通断。

案例2　高压直流输电技术

高压直流输电技术是将发电厂输出的交流电，先通过整流器转换成直流电，利用高压输电线路进行远距离输送，再在目的地利用逆变器转换成交流电输送至用户的一种输电技术。与用传统的交流电传输电能相比，用直流电传输电能的优点：①采用直流电远距离输送同等功率的电能比采用交流电输送更经济。若直流架空输电线的等价距离（输送一定功率时，交流、直流输电线路和两端电气设备的总费用相等时对应的输电距离）为480~650km，则采用地下或海底电缆输电等价距离更小，为10~30km。②高压直流输电更适合点对点的超远距离、超大功率电能输出，适合跨海输电（受高压电缆分布电容和充电功率的限制，交流输电不可能采用长距离海底电缆进行输送）。③采用高压直流输电技术输送的电能稳定性好，可改善输电系统的暂态稳定性，加强对电力系统振荡的动态阻尼等。④采用高压直流输电技术实现不同频率的交流电网互联（两个或多个不同步，甚至不同频率的交流电网连接只能采用直流输电方式）。⑤高压直流输电技术具有控制速度快、传输功率的可控性强。

1. 主电路系统结构

高压直流输电系统结构可分为两大类：两端（或端对端）高压直流输电系统和多端高压直流输电系统。如图 2-63（a）所示，两端（或端对端）高压直流输电系统有两个变流器，与交流系统有两个连接端口。两个变流器中一个是整流器，另一个是逆变器。三端高压直流输电系统如图 2-63（b）所示，该系统有三个变流器，与交流系统有三个连接端口。对于三个变流器可以将两个变流器作为整流器、一个变流器作为逆变器，也可以将两个变流器作为逆变器、一个变流器作为整流器。多端高压直流输电系统具有三个或三个以上变流器，其与交流系统有三个或三个以上连接端口。

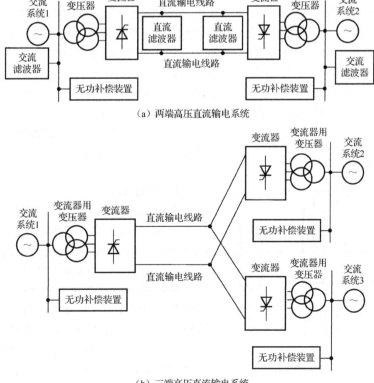

（a）两端高压直流输电系统

（b）三端高压直流输电系统

图 2-63　高压直流输电系统

图 2-64（a）所示为晶闸管变流器的电路结构图，图 2-64（b）所示为桥臂结构。两组三相桥式变流电路串联构成 12 脉冲电路，两个变流电路经过变流器用变压器与交流电网连接。每个桥臂就是一个电阀（阀）。若采用光晶闸管作为开关器件则称之为光晶闸管阀。为提高耐压等级，可将晶闸管串联使用，同时为了抑制施加在阀片上的过电压，需要在各桥臂上并联阀型避雷器。图 2-64（a）所示虚线框中为四重阀。

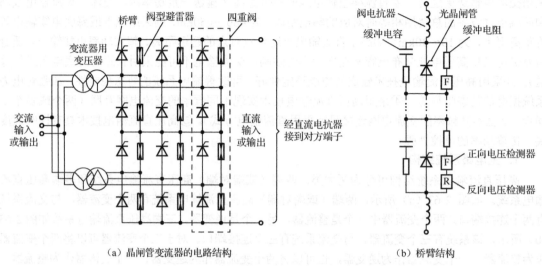

（a）晶闸管变流器的电路结构　　　　　　　　　　　（b）桥臂结构

图 2-64　晶闸管变流器的电路结构和桥臂结构

图 2-64（b）所示的桥臂上设置了晶闸管正向电压检测器和反向电压检测器，检测器输出的信号经光纤被送到门极脉冲发生器上。串联连接的所有晶闸管均需要检测正向电压信号 FV，该信号用于确定门极脉冲时序，同时需要将该信号送到各晶闸管的故障监视器上。当检测出正向电压信号 FV 没有连续发出时就判定为故障，此时故障监视器迅速显示故障位置，以便维护检查。另外，在系统中若有高可靠性要求，则可以设置冗余晶闸管，在某个晶闸管发生故障时，可投入冗余晶闸管，确保整个系统正常工作。有代表性的晶闸管可检测反向电压信号 RV，该信号送入监视器用于监视换相裕度角（在变流器进行反变换运行时）。当裕度角不够时，有的串联晶闸管不能关断，此时可强制发出一个门极保护脉冲，使该阀的所有晶闸管均导通，防止少数晶闸管因承受过压而损坏。

2. 控制方法

高压直流输电用晶闸管变流器的典型控制框图如图 2-65 所示。控制电路由恒流控制（Automatic Current Regulator，ACR）电路、恒压控制（Automatic Voltage Regulator，AVR）电路、恒裕度角控制（Automatic Margin Angle Regulator，AγR）（γ 表示裕度角）电路及优先选择控制角的最小值选择电路等组成。另外，电压相位检测电路用于保证脉冲信号与交流电网电压同频同相位，相位控制电路会根据控制指令值在相应的触发相位上产生脉冲。控制装置上还设有顺变器（控制直流电流）和逆变器（控

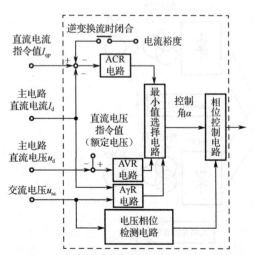

图 2-65　高压直流输电用晶闸管变流器的典型控制框图

制直流电压）。当逆变侧交流电压下降，裕度角减小时，控制电路通过最小值选择电路优先选择用 AγR 控制电路进行控制，通过控制 γ 为规定值，来防止变流失败。

3.特高压直流输电

特高压直流输电采用的是电网换相变流器（Line-Commuted Converter，LCC）。基于 LCC 的高压直流输电（LCC-HVDC）技术是目前最为成熟的高压直流输电技术，被广泛应用于长距离、高电压、大容量输电场合及交流电网的异地互联场合，它通过控制直流电压的大小和方向实现功率的灵活传输。截至 2020 年，我国已建成或核准在建的特高压直流输电工程达到 11 个，而且采用的相关技术完全具有自主知识产权。国际上首条采用 ±800 千伏电压等级的特高压直流输电技术

图 2-66　昌吉（准东）变流站阀厅实景图

项目是我国于 2006 年年底开工建设的"云南—广东特高压直流输电工程"。目前世界上电压等级最高、输送容量最大、输电距离最远的 LCC-HVDC 工程是我国的"准东—皖南 ±1100 千伏特高压直流输电工程"，输出距离约为 3293km，输送容量为 12000MW。该工程中的输电线采用的是典型的双极双十二脉动 LCC 变流阀结构，每个十二脉动变流阀由布置在同一个阀厅的 6 个双重阀组成，其与控制系统配合可实现交直流电能转换和输送功率快速调节。图 2-66 所示为昌吉（准东）变流站阀厅实景图。图 2-67 所示为"准东—皖南 ±1100 千伏特高压直流输电工程"结构示意图。

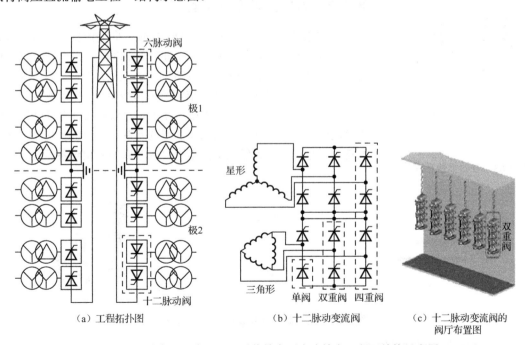

（a）工程拓扑图　　　　（b）十二脉动变流阀　　　（c）十二脉动变流阀的阀厅布置图

图 2-67　"准东—皖南 ±1100 千伏特高压直流输电工程"结构示意图

4.特高压直流输电技术的挑战

（1）可靠性与稳定性问题。特高压直流输电电压等级比超高压直流输电电压等级更高，若输电系统发生故障，将严重影响国民生活和经济秩序，造成巨大损失，因此特高压直流输电设备的

可靠性尤为重要。目前通过变流器采用独立的交直流供电系统，配备独立的阀厅和冷却系统，来提高其安全性和可靠性。另外，软硬件能否可持续优化、程序能否方便有效升级、现场总线技术能否有效抗干扰等也直接影响系统的稳定性和可靠性。我们在设计与研发时要充分考虑这些因素。

（2）电磁环境问题。特高压直流输电工程中的变流站、输电线路等会产生空间磁场，该磁场会对通信设备产生干扰，严重时直流偏磁会毁坏变压器，造成电力设备运行故障。如何才能从根本上解决输电过程中产生的电磁环境问题，尚需进一步探索和研究。

（3）电晕问题。在天气不好的情况下，特高压导线表面的电场强度在超过临界值后会使周围空气分子电离，形成正、负带电粒子，离子碰撞和复合过程会产生光子和电晕放电。电晕放电会损耗有功功率、产生噪声和干扰信号。目前常通过合理选择导线数目、导线结构等，来尽量减小电晕放电的影响。但分裂导线数目的多少自身也存在干扰问题，另外电晕损失的计算具有极大的分散性，至今没有一个国际公认的估算方法，这也是我们需要继续研究的问题。

（4）过电压与绝缘问题。特高压直流输电工程的绝缘水平与过电压的高低水平密切相关，在特高压直流输电工程中应合理选择和优化绝缘系统，该系统直接影响建设的成本和运行的可靠性。在出现过电压问题时，需要采用相关技术及时解决。

我国科研学者和工程技术人员经过多年研究特高压直流输电技术，奠定了我国特高压直流输电工程的技术根基。随着技术的不断研发，新问题不断出现，目前全球能源互联网建设也在逐步推进，我们要肩负起时代给予的使命与挑战，攻克特高压直流输电技术中的难关，加快全球现代化建设。

案例 3　双向柔性互联装置

双向柔性互联装置又称 AC/DC 柔性双向变流器，其基于电力电子技术实现"交流–直流"双向功率变流功能，为电网与直流母线之间提供接口。图 2-68 所示为双向柔性互联装置，其系统组成如图 2-69 所示，该系统通过实时监测直流母线电压，自动实现恒压整流和限压放电，以保持直流母线电压恒定。双向柔性互联装置适用于直流配电系统和交流大电网间的双向互联、电池组和交流电网间的连接，也可以作为低压交流电网台区互联的专用设备。

图 2-68　双向柔性互联装置

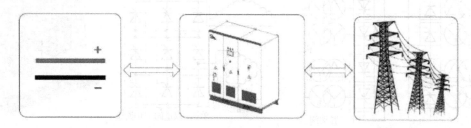

图 2-69　双向柔性互联装置的系统组成

1. 双向柔性互联装置组成

双向柔性互联装置通过三相桥式变流器实现整流与逆变。整流输出经 EMC（Electro Magnetic Compatibility，电磁兼容）滤波器滤波后注入直流母线。变流输出先经滤波器滤波形成正弦波电压，再由三相变压器隔离升压后并入电网发电。双向柔性互联装置的结构示意图如图 2-70 所示。

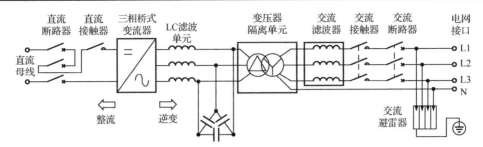

图 2-70 双向柔性互联装置的结构示意图

双向柔性互联装置的主电路拓扑如图 2-71 所示。

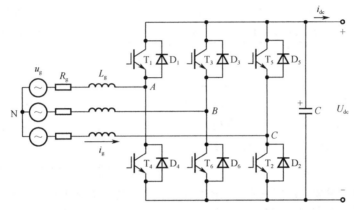

图 2-71 双向柔性互联装置的主电路拓扑

2．双向柔性互联装置控制策略

双向柔性互联装置具备整流和逆变双重功能，根据具体工况可实现稳压模式、PQ 模式和下垂模式的在线切换。不同的运行模式取决于不同的控制策略。双向柔性互联装置的控制结构包括外环控制和电流内环控制，控制框图如图 2-72 所示。图 2-72 中的符号释义如表 2-31 所示。

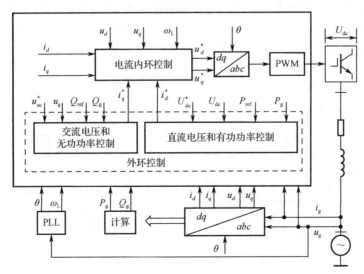

图 2-72 控制框图

表 2-31　图 2-72 中的符号释义

序　号	符　号	释　义	序　号	符　号	释　义
1	i_g	电网电流瞬时值	11	u_g	电网电压瞬时值
2	U_{dc}	直流电压瞬时值	12	U_{dc}^*	直流电压参考值
3	Q_g	电网无功功率瞬时值	13	Q_{ref}	电网无功功率参考值
4	P_g	电网有功功率瞬时值	14	P_{ref}	电网有功功率参考值
5	i_d^*	d 轴电流参考值	15	i_d	电网瞬时电流转换到 dq 坐标系下的 d 轴分量
6	i_q^*	q 轴电流参考值	16	i_q	电网瞬时电流转换到 dq 坐标系下的 q 轴分量
7	u_d^*	d 轴电压参考值	17	u_d	电网瞬时电压转换到 dq 坐标系下的 d 轴分量
8	u_q^*	q 轴电压参考值	18	u_q	电网瞬时电压转换到 dq 坐标系下的 q 轴分量
9	θ	锁相角	19	ω_L	电网角频率
10	u_{ac}^*	电网交流电压参考值	—	—	—

通过锁相环（Phase Locked Loop，PLL）可获取电网角频率 ω_L 和锁相角 θ，并对交流电网电压和电流进行 dq 解耦（abc/dq 坐标系变换）。其中，u_d、u_q 为电网电压 u_g 转换到 dq 坐标系下的直流分量，i_d、i_q 为电网三相对称电流 i_g 转换到 dq 坐标系下的直流分量。

外环控制是指通过有功类指令（U_{dc}^*、P_{ref} 等）生成 i_d^*，通过无功类指令（Q_{ref} 等）生成 i_q^* 的过程。外环控制有三种模式：定直流电压控制模式、定有功功率控制模式、下垂控制模式。定直流电压控制模式控制装置输出的 U_{dc} 无偏差跟踪 U_{dc}^*，不随 P_g 的波动而波动。定有功功率控制模式控制装置输出的 P_g 无偏差跟踪 P_{ref}，不随 U_{dc} 的波动而波动。下垂控制模式可使装置的 P_g 按照设定的电压功率特性曲线实时调节。三种控制模式的功率电压特性曲线如图 2-73 所示，其中，P_{min} 和 P_{max} 分别为装置最小和最大有功功率；U_{dcmin} 和 U_{dcmax} 分别为正常运行所允许的直流电压最小值和最大值。

电流内环控制是指基于 dq 解耦的动态电流控制实现 d 轴和 q 轴电流的跟踪，由电流指令 i_d^*、i_q^* 生成调制波的控制指令 u_d^*、u_q^*。电流内环控制如图 2-74 所示，控制 i_d 无偏差跟踪 i_d^*，i_q 无偏差跟踪 i_q^*。其中，L_g 为滤波电感，$\omega_L L_g$ 为感抗。

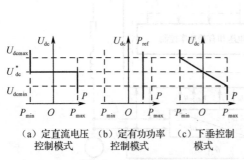

（a）定直流电压　（b）定有功功率　（c）下垂控制
　　控制模式　　　　控制模式　　　　模式

图 2-73　外环控制

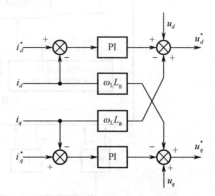

图 2-74　电流内环控制

3. 双向柔性互联装置应用

如图 2-75 所示，以两个台区互联系统为例，说明双向柔性互联装置在台区互联系统中的运行模式划分及协调控制逻辑（余量上网模式）。该系统采用 DC 750V 电压等级作为配电网电压，光伏发电通过光伏变换器以"T 接"接入配电网，配电网通过台区互联装置与台区变压器之间实现双向功率互动，不同台区之间可直接通过直流母线实现互联，配合台区互联装置的控制策略，实现不同台区之间的功率互济和储能共享。

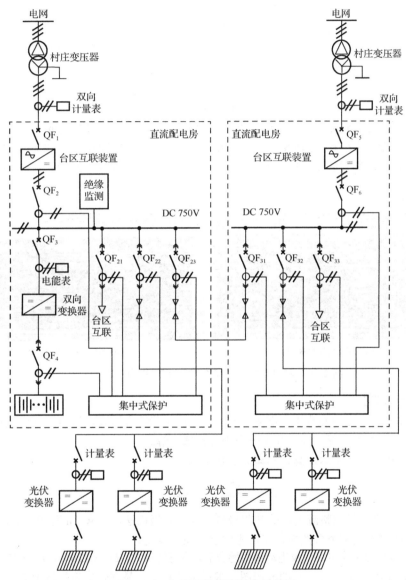

图 2-75 台区互联系统拓扑结构图

（1）运行模式 S1：两个台区正常并网运行。

双向柔性互联装置、光伏及储能 DC/DC 变换装置均采用定电压模式，优先消纳光伏。当直流侧负载无法消纳光伏时，多余部分逆变上网。

当台区负载率超过 50%时，以均载计算需要转供的功率，通过光伏及储能 DC/DC 变换装置的负载均衡实现功率互济；当光伏及储能 DC/DC 变换装置的功率不足时，负载率低的台区的双向柔性互联装置优先向负载率高的台区供电。

（2）运行模式 S2：单个台区失电。

当单个台区失电时，相应双向柔性互联装置会进入孤岛保护，切断双向柔性互联装置与电网功率的传输，优先由光伏及储能 DC/DC 变换装置提供故障台区功率。当光伏及储能 DC/DC 变换装置提供的功率不足时，由另一台区供电。

（3）运行模式 S3：两个台区失电。

当两个台区同时失电时，双向柔性互联装置 1、双向柔性互联装置 2 会自动进入孤岛保护，切断双向柔性互联装置 1、双向柔性互联装置 2 与电网功率的传输。随后由光伏及储能 DC/DC 变换装置提供的功率给负载供电，并配合负载功率调整维持固定时间供电，直至故障恢复，转至模式 S1 或模式 S2 运行。

在并网状态，20%负载条件下，双向柔性互联装置在不同运行模式下的切换波形如图 2-76 所示。双向柔性互联装置运行于限压逆变模式，此时切换到离网，切换时间约为 9.6ms，如图 2-76（a）所示；双向柔性互联装置运行于恒压整流模式，此时切换到离网，切换时间约为 2.2ms，如图 2-76（b）所示。双向柔性互联装置的切换时间满足常规敏感负载的电压暂降耐受时间，基本上不会对负载供电产生影响。

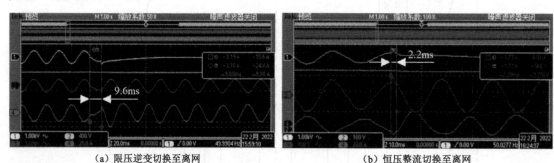

（a）限压逆变切换至离网　　　　　　　　　（b）恒压整流切换至离网

图 2-76　双向互联装置在不同运行模式下的切换波形

【课后自主学习】

1．除了本案例中提到的我国"准东—皖南 ±1100 千伏特高压直流输电工程"，查一查我国还有哪些特高压直流输电工程，针对其中一个进行具体了解。

2．掌握本模块中的基本概念，扫码完成自测题。

习　题

模块二自测题

1．对于三相半波可控整流电路的共阴极接法与共阳极接法，以 w、u 两相为例，说明各自的自然换相点在哪里？这两个自然换相点在相位上相差多少度？

2．三相半波可控整流电路带反电动势阻感负载，电感值极大，$U_2 = 220\text{V}$，$R_d = 4\Omega$，$I_d = 20\text{A}$，当 $\alpha = 60°$ 时，试画出 u_d、i_d、i_T 的波形图，求反电动势 E、晶闸管电流平均值 I_{dT} 与晶闸管电流有效值 I_T。

3．三相桥式全控整流电路带反电动势阻感负载，电感值极大，$U_2 = 100\text{V}$，$R_d = 5\Omega$，反电动势 $E = 57\text{V}$。当 $\alpha = 60°$ 时，试画出 u_d、i_d、i_2、i_T 的波形图，求整流输出电压平均值 U_d、整流输出电流平均值 I_d、晶闸管电流平均值 I_{dT}、晶闸管电流有效值 I_T 与变压器二次侧电流有效值 I_2；选择晶闸管的型号；并求电源侧的功率因数。

4．带平衡电抗器的双反星形可控整流电路与三相桥式全控整流电路相比有何异同？

5．电路在进行有源逆变时的工作条件是什么？

6．什么是逆变失败？逆变失败的原因是什么？如何防止逆变失败？

7. 三相桥式全控变流电路带反电动势阻感负载，电感值极大，$U_2 = 200\text{V}$，$R_\text{d} = 1.2\Omega$，$E_\text{M} = 300\text{V}$，电动机负载处于制动状态时的负载电流为 66A，试确定此时的逆变角 β。

8. 在进行 SIMULINK 仿真时，若三相半波可控整流电路带电阻负载，当 u 相电源丢失时，输出电压有什么变化？

9. 在 SIMULINK 仿真时，若三相桥式全控整流电路带电阻负载，当某个晶闸管触发脉冲丢失时，输出电压有什么变化？

模块三　无源逆变电路

逆变电路是将直流电变换成某一频率或可变频率的交流电供给负载的电路。按负载性质不同，逆变电路可分为有源逆变电路和无源逆变电路。将直流电转变成交流电回馈给电网的电路为有源逆变电路；将直流电转变成交流电供给无源负载的电路为无源逆变电路。按输入直流电源性质的不同，逆变电路可分为电压型逆变电路和电流型逆变电路。输入侧并联大电容为电压型逆变电路；输入侧串联大电感为电流型逆变电路。按主电路控制器件的不同，逆变电路可分为全控型逆变电路和半控型逆变电路。全控型逆变电路的开关管为具有自关断能力的全控型器件（GTO、GTR、功率 MOSFET、IGBT 等）；半控型逆变电路的开关管为半控型器件（晶闸管）。由于半控型器件不能自关断，因此预关断的器件需要通过外部方式进行关断，从而实现电路换流。电路换流通常通过**负载换流**和**强迫换流**这两种方式实现。按负载输出波形的不同，逆变电路可分为正弦逆变电路和非正弦逆变电路。

本模块将介绍全控型电力电子器件、电压型逆变电路、电流型逆变电路、逆变电路的消谐和 SPWM 逆变电路。学生通过学习本模块，要掌握逆变电路的分析方法；通过实训操作和案例分析，可加深对本模块的理解。

理实一体化、线上线下混合学习导学：

1. 学生课后自学"3.1 全控型电力电子器件"，了解全控型电力电子器件的原理和参数。教师可将全控型电力电子器件的结构、符号、使用注意事项、优缺点和重要参数指标放在对应电路部分串讲。

2. 学生在学习"3.2 电压型逆变电路"和"3.4 逆变电路的消谐"时，配合"实训 1 三相电压型逆变电路仿真实践"，在进行理论学习的同时进行仿真实践，让实践验证理论。

3. 鉴于学生有学习"3.2 电压型逆变电路"的基础，教师可指导学生自主学习和讨论"3.3 电流型逆变电路"，并安排课堂学习检测。

4. 学生在学习"3.5 SPWM 逆变电路"时，配合"实训 2 单相桥式 SPWM 逆变电路仿真实践"，在进行理论学习的同时进行仿真实践，让实践验证理论。

5. 学生在学习"3.7 典型案例"后完成一个小的实物制作，即"实训 3 单相并联逆变器的制作"。

3.1　全控型电力电子器件

为了提高开关器件的性能，在半控型器件——晶闸管问世不久后能进行全控的 GTO 应运而生。到了 20 世纪 80 年代，由于信息电子技术与电力电子技术融合，电力电子技术进入一个新的高速发展时代，此时产生了一代全控型、高频化、采用集成技术制造的各种电力电子器件（如 GTR、功率 MOSFET、IGBT 等）。典型的全控型电力电子器件如表 3-1 所示。

表 3-1　典型的全控型电力电子器件

名　称	符　号	控制类型	特　点	具体内容	扩　展
门极可关断晶闸管（GTO）	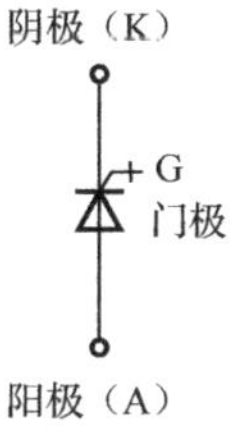 阴极（K） + G 门极 阳极（A）	电流控制型	优点：电压及电流容量较大，与普通晶闸管接近，达到兆瓦级。 缺点：关断的门极反向电流比较大，导通压降比较高		器件的过电压保护
电力晶体管（GTR）	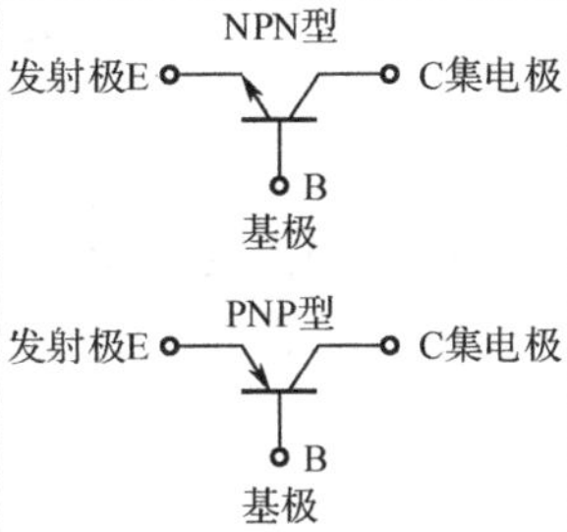 NPN型 发射极E －◁ C集电极 B 基极 PNP型 发射极E －◁ C集电极 B 基极	电流控制型	优点：饱和压降低，开关性能好，电流大，耐压高等。 缺点：有二次击穿问题，安全工作区窄		器件的过电流保护
功率场效应管（功率MOSFET）	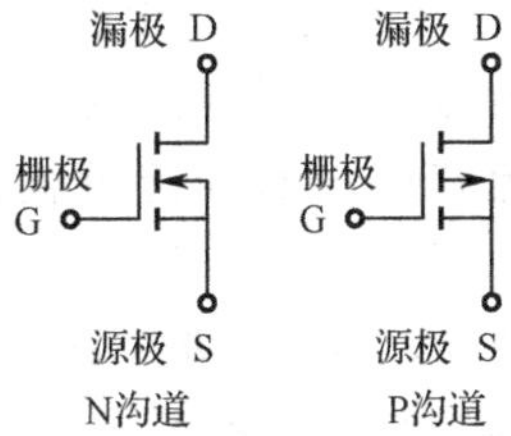 漏极 D　　漏极 D 栅极 G　　栅极 G 源极 S　　源极 S N沟道　　P沟道	电压控制型	优点：输入阻抗高（可超过40MΩ），开关速度快，工作频率高（开关频率可达1000kHz），驱动电路简单，驱动功率小，热稳定性好，无二次击穿问题，安全工作区宽。 缺点：耐压低，电流容量小		器件的缓冲电路
绝缘栅双极型晶体管（IGBT）—复合管	 C集电极 栅极 G E发射极	电压控制型	将功率MOSFET和GTR的优点集于一身，具有速度快、输入阻抗高、热稳定性好、驱动电路简单、导通压降低、耐压高、电流密度高等特点		器件的串联与并联

3.2　电压型逆变电路

电压型逆变电路是指在输入的直流侧并联大电容进行滤波，使得输入的直流电压基本无脉动，直流回路呈现低阻抗，输入的直流侧相当于电压源（恒压源）。

3.2.1　基本逆变原理

无源逆变电路的基本电路结构如图 3-1（a）所示，电压波形如图 3-1（b）所示。图 3-1（a）中的 $S_1 \sim S_4$ 为 4 个高速开关，U_d 为输入直流电压，R 为输出负载的阻值。

当 S_1、S_4 闭合，S_2、S_3 断开时，加在负载上的电压的极性为左正右负，$u_o = U_d$；当 S_1、S_4 断开，S_2、S_3 闭合时，加在负载上的电压的极性为右正左负，$u_o = -U_d$。当以频率 $f_S = 1/T_S$ 交替切换闭合 S_1、S_4 和 S_2、S_3 时，可获得如图 3-1（b）所示的电压波形。交流电压 u_o 的频率就是开关的切换闭合的频率 f_S。

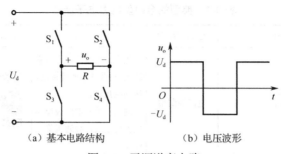

（a）基本电路结构　　　　　（b）电压波形

图 3-1　无源逆变电路

电压型单相半桥逆变电路

3.2.2　电压型单相半桥逆变电路

电压型单相半桥逆变电路的电路结构如图 3-2（a）所示，输出电压、电流波形如图 3-2（b）所示。该电路由两个导电桥臂构成，每个导电桥臂由一个全控型电力电子器件和一个反向并联的二极管组成。在输入的直流侧接有两个相互串联的容值足够大且相等的电容 C_1 和 C_2。设阻感负载连接在 A、B 两点间。工作过程分析如下。

在一个周期内，T_1 和 T_2 的栅极信号半周期正偏、半周期反偏，信号互补。

t_2 时刻以前，设 T_1 导通，T_2 关断，电流通路如图 3-2（c）所示。电容 C_1 上的电压加在负载两端，负载上的电压方向为右正左负，$u_o = U_d/2$，实际电流方向为从 B 点指向 A 点。负载上的实际电压方向与实际电流方向一致，并且参考电流方向与实际电流方向一致，电感正向储能，负载电流呈指数上升。

t_2 时刻，给 T_1 发送关断信号，给 T_2 发送导通信号，则 T_1 关断，由于电路中存在阻感负载，因此在换路时刻电流不能突变，此时电流方向对于 T_2 来说为反方向，T_2 不可导通。于是 D_2 导通续流，电流通路如图 3-2（d）所示。电容 C_2 上的电压加在负载两端，负载上的电压方向变为左正右负，$u_o = -U_d/2$。由于实际电流方向还是从 B 点指向 A 点，负载上的实际电压方向与实际电流方向相反，参考电流方向与实际电流方向一致，电感正向放能，负载电流呈指数下降。

t_3 时刻，电流 i_o 降为零，D_2 自然关断，此时 T_2 的导通信号仍存在，T_2 导通，电流通路如图 3-2（e）所示。电容 C_2 上的电压仍然加在负载两端，负载上的电压方向保持左正右负，$u_o = -U_d/2$，而实际电流方向变为从 A 点指向 B 点，负载上的实际电压方向与实际电流方向一致，参考电流方向与实际电流方向相反，电感进入反向储能状态，负载电流反向呈指数上升。

t_4 时刻，将发送给 T_1 的信号切换为导通信号，将发送给 T_2 的信号切换为关断信号，T_2 关断，由于负载为阻感负载，在换路时刻电流不能突变，此时的电流方向对于 T_1 来说为反方向，T_1 不可导通。于是 D_1 导通续流，电流通路如图 3-2（f）所示。电容 C_1 上的电压加在负载两端，负载上的电压方向变为右正左负，$u_o = U_d/2$，由于实际电流方向是从 A 点指向 B 点，负载上的实际电压方向与实际电流方向相反，参考电流方向与实际电流方向相反，电感反向放能，负载电流反向呈指数下降。

t_5 时刻，电流 i_o 降为零，D_1 自然关断，此时 T_1 的导通信号仍存在，T_1 导通，电流通路如图 3-2（c）所示。电路完成了一个周期的控制工作。

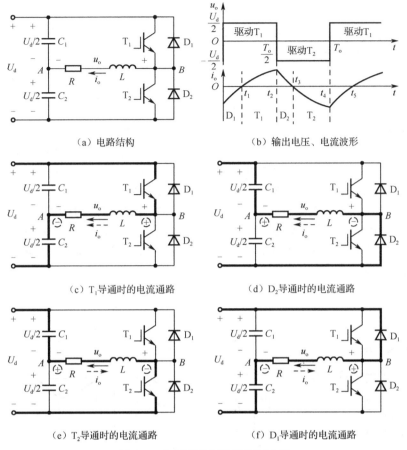

（a）电路结构 （b）输出电压、电流波形

（c）T_1导通时的电流通路 （d）D_2导通时的电流通路

（e）T_2导通时的电流通路 （f）D_1导通时的电流通路

图 3-2 电压型单相半桥逆变电路

由上述分析可知，输出电压 u_o 为矩形波，幅值为 $U_d/2$。改变开关管的驱动信号的频率，输出电压的频率随之改变。对于电阻负载，输出电流 i_o 的波形与输出电压 u_o 的波形的走势一致；对于阻感负载，输出电流 i_o 波形呈指数变化。D_1、D_2 为阻感负载提供续流通道，故称为续流二极管，又因为这两个二极管是负载向直流侧反馈能量的通道，故又称为反馈二极管。

电压型单相半桥逆变电路的优、缺点如下。

优点：该电路结构简单，使用元器件少，常用于功率小于几千瓦的小功率逆变器。

缺点：该电路的输入电压为 U_d，输出电压为 $U_d/2$，电源的利用率较低，同时输入侧需要使用分压电容，且在工作中要尽量做到电容上的电压均衡。

3.2.3 电压型单相全桥逆变电路

电压型单相全桥逆变电路的电路结构如图 3-3（a）所示，输出电压、电流波形如图 3-3（b）所示。其中全控型电力电子开关器件 T_1 和 T_4 构成一对导通桥臂，T_2 和 T_3 构成另一对导通桥臂，两对导通桥臂交替导通180°。当负载为阻感负载时，该电路的工作原理分析过程与 3.2.1 节中的电压型单相半桥逆变电路类似，同样要注意电感的正反向充放电问题。**注意：若负载上的实际电压与实际电流方向一致，则电感为储能状态；若负载上的实际电压方向与实际电流方向相反，则电感为放能状态。若负载上的参考电流方向与实际电流方向一致，则电路中电感的电流正向工作，否则电路中电感的电流反向工作。** 下面分析该电路的工作原理。

电压型单相全桥逆变电路

　　t_2 时刻以前，设 T_1、T_4 导通，T_2、T_3 关断，电流通路如图 3-3（c）所示。输入侧直流电压 U_d 加在负载两端，负载上的电压方向为左正右负，$u_o = U_d$，实际电流方向为从 A 点指向 B 点。电感正向储能，负载电流正向呈指数上升。

　　t_2 时刻，给 T_1、T_4 发送关断信号，给 T_2、T_3 发送导通信号，T_1、T_4 关断，但由于 T_2、T_3 不可流过反向电流，因此 T_2、T_3 不导通，D_2、D_3 导通续流，电流通路如图 3-3（d）所示。输入侧直流电压 U_d 反向加在负载两端，负载上的电压方向变为右正左负，$u_o = -U_d$，由于实际电流方向为从 A 点指向 B 点，因此电感正向放能，负载电流正向呈指数下降。

　　t_3 时刻，电流 i_o 降为零，D_2、D_3 自然关断，此时 T_2、T_3 的导通信号仍存在，T_2、T_3 导通，电流通路如图 3-3（e）所示。负载上的电压方向为右正左负，$u_o = -U_d$，而实际电流方向变为从 B 点指向 A 点，电感进入反向储能状态，负载电流反向呈指数上升。

　　t_4 时刻，将发送给 T_1、T_4 的信号切换为导通信号，将发送给 T_2、T_3 的信号切换为关断信号，T_2、T_3 关断，由于 T_1、T_4 不可流过反向电流，T_1、T_4 不导通，D_1、D_4 导通续流，电流通路如图 3-3（f）所示。负载上的电压方向变为左正右负，$u_o = U_d$，实际电流方向为从 B 点指向 A 点，电感反向放能，负载电流反向呈指数下降。

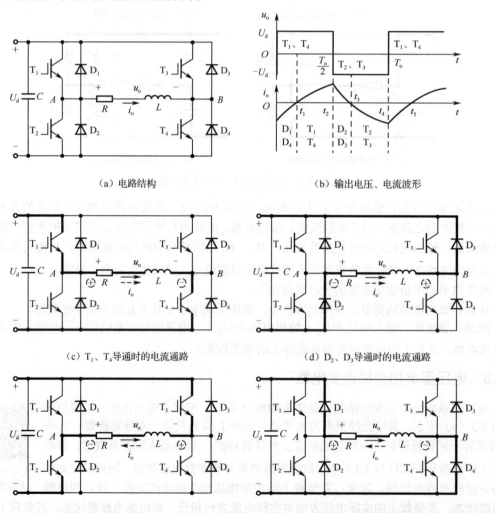

图 3-3　电压型单相全桥逆变电路

t_5 时刻，电流 i_o 降为零，D_1、D_4 自然关断，此时 T_1、T_4 的导通信号仍存在，T_1、T_4 导通，电流通路如图 3-3（c）所示。电路完成了一个工作周期。

图 3-3（b）所示的输出电压波形为半个周期正、半个周期负的矩形波，利用傅里叶级数进行定量分析，可得 u_o 的傅里叶级数展开式为

$$u_o = \frac{4U_d}{\pi}\left(\sin\omega t + \frac{1}{3}\sin 3\omega t + \frac{1}{5}\sin 5\omega t + \cdots\right) \tag{3-1}$$

基波有效值为

$$U_{o1} = \frac{2\sqrt{2}U_d}{\pi} \approx 0.9U_d \tag{3-2}$$

输出电压有效值为

$$U_o = U_d \tag{3-3}$$

例 3-1：在电压型单相全桥逆变电路中，$U_d = 300\text{V}$，向 $R = 5\Omega$，$L = 0.02\text{H}$ 的阻感负载供电，输出频率为 60Hz，求基波电流有效值、3 次谐波电流有效值、5 次谐波电流有效值及相关有功功率。

解：电压型单相全桥逆变电路输出电压 u_o 的傅里叶级数展开式为

$$u_o = \frac{4U_d}{\pi}\left(\sin\omega t + \frac{1}{3}\sin 3\omega t + \frac{1}{5}\sin 5\omega t + \cdots\right)$$

基波电压有效值、3 次谐波电压有效值和 5 次谐波电压有效值分别为

例 3-1

$$U_{o1} = \frac{2\sqrt{2}U_d}{\pi} = 0.9U_d = 0.9 \times 300 = 270\text{V}，\quad U_{o3} = \frac{0.9U_d}{3} = 90\text{V}，\quad U_{o5} = \frac{0.9U_d}{5} = 54\text{V}$$

根据欧姆定律的相量形式，基波电流有效值、3 次谐波电流有效值和 5 次谐波电流有效值分别为

$$I_{o1} = \frac{U_{o1}}{|Z_1|} = \frac{U_{o1}}{\sqrt{R^2 + (\omega L)^2}} \approx 29.85\text{A}$$

$$I_{o3} = \frac{U_{o3}}{|Z_3|} = \frac{U_{o3}}{\sqrt{R^2 + (3\omega L)^2}} \approx 3.89\text{A}$$

$$I_{o5} = \frac{U_{o5}}{|Z_5|} = \frac{U_{o5}}{\sqrt{R^2 + (5\omega L)^2}} \approx 1.41\text{A}$$

相关有功功率为

$$P_{o1} = (I_{o1})^2 R = 4455.1\text{W}，\quad P_{o3} = (I_{o3})^2 R \approx 75.6\text{W}，\quad P_{o5} = (I_{o5})^2 R \approx 9.94\text{W}$$

从例 3-1 的有功功率值可看出，当谐波为 5 次时，相应的有功功率不到 10W，基波的有功功率将近 4500W，因此 5 次谐波对电路的影响可以忽略，但 3 次谐波的影响比较大。若希望消除 3 次谐波对电路的影响，可采用移相调压式电压型单相全桥逆变电路。

3.2.4　移相调压式电压型单相全桥逆变电路

移相调压式电压型单相全桥逆变电路就是采用移相方式调节电压型单相全桥逆变电路的输出电压，其本质就是调节输出电压脉冲的宽度。移相调压式电压型单相全桥逆变电路波形如图 3-4 所示，各 IGBT 栅极信号均为 180° 正偏，180° 反偏，且 T_1 和 T_2 的栅极信号互补，T_3 和 T_4 的栅极信号互补。T_3、T_4 的栅极信号分别比 T_2、T_1 的栅极信号前移 $180° - \theta$。前移的 $180° - \theta$ 栅极信号使得输出电压对应段为零，得到输出电压为正、负均为 θ 脉宽的矩形波。移相调压式电压型单相全桥逆变电路工作原理分析如下。

移相调压式电压型
单相全桥逆变电路

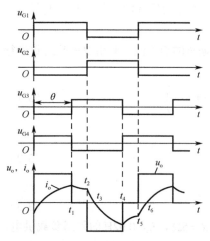

图 3-4　移相调压式电压型单相全桥逆
变电路波形

t_1 时刻以前，栅极信号 u_{G1}、u_{G4} 为高电平，栅极信号 u_{G2}、u_{G3} 为低电平，T_1、T_4 导通，T_2、T_3 关断，电流通路如图 3-3（c）所示。$u_o = U_d$，负载上的电压极性为左正右负，实际电流方向为从 A 点指向 B 点。电感正向储能，负载电流正向呈指数上升。

t_1 时刻，栅极信号 u_{G4} 变为低电平，T_4 截止。栅极信号 u_{G3} 变为高电平。此时栅极信号 u_{G1}、u_{G3} 为高电平，由于负载为阻感负载，换路时刻 i_o 不能突变，T_3 中不能流过反向电流，因此 T_3 不能立即导通，D_3 导通续流，形成 $T_1 \rightarrow R \rightarrow L \rightarrow D_3$ 回路，电流通路如图 3-5（a）所示。负载两端的电压为 T_1、D_3 的管压降，若管压降忽略不计，则 $u_o = 0$。电感正向放能，负载电流正向呈指数下降。电感将能量释放给电阻。

t_2 时刻，栅极信号 u_{G1} 变为低电平，T_1 截止。栅极信号 u_{G2} 变为高电平。此时栅极信号 u_{G2}、u_{G3} 为高电平，但电感还在正向放能，对于 T_2、T_3 来说，此时的电流仍为反向电流，T_2、T_3 不能立即导通，D_2、D_3 导通续流，电流通路如图 3-3（d）所示。$u_o = -U_d$，负载上的电压极性为右正左负，实际电流方向为从 A 点指向 B 点，电感继续正向放能，负载电流继续正向呈指数下降。

t_3 时刻，负载电流过零开始反向，D_2、D_3 截止，此时栅极信号 u_{G2}、u_{G3} 仍为高电平，T_2、T_3 立即导通，电流通路如图 3-3（e）所示。$u_o = -U_d$，负载上的电压极性仍为右正左负，而实际电流方向变为从 B 点指向 A 点，电感反向储能，负载电流反向呈指数上升。

t_4 时刻，栅极信号 u_{G3} 变为低电平，T_3 截止，栅极信号 u_{G4} 变为高电平。此时栅极信号 u_{G2}、u_{G4} 为高电平，由于负载为阻感负载，换路时刻 i_o 不能突变，T_4 中不能流过反向电流，因此 T_4 不能立即导通，D_4 导通续流，形成 $T_2 \rightarrow D_4 \rightarrow L \rightarrow R$ 回路，电流通路如图 3-5（b）所示。负载两端的电压为 T_2、D_4 的管压降，若管压降忽略不计，则 u_o 再次为零。电感反向放能，负载电流反向呈指数下降。电感将能量释放给电阻。

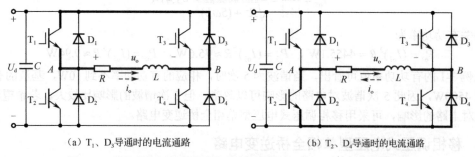

（a）T_1、D_3 导通时的电流通路　　　　（b）T_2、D_4 导通时的电流通路

图 3-5　电压型单相全桥逆变电路移相调压方式 $u_o = 0$ 时的电流通路

t_5 时刻，栅极信号 u_{G2} 变为低电平，T_2 截止。栅极信号 u_{G1} 变为高电平。此时，栅极信号 u_{G1}、u_{G4} 为高电平，由于电感反向放电，对于 T_1、T_4 来说，此时电流仍为反向电流，T_1、T_4 不能立即导通，D_1、D_4 导通续流，电流通路如图 3-3（f）所示。$u_o = U_d$，负载上的电压极性为左正右负，实际电流方向还是从 B 点指向 A 点，电感继续反向放能，负载电流继续反向呈指数下降。

t_6 时刻，负载电流过零开始正向，D_1、D_4 截止，此时栅极信号 u_{G1}、u_{G4} 仍为高电平，T_1、T_4 立即导通，电流通路如图 3-3（c）所示。电路完成了一个工作周期。

通过分析可得，输出矩形波 u_o 的正负脉冲宽度均为 θ。改变 θ，就可以调节输出电压。若 $\theta=120°$，利用傅里叶级数进行分析，可得 u_o 的傅里叶级数展开式为

$$u_o = \frac{2\sqrt{3}U_d}{\pi}\left(\sin\omega t - \frac{1}{5}\sin5\omega t - \frac{1}{7}\sin7\omega t + \frac{1}{11}\sin11\omega t + \frac{1}{13}\sin13\omega t + \cdots\right) \quad (3\text{-}4)$$

由此可以看出，此波形没有 3 次谐波，达到了消除 3 次谐波的目的。

讨论：电压型单相半桥逆变电路可以采用移相调压吗？

答：若负载为电阻负载，则可以采用移相调压。采用移相来调节电压型单相半桥逆变电路的输出电压，上下两桥臂栅极信号的正偏宽度为 θ，反偏宽度为 $360°-\theta$，两者相位差为 $180°$。这时输出电压 u_o 也是正负脉冲的宽度，各为 θ，波形如图 3-6（a）所示。

若负载为阻感负载，则不可以采用移相调压。这里仅分析正半周期的情况，对于小电感电路，在 $0\sim\theta$ 之间触发 T_1 并导通，电流通路如图 3-2（c）所示，$u_o=U_d/2$，电感正向储能，在 θ 时刻，关断 T_1，此时 T_2 未触发，电感需要正向释放能量，电流通路如图 3-2（d）所示，$u_o=-U_d/2$，电感正向放能，直到能量释放完毕，此时 T_2 还未触发，u_o 为 0，如图 3-6（b）所示。通过分析可知输出波形有反向情况，负半周期的情况不再赘述，输出得不到正负脉宽各为 θ 的波形。

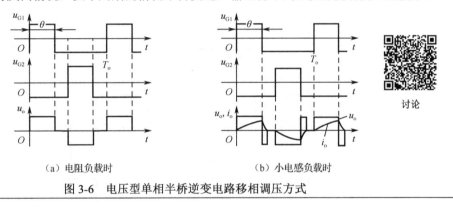

（a）电阻负载时　　　　　　　（b）小电感负载时

图 3-6　电压型单相半桥逆变电路移相调压方式

3.2.5　电压型三相桥式逆变电路

电压型三相桥式逆变电路如图 3-7 所示。开关管 $T_1\sim T_6$ 为全控型电力电子器件，$D_1\sim D_6$ 为续流二极管，该电路由三个电压型单相半桥逆变电路组成，根据开关管导通时间的不同，可分为 $180°$ 导电型和 $120°$ 导电型，下面重点介绍 $180°$ 导电型电压型三相桥式逆变电路。

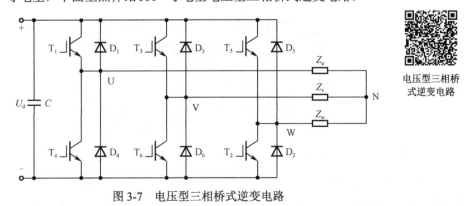

图 3-7　电压型三相桥式逆变电路

对于 $180°$ 导电型电压型三相桥式逆变电路，在一个控制周期内，6 个开关管导通顺序依次为

$T_1 \rightarrow T_2 \rightarrow T_3 \rightarrow T_4 \rightarrow T_5 \rightarrow T_6$，并且触发导通相差$60°$。每个桥臂导通角为$180°$，为了达到此效果，在任何时刻都有 3 个开关管同时导通，导通的组别顺序为$T_1T_2T_3 \rightarrow T_2T_3T_4 \rightarrow T_3T_4T_5 \rightarrow T_4T_5T_6 \rightarrow T_5T_6T_1 \rightarrow T_6T_1T_2$，每组开关管工作$60°$。从导通组别中可知，电路换流是在上下桥臂之间进行的（如$T_1T_2T_3$换到$T_2T_3T_4$，T_1中的电流要转到T_4中，这两管在电路中纵向排列），因此称为**纵向换流**。

$180°$导电型电压型三相桥式逆变电路的波形如图3-8所示。分析时将一个控制周期分为6组，每组占$60°$。负载为对称结构，在每组中寻找电流通路，并将电路等效为简化电路。通过等效简化电路，很容易得知负载上的线电压和相电压，从而得到如图3-8所示的波形。

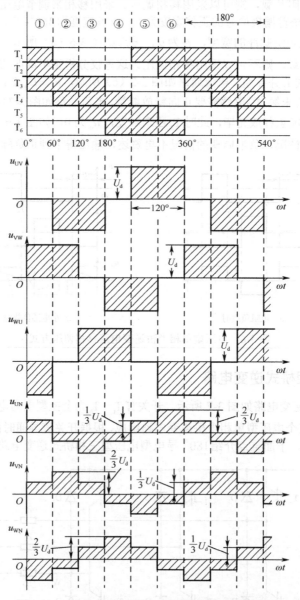

图3-8　$180°$导电型电压型三相桥式逆变电路的波形

例如，在$0°\sim60°$期间，T_1、T_2、T_3导通，电流从U_d的正极流向T_1、T_3，并同时流入负载的 U 相和 V 相，经过负载Z_u和Z_v，到负载中点 N 后流入负载Z_w，从 W 相流出，经过T_2，到达U_d的负极处。T_1、T_2、T_3导通时的简化等效电路如图3-9所示。由于负载阻值相等，则 U 相、

V 相负载分得电压为 $U_d/3$ ，W 相负载分得电压为 $2U_d/3$ ，则线电压 $U_{UV}=0$ ，$U_{VW}=U_d$ ，$U_{WU}=-U_d$ 。相电压 $U_{UN}=U_d/3$ ，$U_{VN}=U_d/3$ ，$U_{WN}=-2U_d/3$ 。

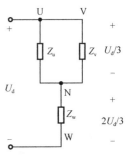

图 3-9 T_1、T_2、T_3 导通时的简化等效电路

采用同样的思路分析其他 5 组，可得各组的简化等效电路及相电压、线电压值如表 3-2 所示。

另外，由图 3-8 可知，相电压波形是 180° 正负对称的阶梯波。对相电压 u_{UN} 进行傅里叶级数展开得

$$u_{UN}=\frac{2U_d}{\pi}\left(\sin\omega t+\frac{1}{5}\sin5\omega t+\frac{1}{7}\sin7\omega t+\frac{1}{11}\sin11\omega t+\frac{1}{13}\sin13\omega t+\cdots\right)\quad(3\text{-}5)$$

基波有效值为

$$U_{UN1}=\frac{2U_d}{\sqrt{2}\pi}=0.45U_d\quad(3\text{-}6)$$

相电压有效值为

$$U_{UN}=\sqrt{\frac{1}{2\pi}\int_0^{2\pi}u_{UN}^2\mathrm{d}(\omega t)}=0.471U_d\quad(3\text{-}7)$$

由式（3-5）、式（3-6）、式（3-7）可知，相电压中不含 3 次谐波，只含更高次的奇次谐波，相电压的基波有效值为 $0.45U_d$ ，与相电压有效值 $0.471U_d$ 近似，说明电路中的谐波含量很少。

表 3-2 180° 导电型电压型三相桥式逆变电路六组等效电路及相电压、线电压值

ωt		$0°\sim60°$	$60°\sim120°$	$120°\sim180°$	$180°\sim240°$	$240°\sim300°$	$300°\sim360°$
导通开关管		$T_1T_2T_3$	$T_2T_3T_4$	$T_3T_4T_5$	$T_4T_5T_6$	$T_5T_6T_1$	$T_6T_1T_2$
等效电路							
相电压	U_{UN}	$\frac{1}{3}U_d$	$-\frac{1}{3}U_d$	$-\frac{2}{3}U_d$	$-\frac{1}{3}U_d$	$\frac{1}{3}U_d$	$\frac{2}{3}U_d$
	U_{VN}	$\frac{1}{3}U_d$	$\frac{2}{3}U_d$	$\frac{1}{3}U_d$	$-\frac{1}{3}U_d$	$-\frac{2}{3}U_d$	$-\frac{1}{3}U_d$
	U_{WN}	$-\frac{2}{3}U_d$	$-\frac{1}{3}U_d$	$\frac{1}{3}U_d$	$\frac{2}{3}U_d$	$\frac{1}{3}U_d$	$-\frac{1}{3}U_d$
线电压	U_{UV}	0	$-U_d$	$-U_d$	0	U_d	U_d
	U_{VW}	U_d	U_d	0	$-U_d$	$-U_d$	0
	U_{WU}	$-U_d$	0	U_d	U_d	0	$-U_d$

同理，由图 3-8 可知，线电压波形是脉宽 120° 正负对称的矩形波。对线电压 u_{UV} 进行傅里叶级数展开得

$$u_{UV}=\frac{2\sqrt{3}U_d}{\pi}\left(\sin\omega t-\frac{1}{5}\sin5\omega t-\frac{1}{7}\sin7\omega t+\frac{1}{11}\sin11\omega t+\frac{1}{13}\sin13\omega t-\cdots\right)\quad(3\text{-}8)$$

基波有效值为

$$U_{\mathrm{UV1}} = \frac{\sqrt{6}U_{\mathrm{d}}}{\pi} = 0.78U_{\mathrm{d}} \tag{3-9}$$

线电压有效值为

$$U_{\mathrm{UV}} = \sqrt{\frac{1}{2\pi}\int_0^{2\pi} u_{\mathrm{UV}}^2 \mathrm{d}(\omega t)} = 0.816U_{\mathrm{d}} \tag{3-10}$$

由式（3-8）、式（3-9）、式（3-10）可知，负载线电压中无 3 次谐波，只含更高次的奇次谐波。输出为180°正负对称阶梯波的相电压比输出为120°正负对称矩形波的线电压谐波含量更少。

对于180°导电型电压型三相桥式逆变电路，要采取"先断后通"的方法进行控制，即先关断需要关断的器件，并留一定时间的关断裕量，然后开通需要导通的器件，导通器件和关断器件之间留有一个短暂的死区时间，以防同一相的上、下桥臂同时导通引发直流电源短路情况。

对于120°导电型电压型三相桥式逆变电路，每个桥臂导通120°，在任何时刻都有两个开关管同时导通，导通的组合顺序为 $T_1T_2 \rightarrow T_2T_3 \rightarrow T_3T_4 \rightarrow T_4T_5 \rightarrow T_5T_6 \rightarrow T_6T_1$，每组开关管工作60°。从导通组别中可知，电路换流是在左右两个桥臂之间进行的（如 T_1T_2 换到 T_2T_3，T_1 中的电流要转到 T_3 中，这两个开关管在电路中横向排列），因此称为**横向换流**。120°导电型电压型三相桥式逆变电路的相电压为矩形波，线电压为阶梯波。

120°导电型电压型三相桥式逆变电路的优缺点如下。

优点：不需要留死区时间，有利于换流安全。

缺点：开关管的利用率较低，并且若电动机采用星形接法，则始终有一相绕组断开，在换流时该相绕组会引起较高的感应电势，需要采用过电压保护措施。

3.2.6　电压型逆变电路的特点

电压型逆变电路的特点如下。

（1）直流侧并联大电容，相当于电压源，直流电压基本无脉动。

（2）交流侧电压波形为矩形波，交流侧电流波形和相位因负载阻抗角的不同而不同。

（3）各逆变臂并联续流二极管，作用是给阻感负载提供续流通道。

（4）逆变电路从直流侧向交流侧传送的脉动功率来自直流电流的脉动。

3.3　电流型逆变电路

电流型逆变电路是指在输入的直流侧串联大电感以减小电流脉动，使得输入的直流电流基本无脉动，直流回路呈现高阻抗，输入相当于电流源（恒流源）。在电流型逆变电路中，采用半控型器件（晶闸管）进行控制的电路比较多，对于这种电路，要注意换流过程，换流的成功与否是电路能否进行正常工作的关键，就其换流方式而言，有负载换流和强迫换流之分。下文将结合电流型单相桥式逆变电路和电流型三相桥式逆变电路来讲解这两种换流方式。

3.3.1　电流型单相桥式逆变电路

1. 电路结构及储备知识

图 3-10（a）所示为电流型单相桥式并联谐振式逆变电路的电路结构。由 4 个晶闸管（通常采用快速晶闸管）构成的桥臂上均串联了一个小电抗器 L_T，L_T 用来限制晶闸管的电流上升率，另外 L_T 之间不存在互感。若使桥臂 1、桥臂 4 和桥臂 2、桥臂 3 以 1000～2500Hz 的中频轮流导通，则负载上能获得中频交流电。中频感应加热电炉的核心电路之一是电流型单相桥式逆变电路。

电流型单相桥式逆变电路

图 3-10（b）所示为电磁感应线圈，钢料放置在线圈中进行加热。在分析电路的工作原理时，可将电炉等效成 RL 串联电路。为了保证晶闸管可靠换流，采用**负载换流**方式，这要求负载电流超前负载电压，负载呈现容性阻抗。通过在负载两端并联补偿电容并进行过补偿，可以得到容性负载。

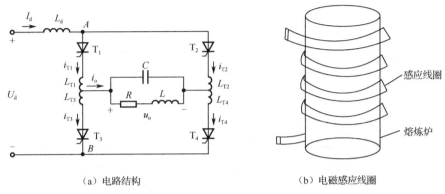

（a）电路结构　　　　　　　　　　　（b）电磁感应线圈

图 3-10　电流型单相桥式并联谐振式逆变电路

讨论：如何实现过补偿使得负载电路总体阻抗为容性阻抗？

答：图 3-11 所示为负载过补偿电路结构，图 3-12 所示为对应的分析过补偿的相量图。当 $\dot{I}_C$ 较小时（图 3-12 中的粗线），用平行四边形法则得到的端口电流 $\dot{I}$（图 3-12 中的粗线）滞后于端口电压 $\dot{U}$，电路负载呈现感性。当 $\dot{I}_C$ 较大时（图 3-12 中的细线），用平行四边形法则得到的端口电流 $\dot{I}$（图 3-12 中的细线）超前于端口电压 $\dot{U}$，电路负载呈现容性。由 $I_C = \omega CU$ 可知，在端口电压一定的情况下，C 越大，I_C 越大，据此可实现电路过补偿。

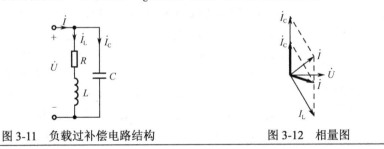

图 3-11　负载过补偿电路结构　　　　　图 3-12　相量图

另外，在并联补偿电容 C 时，需要让 RLC 构成**并联谐振**电路。由并联谐振特性曲线（见图 3-13）可知，当基波频率接近负载电路的谐振频率（$\omega_o = 1/\sqrt{LC}$）时，与基波频率有关的电压易通过，而谐波（非基波）频率（如 $2\omega_o$、$3\omega_o$ 等）的电压基本不通过。谐波在负载电路上产生的压降很小，可忽略不计，因此**负载电压波形接近正弦波**。

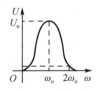

图 3-13　并联谐振特性曲线

值得一提的是，电路一旦谐振，端口负载的性质就为阻性，但由于该电路需要采用负载换流方式，电路必须呈现容性负载，因此负载电路总体工作在**容性小失谐**情况下。此电路称为电流型单相桥式并联谐振式逆变电路。

由于电流型逆变电路的输入端串入了大电感，因此交流**输出电流波形接近矩形波**，其中包含基波和各奇次谐波。

2. 工作原理

图 3-14 所示为电流型单相桥式并联谐振式逆变电路的电流通路，图 3-15 所示为电流型单相桥式并联谐振式逆变电路的波形。

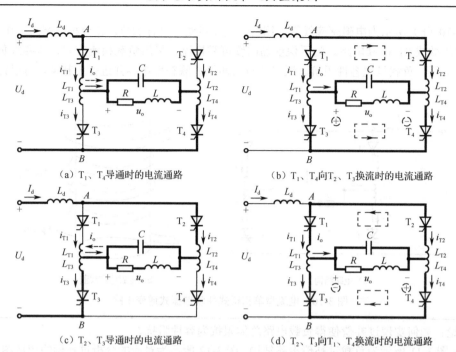

（a）T₁、T₄导通时的电流通路　　　　　　（b）T₁、T₄向T₂、T₃换流时的电流通路

（c）T₂、T₃导通时的电流通路　　　　　　（d）T₂、T₃向T₁、T₄换流时的电流通路

图 3-14　电流型单相桥式并联谐振式逆变电路的电流通路

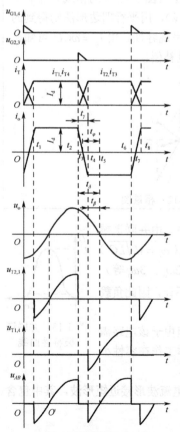

图 3-15　电流型单相桥式并联谐振式逆变电路的波形

在 $t_1 \sim t_2$ 期间，T_1、T_4 稳定导通，电流通路如图 3-14（a）所示，$i_o = i_{T1} = i_{T4} = I_d$，$I_d$ 近似为一条水平线，T_2、T_3 不导通，$i_{T2} = i_{T3} = 0$。此时负载上的电压 u_o 以 $\omega_o = 1/\sqrt{LC}$ 的频率输出正弦波，t_2 时刻电容 C 上建立的电压极性为左正右负，由于 T_1、T_4 导通，$u_{T1} = u_{T4} = 0$，输出电压 u_o 通过导通的 T_1、T_4 正向加在 T_2、T_3 的两端，$u_{T2} = u_{T3} = u_o$，若忽略小电抗器上的压降，则 $u_{AB} = u_o$。

在 t_2 时刻，触发 T_2、T_3，因在 t_2 时刻之前 T_2、T_3 的阳极电压等于负载正向电压，故 T_2、T_3 导通，电路开始进入**换流阶段**。此时，负载电压通过导通的 T_2、T_3 将反向电压加在 T_1、T_4 上，但由于每个晶闸管都串有换流小电抗器，故 T_1、T_4 此时不能立刻关断。在换流期间，4 个晶闸管同时导通，两条环路电流让电容 C 放电，电流通路如图 3-14（b）所示，其中一条电流通路是由电容 C 的左端，经 L_{T1}、T_1、T_2、L_{T2} 顺时针回到电容 C 的右端，另一条电流通路由电容 C 的左端，经 L_{T3}、T_3、T_4、L_{T4} 逆时针回到电容 C 的右端。T_1、T_4 中的电流由 I_d 指数减小至 0。T_2、T_3 中的电流由 0 指数增大至 I_d。直到 t_4 时刻，T_1、T_4 因电流减至零而关断，电流从 T_1、T_4 换到 T_2、T_3，换流阶段结束。在换流期间，虽然 4 个晶闸管都导通，但是由于时间短并且大电感 L_d 具有恒流作用，因此电源不会短路。由分析可知，$t_2 \sim t_4$ 期间为换流过程，**换流时间为 $t_\gamma = t_4 - t_2$**。

在换流过程中，负载电流 $i_o = i_{T1} - i_{T3}$，因此 i_o 在 t_3 时刻降为 0，在 t_4 时刻升为 $-I_d$。t_3 时刻，$i_{T1} = i_{T3}$，大致在 t_2 和 t_4 间的中点位置。

在 $t_2 \sim t_4$ 期间的换流过程中，由于 4 个晶闸管都导通 $u_{T1} = u_{T2} = u_{T3} = u_{T4} = u_{AB} = 0$，负载上的电压仍然以 $\omega_o = 1/\sqrt{LC}$ 的频率输出正弦波，由于负载为容性负载，电压的变化滞后于电流的变化，因此，t_3 时刻负载电流由正半周期变为负半周期时，电容 C 上的电压仍然是左正右负的正半周正弦电压。由于晶闸管在电流减小到零后，需要一段时间才能恢复正向阻断能力，只有完全恢复正向阻断能力，晶闸管才能可靠关断，否则晶闸管会重新导通，导致逆变失败。因此，在 t_4 时刻换相结束后，还要使 T_1、T_4 承受一段时间的反向电压到 t_5 时刻才能保证其可靠关断，则**晶闸管持续承受反向电压的时间为 $t_\beta = t_5 - t_4$**。晶闸管承受反向电压的时间为 $t_2 \sim t_5$，将此段时间定义为**触发引前时间**，$t_\delta = t_\gamma + t_\beta$。

这里还需要关注一个时间，**负载电流 i_o 超前负载电压 u_o 的时间 t_φ**：

$$t_\varphi = t_5 - t_3 = \frac{t_\gamma}{2} + t_\beta \tag{3-11}$$

将式（3-11）两端都乘以角频率 ω，将时域的时间换成频域的角度，即

$$\varphi = \frac{\gamma}{2} + \beta \tag{3-12}$$

式中，γ 为换流电角度；β 为晶闸管持续承受反向电压电角度；φ 为负载电流 i_o 超前负载电压 u_o 的电角度，**也是负载的阻抗角和功率因数角**。

$t_4 \sim t_6$ 期间是 T_2、T_3 稳定导通阶段，其电流通路如图 3-14（c）所示；$t_6 \sim t_8$ 期间是 T_2、T_3 向 T_1、T_4 换流的过程，其电流通路如图 3-14（d）所示。这两段过程和前面的分析类似，此处不再赘述。

3. 参数计算

若忽略换流过程，i_o 可近似成 $180°$ 脉宽的矩形波，进行傅里叶级数展开为

$$i_o = \frac{4I_d}{\pi}\left(\sin\omega t + \frac{1}{3}\sin3\omega t + \frac{1}{5}\sin5\omega t + \cdots\right) \tag{3-13}$$

基波有效值为

$$I_{o1} = \frac{2\sqrt{2}I_d}{\pi} \approx 0.9I_d \tag{3-14}$$

下面分析负载电压有效值 U_o 和直流输入电压 U_d 的关系。

在直流电源 U_d、电抗器 L_d 与 A、B 两点间形成的回路中有如下关系：

$$U_d = \frac{1}{T_S}\int_0^{T_S} u_{L_d}\mathrm{d}(\omega t) + \frac{1}{T_S}\int_0^{T_S} u_{AB}\mathrm{d}(\omega t) \tag{3-15}$$

电抗器 L_d 在一个周期内电压的平均值为零，并且在对 u_{AB} 进行一个周期的积分时，把坐标原点移动到 O'，则有

$$U_d = \frac{1}{\pi}\int_{-\beta}^{\pi-(\gamma+\beta)} u_{AB}\mathrm{d}(\omega t) \tag{3-16}$$

在式（3-16）的积分段中，u_{AB} 与 u_o 波形一致，则有

$$U_d = \frac{1}{\pi}\int_{-\beta}^{\pi-(\gamma+\beta)} \sqrt{2}U_o\sin\omega t\mathrm{d}(\omega t) = \frac{2\sqrt{2}U_o}{\pi}\cos\left(\beta + \frac{\gamma}{2}\right)\cos\frac{\gamma}{2} \tag{3-17}$$

在一般情况下，γ 值很小，$\cos(\gamma/2) \approx 1$，又由式（3-12）可知：

$$U_d = \frac{2\sqrt{2}U_o}{\pi}\cos\varphi \quad \text{或} \quad U_o = \frac{1.11U_d}{\cos\varphi} \tag{3-18}$$

4. 启示

在分析电流型逆变电路时，多次进行了近似分析。例如，认定负载电压波形近似正弦波，是

忽略了谐波在负载电路上产生的压降。又如，在分析工作原理时，为了便于分析，忽略了小电抗器L_T上的压降。再如，在推导输出电流公式时，忽略了换流过程。在一般情况下，这种近似是合理的。这启示我们在工程实践和科学研究中要善于抓住事物的主要矛盾，合理忽略次要因素。复杂事物本身包含着多种矛盾，每种矛盾对事物发展的影响及所处地位有重要/非重要、主/次之分，其中必有一种矛盾对事物发展起决定性作用，这种矛盾叫作主要矛盾。我们在解决问题时要明确重点和非重点，善于抓重点，集中力量解决主要矛盾，这样才能事半功倍。

3.3.2 电流型三相桥式逆变电路

1. 全控型电力电子器件控制的电流型三相桥式逆变电路

开关管为全控型电力电子器件的电流型三相桥式逆变电路的电路结构如图 3-16（a）所示，对应波形如图 3-16（b）所示。

该电路工作在120°导电方式下，控制方式与120°导电型电压型三相桥式逆变电路一样，每个桥臂导通120°，导通的组合顺序为$T_1T_2 \rightarrow T_2T_3 \rightarrow T_3T_4 \rightarrow T_4T_5 \rightarrow T_5T_6 \rightarrow T_6T_1$，每组开关管工作60°，电路中实现横向换流。

在图 3-16（b）的0°～60°期间，T_5T_6导通，电源电流I_d流过T_5，经过 W 相负载到负载中点 N 后经 V 相负载流出，经过T_6后回到电源，$i_U = 0$，$i_V = -I_d$，$i_W = I_d$。采用同样的思路分析其他5组，可得如图 3-16（b）所示的波形。在换流期间电动机绕组中的电流会迅速变化，因此在绕组漏感中会产生感应电动势，并叠加到原有电压上，基于此输出的近似正弦波的电压波形在换流时会出现尖峰电压（毛刺），在选择晶闸管耐压时需要考虑此因素。

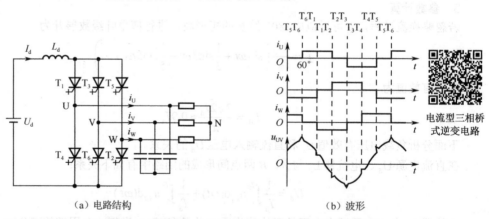

（a）电路结构　　　　　　　　（b）波形

图 3-16 开关管为全控型电力电子器件的电流型三相桥式逆变电路

输出电流波形是正负脉冲各120°的矩形波：

$$i_U = \frac{2\sqrt{3}I_d}{\pi}\left(\sin\omega t - \frac{1}{5}\sin 5\omega t - \frac{1}{7}\sin 7\omega t + \frac{1}{11}\sin 11\omega t + \frac{1}{13}\sin 13\omega t - \cdots\right) \quad (3\text{-}19)$$

输出交流电流的基波有效值i_{U1}和直流电流I_d的关系为

$$i_{U1} = \frac{\sqrt{6}I_d}{\pi} = 0.78I_d \quad (3\text{-}20)$$

2. 串联二极管式电流型三相桥式逆变电路

中、大功率交流电动机调速系统主要采用的是如图 3-17 所示的串联二极管式电流型三相桥式逆变电路。该电路使用的开关器件是半控型晶闸管，$T_1 \sim T_6$组成三相桥式逆变电路，晶闸管在进行换流时采用的方式是**强迫换流**，预关断的晶闸管上的反向电压来自电容（$C_1 \sim C_6$**换流电容**），

$D_1 \sim D_6$ 为隔离二极管（用于防止换流电容直接通过负载放电），负载为电动机（三相阻感负载）。该逆变电路是 $120°$ 导电型，与如图 3-16（a）所示电路的工作方式一致，导通的晶闸管组合顺序为 $T_1T_2 \rightarrow T_2T_3 \rightarrow T_3T_4 \rightarrow T_4T_5 \rightarrow T_5T_6 \rightarrow T_6T_1$。当电动机正转时晶闸管的导通顺序为 $T_1 \rightarrow T_2 \rightarrow T_3 \rightarrow T_4 \rightarrow T_5 \rightarrow T_6$，触发脉冲间隔为 $60°$，每个晶闸管导通 $120°$。

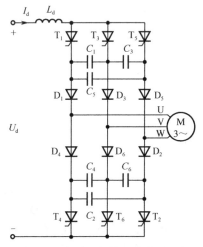

图 3-17 串联二极管式电流型三相桥式逆变电路

该电路在稳态工作时，换流电容 $C_1 \sim C_6$ 和隔离二极管 $D_1 \sim D_6$ 不起作用，相当于电路中没有换流电容和隔离二极管，图 3-17 简化成图 3-16（a）。串联二极管式电流型三相桥式逆变电路稳态工作时的波形和图 3-16（b）一致。

这里重点讲述 T_1T_2 组别换流到 T_2T_3 组别的暂态换流过程。由于 T_2 一直导通，因此主要分析 T_1 如何换流到 T_3。串联二极管式电流型三相桥式逆变器换流通路如图 3-18 所示，具体分析如下。

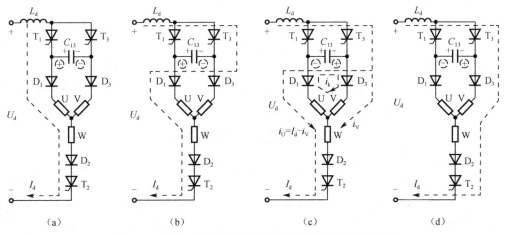

图 3-18 串联二极管式电流型三相桥式逆变器换流通路

（1）准备工作。

判断等效电容 C_{13} 的极性：对共阳极晶闸管来说，电容与导通晶闸管相连的一端的极性为正，另一端极性为负，不与导通晶闸管相连的另一电容的电压为零。共阴极晶闸管与共阳极晶闸管情况类似，只是电容电压极性相反。

确定等效电容 C_{13} 的大小：C_{13} 就是 C_3 与 C_5 串联后再与 C_1 并联的等效电容。设 $C_1 \sim C_6$ 的电容量均为 C，则 $C_{13} = 3C/2$。

（2）换流前稳态。

T_1、T_2 导通，电流通路如图 3-18（a）所示。等效电容 C_{13} 的极性为左正右负。

（3）晶闸管换流（恒流放电）。

当给 T_3 发送触发脉冲时，由于触发前等效电容 C_{13} 正极通过导通的 T_1 加在 T_3 的阳极，T_3 承受正向电压等待触发，T_3 一旦被触发就立即导通。T_3 导通后，等效电容 C_{13} 将负极通过导通的 T_3 加在 T_1 的阳极，T_1 承受反向电压立即截止，实现了晶闸管的换流。又由于电容在换路时刻两端电压不能突变，二极管 D_3 承受来自等效电容 C_{13} 的反向电压处在截止状态，因此电流通路如图 3-18（b）所示。由于输入侧有大电感 L_d，回路电流恒定不变，电源对电容恒流正向放电，波形如图 3-19

的 $t_1 \sim t_2$ 段，即电流恒定不变，但电容上的电压降低（放电），这个状态一直维持到电容上的电压降为零，即 t_2 时刻。

（4）二极管换流。

t_2 时刻之后，等效电容 C_{13} 变为左负右正，电容反向充电，D_3 承受来自电容 C_{13} 的正向电压而导通。又由于电动机漏感的作用，绕组中的电流 i_U 和 i_V 不能突变，因此出现 D_1 和 D_3 同时导通的状态，有一环流 i_k 顺时针流过 V 相，逆时针流过 U 相（i_k 环流通路为 C_{13} 右端→D_3→V 相负载→U 相负载→D_1→C_{13} 左端），使得 V 相电流从零指数上升到 I_d，而 U 相电流从 I_d 下降到零，且满足 $i_U + i_V = I_d$，电流通路如图 3-18（c）所示，波形如图 3-19 中的 $t_2 \sim t_3$ 段。

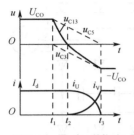

图 3-19　T_1 向 T_3 换流过程波形

（5）换流后稳态。

D_1 中的电流（U 相电流）在 t_3 时刻降为零，自然关断，此时等效电容 C_{13} 的充电电压为右正左负的最大值，为下一次换流做准备，二极管换流结束，此时换流为 T_2、T_3 导通，电流通路如图 3-18（d）所示。

3.3.3　电流型逆变电路的特点

电流型逆变电路的特点如下。

（1）直流侧串联大电感，相当于电流源，直流侧电流基本无脉动。

（2）交流侧输出的电流为矩形波，交流侧电压波形因负载阻抗角的不同而不同。

（3）直流侧电感起缓冲无功能量的作用，不需要为开关管反向并联二极管，电路结构较简单。

（4）逆变电路从直流侧向交流侧传送的脉动功率来自直流电压的脉动。

3.4　逆变电路的消谐

电压型逆变电路输出的电压是矩形波，电流型逆变电路输出的电流是矩形波。矩形波中含有较多谐波，不利于负载运行，而单一的正弦波不含谐波，为了减少矩形波中的谐波，可采用多重逆变电路和多电平逆变电路。多重逆变电路是由几个结构相同的逆变电路构成的，它们输出频率相同、相位错开一定角度的矩形波，将这些矩形波叠加，获得接近正弦的阶梯形波，从而达到减小谐波的目的。多电平逆变电路通过改变电路结构，使含较多种电平的输出电压向正弦波靠近，从而达到减小谐波的目的。下面重点介绍单相电压型二重逆变电路。

逆变电路中的消谐问题

3.4.1　单相电压型二重逆变电路

图 3-20（a）所示为单相电压型二重逆变电路的电路结构，该电路由两个电压型单相全桥逆变电路构成，这两个电压型单相全桥逆变电路输出的电压波形均为 180°脉宽的矩形波。逆变器 I 的控制信号与逆变器 II 的控制信号的相位错开了 60°，这导致两路输出的矩形波也相差 60°，最终输出是通过变压器 Tr_1 和 Tr_2 串联后送出的，即 $u_o = u_1 + u_2$。图 3-20（b）所示的电压波形中给出了 3 次谐波的波形，u_1 和 u_2 的相位错开了 60°，u_1 和 u_2 中的 3 次谐波错开了 $3 \times 60° = 180°$。当 u_1 的 3 次谐波在正半周期时，u_2 的 3 次谐波则正好处于负半周期，因此通过串联变压器将输出电压 u_1 和 u_2 相加后，两者所含的 3 次谐波互相抵消，总输出电压不含 3 次谐波，从而达到了消谐的目的。

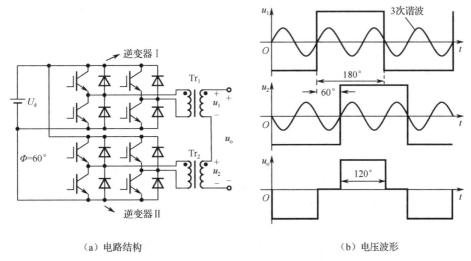

（a）电路结构　　　　　　　　　　　　　　　（b）电压波形

图 3-20　单相电压型二重逆变电路

3.4.2　其他多重逆变电路和多电平逆变电路

表 3-3 针对三相电压型二重逆变电路、电流型逆变的三重化、多电平逆变电路进行了介绍。

表 3-3　其他多重逆变电路和多电平逆变电路

名　　称	三相电压型二重逆变电路	电流型逆变的三重化	多电平逆变电路
具体 内容			

3.5　SPWM 逆变电路

前述的电压型逆变电路的输出电压是方波交流电压，输出电压除基波外还含有各种谐波。可以采用多重化、多电平电路消除部分谐波，也可以利用 LC 滤波器消除谐波。但是在开关频率较低时，L、C 的值要足够大才能起到消除谐波的效果，此时 LC 滤波器的体积也较大，不利于装置的集成。本节学习的 PWM 技术可以很好地克服以上缺点。

3.5.1　SPWM 基本原理

1．PWM 简介

在采样控制理论中有一个重要的结论：冲量相等而形状不同的窄脉冲加在惯性环节上时，其效果基本相同。其中，冲量相等是指窄脉冲的面积相等。如图 3-21 所示，这些窄脉冲的面积（冲量）都等于 1，将它们作为输入电压 $u(t)$ 分别加在如图 3-22（a）所示的一阶 RL 惯性电路上，会得到如图 3-22（b）所示的输出电流 $i(t)$ 的波形，这些波形在 $i(t)$ 的上升段略有不同，但在下降段几乎完全相同，即其输出响应基本相同。波形脉冲越窄，各输出电流 $i(t)$ 的波形的差异越小。若对各输出波形用傅里叶变换进行分析，会发现其低频段非常接近，仅在高频段略有差异。

SPWM 基本原理

因此，基本上各种波形都可以用窄脉冲列来代替，只要面积相等即可，此为**面积等效原理**，是 PWM 技术的重要理论基础。

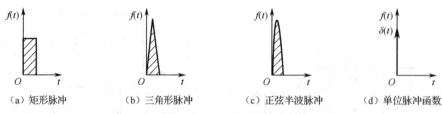

（a）矩形脉冲　　　（b）三角形脉冲　　　（c）正弦半波脉冲　　　（d）单位脉冲函数

图 3-21　形状不同而冲量相同的各种窄脉冲

2. SPWM 波的面积等效

单一频率的正弦波不含谐波，希望逆变电路的最终输出得到正弦波。下面将分析如何用一系列等幅不等宽的脉冲列来代替一个正弦波的正半周期，用一系列等幅不等宽的脉冲列来代替一个正弦波的负半周期的方法与此相同。

把图 3-23 中的正弦波的正半周期分成等宽的 N 份，每一份的面积都与对应位置的脉冲面积相等，N 份正弦波的正半周期对应 N 份脉冲列，脉冲的中点和相应正弦波部分的中点重合，并且使脉冲列的幅值相等，此时得到的脉冲列**宽度按正弦规律变化**。宽度按正弦规律变化且和正弦波等效的 PWM 波形称为 **SPWM（Sinusoidal PWM，正弦脉冲宽度调制）波形**。

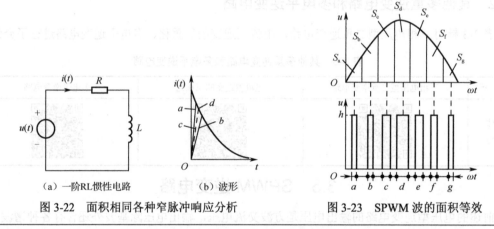

（a）一阶 RL 惯性电路　　　（b）波形

图 3-22　面积相同各种窄脉冲响应分析　　　　图 3-23　SPWM 波的面积等效

> **讨论**：为什么采用 SPWM 波的面积等效方法得到的脉冲列宽度按正弦规律变化？
> **答**：每个脉冲与相应的正弦波的面积相等，即
> $$S_a : S_b : S_c : \cdots = ah : bh : ch : \cdots$$
> 去掉 h 后，$S_a : S_b : S_c : \cdots = a : b : c : \cdots$，即每份正弦波面积比等于脉冲的宽度比。

若想改变等效输出正弦波的幅值，按照同一比例系数改变上述脉冲宽度即可。

3.5.2　计算法与调制法

计算法指根据正弦波频率、幅值和半周期脉冲数准确计算 PWM 波中各脉冲的宽度和间隔，按照计算结果来控制逆变电路中各开关管的通断得到需要的 PWM 波形。由此可见计算法很烦琐，当需要输出的正弦波的频率、幅值或相位变化时，结果会发生变化，计算量相当大，一般不推荐使用。

计算法与调制法

调制法指把希望输出的波形作为调制信号，把接受调制的信号作为载波信号，在调制信号和载波信号的交点控制开关管的通断，得到需要的 PWM 波形。在逆变电路中，调制信号为正弦波，载波信号为等腰三角波或锯齿波，其中等腰三角波应用得最多。调制法可以得到宽度正比于信号波幅值的脉冲，此时 PWM 的脉冲宽度包含正弦信息，也就是 SPMW 波。

图 3-24 示意了部分载波信号和调制信号进行调制的情况，此时调制信号和载波信号在 A 点、B 点、C 点、D 点（空心圆点标识）相交，控制开关管的通断，得到脉宽分别为 δ_1 和 δ_2 的脉冲。现从三角波的顶点 E、F 向调制信号波做垂线，垂点为 G 点、H 点（实心圆点标识），再通过 G 点、H 点做水平线，与载波信号交于 M 点、N 点、S 点、T 点（用×标识），得到两个相似三角形，即三角形 MNE 和三角形 STF。MN、ST 为两个相似三角形的底，EG、FH 为两个相似三角形的高。根据相似三角形性质可知，高之比等

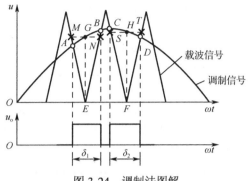

图 3-24 调制法图解

于底之比，即 $MN:ST=EG:FH$。由于两个高就是调制信号正弦波的高度，因此两个底包含了正弦信息。又由于两个底 MN、ST 与脉宽 δ_1、δ_2 近似相等，因此脉宽 δ_1、δ_2 包含了正弦信息，调制法得到的是 SPWM 波。

3.5.3 单相桥式单极性 SPWM 逆变电路

图 3-25（a）所示为单相桥式单极性 SPWM 逆变电路的电路结构，图 3-25（b）所示为单极性 SPWM 控制方式对应波形。单极性控制方式是指在正弦波半个周期内三角波只在正极性或负极性一种极性范围内变化，所得 SPWM 波也只在正极性或负极性范围内变化的控制方式。图 3-25 中的载波信号 u_c 在调制信号 u_r 的正半周期时为正极性的三角波，在调制信号 u_r 的负半周期时为负极性的三角波，调制信号 u_r 和载波信号 u_c 相交点对应时刻控制 T_3 和 T_4 的通断，负载为阻感负载，其工作原理如下。

单相桥式单极性 SPWM 逆变电路

在 u_r 的正半周期，T_1 保持导通，T_2 保持关断，T_3 和 T_4 进行交替通断。由于负载为阻感负载，电流比电压滞后，因此在电压正半周期，有一段区间 $i_o>0$，一段区间 $i_o<0$。

$i_o>0$：当 $u_r>u_c$ 时，T_3 关断，T_4 触发导通，电流从 T_1 和 T_4 流过，电流通路如图 3-3（c）所示，负载电压 $u_o=U_d$；当 $u_r \leqslant u_c$ 时，T_4 关断，T_3 触发，由于负载为阻感负载，电流不能突变，因此 T_3 不可通，i_o 流过 T_1 并通过 D_3 续流，电流通路如图 3-5（a）所示，负载电压 $u_o=0$。

$i_o<0$：当 $u_r>u_c$ 时，T_3 关断，T_4 触发，由于开关管中不能流过反向电流，因此电流从 D_1 和 D_4 流过，电流通路如图 3-3（f）所示，负载电压 $u_o=U_d$；当 $u_r \leqslant u_c$ 时，T_4 关断，T_3 触发，电流从 T_3 和 D_1 流过，电流通路如图 3-26（a）所示，负载电压 $u_o=0$。

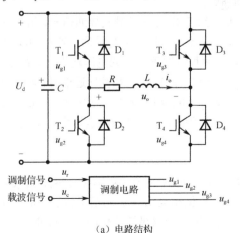

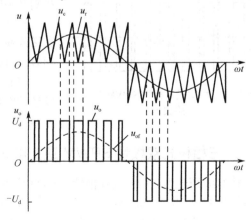

（a）电路结构　　　　　　　　　　　　　（b）单极性 SPWM 控制方式对应波形

图 3-25 单相桥式单极性 SPWM 逆变电路

在 u_r 的负半周期，T_2 保持导通，T_1 保持关断，同理 T_3 和 T_4 进行交替通断，仍有一段区间 $i_o > 0$，一段区间 $i_o < 0$。

$i_o < 0$：当 $u_r \leqslant u_c$ 时，T_4 关断，T_3 触发导通，电流从 T_2 和 T_3 流过，电流通路如图 3-3（e）所示，负载电压 $u_o = -U_d$；当 $u_r > u_c$ 时，T_3 关断，T_4 触发，由于负载为阻感负载，电流不能突变，因此 T_4 不可导通，i_o 流过 T_2 并通过 D_4 续流，电流通路如图 3-5（b）所示，负载电压 $u_o = 0$。

$i_o > 0$：当 $u_r \leqslant u_c$ 时，T_4 关断，T_3 触发，由于开关管中不能流过反向电流，因此电流从 D_2 和 D_3 流过，电流通路如图 3-3（d）所示，负载电压 $u_o = -U_d$；当 $u_r > u_c$ 时，T_3 关断，T_4 触发导通，电流从 T_4 和 D_2 流过，电流通路如图 3-26（b）所示，负载电压 $u_o = 0$。

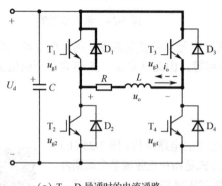

（a）T_3、D_1 导通时的电流通路　　　　（b）T_4、D_2 导通时的电流通路

图 3-26　单相桥式单极性 SPWM 逆变电路电流通路

另外，在需要改变逆变器输出电压的基波幅值时，改变调制信号 u_r 的幅值即可；在需要改变输出电压的频率时，改变调制信号 u_r 的频率即可。

单相桥式双极性
SPWM 逆变电路

3.5.4　单相桥式双极性 SPWM 逆变电路

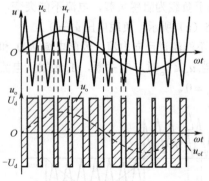

图 3-27　单相桥式双极性 SPWM 逆变电路波形

双极性 SPWM 控制方式是指在正弦波的半个周期内，三角波有正有负，所得 SPWM 波也有正有负，即在调制信号 u_r 的一个周期内，SPWM 波只有 $\pm U_d$ 两种电平，如图 3-27 所示。单相桥式双极性 SPWM 逆变电路继续采用如图 3-25（a）所示的电路。在调制信号 u_r 和载波信号 u_c 相交点对应时刻控制开关管的通断。

当 $u_r > u_c$ 时，给 T_1 和 T_4 发送触发导通信号，给 T_2 和 T_3 发送关断信号，若 $i_o > 0$，则 T_1 和 T_4 导通；若 $i_o < 0$，则 D_1 和 D_4 导通；在这两种情况下，负载电压均为 $u_o = U_d$；

当 $u_r < u_c$ 时，给 T_2 和 T_3 发送触发导通信号，给 T_1 和 T_4 发送关断信号，若 $i_o < 0$，则 T_2 和 T_3 导通；若 $i_o > 0$，则 D_2 和 D_3 导通；在这两种情况下，负载电压均为 $u_o = -U_d$。

3.5.5　三相桥式双极性 SPWM 逆变电路

图 3-28 所示为三相桥式双极性 SPWM 逆变电路，图 3-29 所示为三相桥式双极性 SPWM 逆变电路波形。U 相、V 相、W 相开关管的控制方法相同，相位相差 120°。三相调制信号 u_{rU}、u_{rV}、u_{rW} 为相位依次相差 120° 的正弦波，三相载波信号 u_c 是共用一个双极性变化的三角形波。二极管 $D_1 \sim D_6$ 的作用是为阻感负载换流过程续流。

以 U 相为例进行介绍。当 $u_{rU} > u_c$ 时，给 T_1 发送导通信号，T_4 关断，U 相输出电压相对直流电源中性点 N' 的电压为 $u_{UN'} = U_d/2$。当 $u_{rU} > u_c$ 时，关断 T_1，给 T_4 发送导通信号，$u_{UN'} = -U_d/2$，得到图 3-29 中的 $u_{UN'}$ 波形，依次错开 120° 可得到 $u_{VN'}$、$u_{WN'}$ 波形。负载上的线电压 u_{UV} 的波形可通过：

$$u_{UV} = u_{UN'} - u_{VN'} \tag{3-21}$$

得到。负载上的相电压 u_{UN} 波形，可根据：

$$\begin{cases} u_{UN} = u_{UN'} - u_{NN'} \\ u_{VN} = u_{VN'} - u_{NN'} \\ u_{WN} = u_{WN'} - u_{NN'} \end{cases} \tag{3-22}$$

得到。

$$u_{NN'} = \frac{1}{3}(u_{UN'} + u_{VN'} + u_{WN'}) - \frac{1}{3}(u_{UN} + u_{VN} + u_{WN}) = \frac{1}{3}(u_{UN'} + u_{VN'} + u_{WN'}) \tag{3-23}$$

将式（3-23）代入式（3-21），得

$$u_{UN} = u_{UN'} - u_{NN'} = u_{UN'} - (u_{UN'} + u_{VN'} + u_{WN'})/3 \tag{3-24}$$

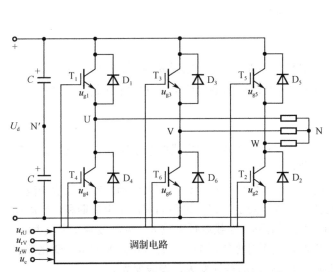

图 3-28　三相桥式双极性 SPWM 逆变电路

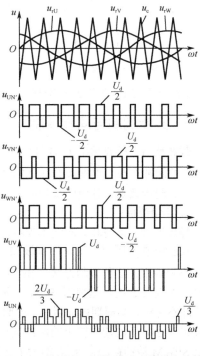

图 3-29　三相桥式双极性 SPWM 逆变电路波形

该电路为了防止上下两个桥臂同时导通造成短路，与 180° 导电型电压型三相桥式逆变电路一样，需要采用**先断后通**的控制方式，即在给一个桥臂施加关断信号后，需要延迟 Δt 时间（此时间的长短取决于开关管的关断时间），再给另一个桥臂施加导通信号。这样做的缺点是输出波形偏离正弦波，引入少量谐波。

3.5.6　SPWM 逆变电路的优点

SPWM 逆变电路的优点如下。

（1）输出电压或电流波形接近正弦波，减少了谐波分量，满足了负载需求。

（2）直流电压可由二极管整流电路获得，若有数台装置，可由同一台不可控整流器输出为直流公共母线供电。交流电网的输入功率因数约等于 1，且与逆变器输出电压的大小和频率无关。

（3）在需要改变逆变器输出电压的基波幅值时，改变输出脉冲的宽度即可；在需要改变逆变器输出电压的频率时，改变开关管的切换频率即可。改变速度的快慢取决于控制回路，与直流回路的滤波参数无关。

3.5.7　特定谐波消去法

对于 SPWM 波，虽然没有低次谐波，但含有和开关频率相关的高次谐波，可通过特定谐波消去法滤除一部分谐波。对于如图 3-30 所示的输出电压波形，在它的半周期内开关管通、断各 3 次（不包括 0 时刻和 π 时刻），共 6 个开关时刻可控。此时通过输出波形的某些固定相位，可消除高次谐波中的偶次谐波和高次谐波中的余弦项。

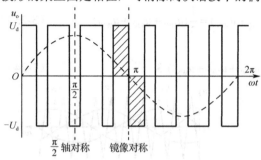

图 3-30　采用特定谐波消去法输出的 SPWM 波形

（1）为了消除高次谐波中的偶次谐波，应使输出波形正半周期和负半周期做到**镜像**对称。如图 3-30 所示，将 0～π 的波形绕 π 点旋转180°后与 π～2π 的波形重合，就是镜像对称。

（2）为了消除高次谐波中的余弦项，应使输出波形在正半周期内前后的 1/4 周期以 π/2 为轴线做到轴线对称。如图 3-30 所示，将 0～π/2 的波形和 π/2～π 波形以 π/2 为轴线对折后重合，就是**轴线对称**。

3.5.8　异步调制与同步调制

载波比 N：载波频率 f_c 与调制波频率 f_r 之比，即 $N = f_c/f_r$。它反映的是调制信号在一个周期内输出的脉冲个数。根据载波和调制波是否同步及载波比的变化情况，SPWM 调制方式可分为异步调制、同步调制、分段同步调制。

1. 异步调制

异步调制：载波和调制波不保持同步的调制方式。这种调制方式的载波比 N 是变化的，一般保持载波频率 f_c 固定不变，调制波频率 f_r 变化。

不利因素：这种调制方式存在不必要的谐波，不能使用特定谐波消去法消除部分高次谐波。载波比 N 是变化的，这使得 SPWM 波的脉冲个数不固定，相位也不固定，正半周期和负半周期的脉冲不对称，半周期内前后 1/4 周期的脉冲也不对称。当载波频率较大，调制波频率也较大时，载波比 N 小，一周期内输出的脉冲数少，SPWM 波不对称的影响大，有时调制波的微小变化都会带来 SPWM 波的跳动，使得输出的 SPWM 波和正弦波的差异变大，谐波变大。

解决方案：当载波频率比较大时，降低调制波频率，让一周期内输出的脉冲数增多，这样正半周期和负半周期脉冲不对称及半周期内前后 1/4 周期脉冲不对称产生的不利影响将较小，SPWM 波形接近正弦波，从而减小谐波。因此，**在采用异步调制方式时，为了保证较大的载波比，希望采用较高的载波频率，这样即使调制波频率较高，也能有足够大的载波比把谐波控制在小范围内**。

2. 同步调制

同步调制：载波频率和调制波频率保持同步，即载波比 N 等于常数的调制方式。为了保持载波比 N 不变，当调制波频率变化时，载波频率也相应变化。因此输出的脉冲数是固定的，脉冲相位也是固定的，可以使用特定谐波消去法消除部分高次谐波。

图 3-31 所示为三相 SPWM 逆变电路控制波形图，通常共用一个三角波载波，可取载波比 N 为 3 的整数倍，如 $N = 9$。从 $u_{UN'}$ 的波形中可以看出，其 SPWM 波做到了正半周期和负半周期镜像对称和半周期内前后 1/4 周期关于 π/2 轴对称，利用特定谐波消去法消除了高次谐波中的偶次项和

高次谐波中的余弦项。

不利因素：①当逆变电路输出频率很高时，载波频率也很高，过高的载波频率会使开关管损坏或误动作。②当逆变电路输出频率很低时，载波频率也很低；当载波频率过低时，谐波不易滤除。

3．分段同步调制

结合异步调制和同步调制的优点，对 SPWM 逆变电路的控制可采用分段同步调制。分段同步调制即把逆变电路的输出频率划分成若干频段，每个频段内载波比保持恒定，但频段与频段间的载波比不同，如图 3-32 所示。在输出频率低的频段采用较高的载波比，以使谐波不因载波频率过低而不易滤除。在输出频率高的频段采用较低的载波比，以使开关管不因载波频率过高而损坏。一般各频段的载波比取 3 的整数倍且为奇数为宜。

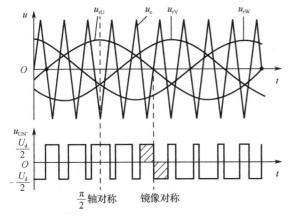

图 3-31　三相 SPWM 逆变电路控制波形图

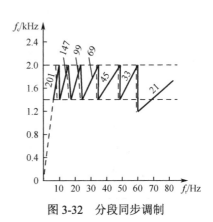

图 3-32　分段同步调制

3.5.9　SPWM 控制电路

SPWM 控制电路一般可通过模拟电路、专用集成芯片、单片机编程来实现。表 3-4 针对模拟电路和专用集成芯片介绍了 SPWM 控制电路。

表 3-4　SPWM 控制电路

名　　称	由模拟电路进行 SPWM 控制	由专用集成芯片进行 SPWM 控制
具体内容		

3.6　实　训　提　高

实训 1　三相电压型逆变电路仿真实践

一、实训目的

1．学会使用 MATLAB 进行三相电压型逆变电路模型的搭建和仿真。

2．通过对三相电压型逆变电路的仿真掌握该电路的波形，并能通过仿真进行故障分析。

二、实训内容

1．180°导电型电压型三相桥式逆变电路带电阻负载的仿真。

2．180°导电型电压型三相桥式逆变电路带阻感负载的仿真。

3．对 180°导电型电压型三相桥式逆变电路进行故障分析。

三、实训步骤

（1）在 MATLAB 界面中找到 SIMULINK（快捷图标为 ）并打开，创建一个空白的 SIMULINK 仿真文件，并打开 Library Browser。用 SIMULINK 搭建 180°导电型电压型三相桥式逆变电路的仿真电路图，记录搭建模型图及仿真模型图的过程。

三相电压型逆变电路 MATLAB 仿真

① 建模：根据表 3-5 中的模块名称，在搜索框中搜索需要的模块，并将它放置在文档合适的位置，用导线连接形成建模图，如图 3-33 所示。

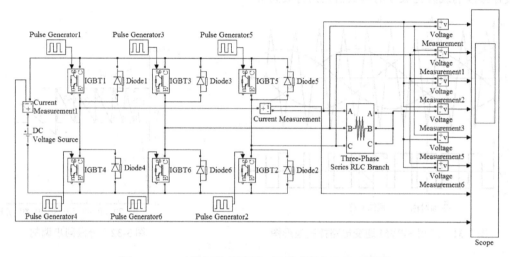

图 3-33　180°导电型电压型三相桥式逆变电路建模图

表 3-5　主要模块和作用

模块名称	模块外形	作　用
DC Voltage Source（直流电压模块）		提供直流电压
IGBT（绝缘栅双极型晶体管模块）		作为全控型开关器件
Diode（二极管模块）		作为单向导通器件
Three-Phase Series RLC Branch（三相负载模块）		三相电路所带负载
Pulse Generator		产生脉冲信号，控制开关管的通断
Voltage Measurement		检测电压的大小
Current Measurement		测量回路中的电流大小
Scope		观察输入信号、输出信号的仿真波形

注意：不同版本的 MATLAB 的模块所在的组别不同，寻找路径也不同，但是模块名称和模块外形相同，通过搜索寻找模块最便捷。在放置模块时通过 Ctrl+R 组合键旋转模块。有的版本的 MATLAB 的 Series RLC Branch 的外形会根据所选负载性质的改变而改变。

② 模块参数设置：双击相关模块，根据表 3-6 修改模块的参数。另外，不同版本的 MATLAB 的参数设置界面不同，可根据具体情况进行设置。

表 3-6　主要模块的参数设置

模 块 名 称	参 数 设 置
DC Voltage Source	将 Amplitude 设置为 100
IGBT	默认值
Diode	默认值
Three-Phase Series RLC Branch	将 Branch type 设置为 R，将 Resistance 设置为 10，将 Inductance 设置为 0，将 Capacitance 设置为 inf
Pulse Generator	将 Amplitude 设置为 1，将 Period 设置为 $1/50$，将 Pulse delay 设置为 50（注意 180°导电型设置）
	将 Pulse Generator1 的 Phase delay 设置为 $0/(360*50)$
	将 Pulse Generator2 的 Phase delay 设置为 $60/(360*50)$
	将 Pulse Generator3 的 Phase delay 设置为 $120/(360*50)$
	将 Pulse Generator4 的 Phase delay 设置为 $180/(360*50)$
	将 Pulse Generator5 的 Phase delay 设置为 $240/(360*50)$
	将 Pulse Generator6 的 Phase delay 设置为 $300/(360*50)$
Voltage Measurement	默认值
Current Measurement	默认值
Scope	将 Number of axes 设置为 8

③ 系统环境参数设置：在 Simulation 菜单中选择 Simulation Parameters 命令进行仿真参数设置。在 Simulation Parameters...对话框中设置仿真时间，将 Start time 设置为 0，将 Stop time 设置为 0.08，将 Solver 设置为 ode23tb。

注意：有的版本的 MATLAB 在将 Solver 设为 ode23tb 时会出错。若出错，则可以将其设为 auto。

④ 运行：在 Simulation 菜单中选择 Start 命令，或者单击快捷运行图标 ▶，对建好的模型进行仿真。

注意：有的版本的 MATLAB 在运行时会自动形成 powergui，若不能自行生成，可在运行前搜索 powergui 模块，并将它拖到建模图内。

（2）在电阻为 10Ω 的情况下，观察相关波形并记录波形于表 3-7 中。

表 3-7　180°导电型电压型三相桥式逆变电路带电阻负载时的仿真波形记录表

波　　形

注意：若需要对波形进行编辑，则可在 MATLAB 的命令行窗口中输入如下代码。

```
set(0,'ShowHiddenHandles','on');set(gcf,'menubar','figure');
```

运行上述代码可以打开示波器的编辑窗口，在此窗口中可对波形的线型、坐标轴、标题、颜色、标注等进行设置。

（3）将负载改为阻感负载（电阻为 10Ω，电感为 0.01H），观察输出波形并记录波形于表 3-8 中。

表 3-8　180°导电型电压型三相桥式逆变电路带阻感负载时的仿真波形记录表

波　　　　形
结论：电感的加入对_____波形有影响

注意：当开关管换路时，若有冲击电压或电流，可将 Pulse Generator 的 Pulse delay 改为 49.5，保证开关管先断后通。负载为阻感负载的设置方式为将 Three-Phase Series RLC Branch 的 Branch type 选为 RL，将 Resistance 和 Inductance 设为对应值。

（4）某个开关管损坏后，或者某相电源消失后，观察输出波形的变化，记录波形于表 3-9 和表 3-10 中，并分析原因。

表 3-9　开关管故障分析记录表

项　　目	_____管损坏
建模图	
波形	
原因分析	

表 3-10　电源故障分析记录表

项　　目	_____相电源缺失
建模图	

续表

项　目	_____相电源缺失
波形	
原因分析	

四、实训错误分析

在表 3-11 中记录本次实训中遇见的问题与解决方案。

表 3-11　问题与解决方案

问　题	解 决 方 案
1.	
2.	
……	

五、思考题

如果进行 120°导电型电压型三相桥式逆变电路的仿真，应怎样修改电路？分析搭建模型，并记录波形（以电阻负载为例）于表 3-12 中。

表 3-12　思考题建模分析记录表

项　目	结　论
脉冲设置	
建模图	
输出波形图	

实训 2　单相桥式 SPWM 逆变电路仿真实践

一、实训目的

1. 学会使用 MATLAB 进行单相桥式 SPWM 逆变电路模型的搭建和仿真。

2. 通过对单相桥式 SPWM 逆变电路进行仿真掌握该电路的波形调制方法。

二、实训内容

1. 单相桥式单极性 SPWM 逆变电路的仿真。

2. 单相桥式双极性 SPWM 逆变电路的仿真。

三、实训步骤

（1）在 MATLAB 界面中找到 SIMULINK（快捷图标为 ▦ ）并打开，创建一个空白的 SIMULINK 仿真文件，并打开 Library Browser。用 SIMULINK 搭建单相桥式单极性 SPWM 逆变电路仿真主电路图和调制电路图，记录搭建模型图及仿真模型图的过程。

① 建模：根据表 3-13 中的模块名称，在搜索框中搜索需要的模块，并将它放置在文档合适的位置，用导线连接形成建模图，如图 3-34 所示。

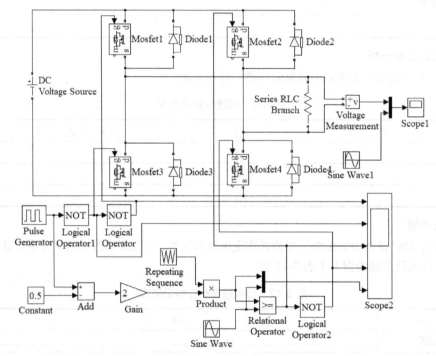

图 3-34 单相桥式单极性 SPWM 逆变电路建模图

表 3-13 主要模块和作用

模 块 名 称	模 块 外 形	作　　用
DC Voltage Source		提供直流电压
Mosfet（电力 MOS 模块）		作为全控型开关器件
Diode		作为单向导通器件
Series RLC Branch		电路所带的串联负载
Voltage Measurement		检测电压的大小
Scope		观察输入信号、输出信号的仿真波形
Sine wave（正弦波发生器模块）		提供正弦波信号

续表

模 块 名 称	模 块 外 形	作 用
Pulse Generator		产生脉冲信号
Logical Operator（逻辑运算模块）	AND	进行与、或、非、异或、同或等逻辑运算
Constant	1	用于设置常数
Add（加减法运算模块）	+ +	用于加减法运算
Gain（增益模块）	1	用于设置增益
Repeating Sequence（重复序列模块）		用于设置重复的波形，如三角波等
Product（乘法模块）	×	进行乘法运算
Relational Operator（关系运算模块）	<=	进行大于、小于、不等于等关系运算
Mux（信号多路汇总模块）		将多路信号汇总成总线信号输出

注意：不同版本的 MATLAB 的模块所在的组别不同，寻找路径也不同，但是模块名称和外形相同，通过搜索寻找模块最便捷。在放置模块时通过 Ctrl+R 组合键旋转模块。有的版本的 MATLAB 的 Series RLC Branch 的外形会根据所选负载性质的改变而改变。

② 模块参数设置：双击相关模块，根据表 3-14 修改模块的参数。另外，不同版本 MATLAB 的参数设置界面不同，应根据具体情况进行设置。

表 3-14 主要模块的参数设置

模 块 名 称	参 数 设 置
DC Voltage Source	将 Amplitude 设置为 100
Mosfet	默认值
Diode	默认值
Series RLC Branch	将 Branch type 设置为 R，将 Resistance 设置为 100，将 Inductance 设置为 0，将 Capacitance 设置为 inf
Voltage Measurement	将默认值
Scope	将 Scope1 的 Number of axes 设置为 1
	将 Scope2 的 Number of axes 设置为 5
Sine wave	将 Sine wave 的 Amplitude 设置为 1，将 Frequency 设置为 2*pi*50
	将 Sine wave1 的 Amplitude 设置为 100，将 Frequency 设置为 2*pi*50
Pulse Generator	将 Amplitude 设置为 1，将 Period 设置为 1/50，将 Pulse Width 设置为 50
Logical Operator	将 Operator 设置为 NOT
Constant	将 Constant value 设置为 0.5
Add	将关系运算符（Relational Operator）设置为+-

模 块 名 称	参 数 设 置
Gain	将 Gain 设置为 2
Repeating Sequence	将横轴的 Time values 设置为[0　1/1500　1/7500] 将纵轴的 Output values 设置为[1　0　1]
Product	默认值
Relational Operator	将 Relational Operator 设置为 >=
Mux	将 Number of inputs 设置为 2

③ 系统环境参数设置：在 Simulation 菜单中选择 Simulation Parameters 命令进行仿真参数设置。在 Simulation Parameters...对话框中设置仿真时间，将 Start time 设置为 0，将 Stop time 设置为 0.08，将 Solver 设置为 ode23tb。

注意：有的版本的 MATLAB 在将 Solver 设为 ode23tb 时会出错。若出错，则可以将其设为 **auto。将示波器的 Sampling 设置为 Sample time，并将对应值设置为 1/1000000，目的是提高示波器的分辨率，防止波形失真。**

④ 运行：在 Simulation 菜单中选择 Start 命令，或者单击快捷运行图标 ▶，对建好的模型进行仿真。

注意：有的版本的 MATLAB 在运行时会自动形成 powergui，若不能自行生成，可在运行前搜索 powergui 模块，并将其拖到建模图内。

⑤ 在电阻为 100Ω的情况下，观察相关波形并记录波形于表 3-15 中。

表 3-15　单相桥式单极性 SPWM 逆变电路电阻负载下的仿真波形记录表

波　形
分析该建模图中，单相桥式单极性 SPWM 逆变控制电路部分的建模思路： _____ _____ _____ _____
*在需要调节输出 SPWM 波的脉冲宽度时，应调节_____

注意：若需要对波形进行编辑，则可在 MATLAB 的命令行窗口中输入如下代码。

```
set(0,'ShowHiddenHandles','on');set(gcf,'menubar','figure');
```

运行上述代码可打开示波器的编辑窗口，在此窗口中可对波形的线型、坐标轴、标题、颜色、标注等进行设置。

（2）用 SIMULINK 搭建单相桥式双极性 SPWM 逆变电路仿真主电路图和调制电路图，记录搭建模型图及仿真模型图的过程。

① 建模：具体模块名称和作用参见表 3-13，建模图如图 3-35 所示。

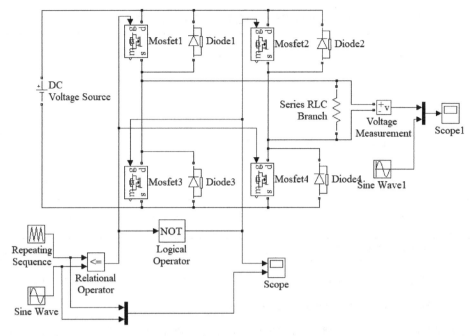

图 3-35 单相桥式双极性 SPWM 逆变电路建模图

② 模块参数设置：双击相关模块，根据表 3-16 修改模块的参数。另外，不同版本的 MATLAB 的参数设置界面不同，应根据具体情况进行设置。

表 3-16 主要模块的参数设置

模 块 名 称	参 数 设 置
DC Voltage Source	将 Amplitude 设置为 100
Mosfet	默认值
Diode	默认值
Series RLC Branch	将 Branch type 设置为 R，将 Resistance 设置为 100，将 Inductance 设置为 0，将 Capacitance 设置为 inf
Voltage Measurement	默认值
Scope	将 Scope1 的 Number of axes 设置为 1
	将 Scope 的 Number of axes 设置为 2
Sine wave	将 Sine wave 的 Amplitude 设置为 1，将 Frequency 设置为 2*pi*50
	将 Sine wave1 的 Amplitude 设置为 100，将 Frequency 设置为 2*pi*50
Logical Operator	将 Operato 设置为 NOT
Repeating Sequence	将横轴的 Time values 设置为[0 1/1000 1/500]
	将纵轴的 Output values 设置为[-1 1 -1]
Relational Operator	将 Relational Operator 设置为〈=
Mux	将 Number of inputs 设置为 2

③ 系统环境参数设置：参见前述单相桥式单极性 SPWM 逆变电路的建模仿真部分。

④ 运行：参见前述单相桥式单极性 SPWM 逆变电路的建模仿真部分。

⑤ 在电阻为 100Ω 的情况下，观察相关波形，并记录波形于表 3-17 中。

表 3-17　单相桥式双极性 SPWM 逆变电路电阻负载下的仿真波形记录表

波　形
分析该建模图中，单相桥式双极性 SPWM 逆变控制电路部分的建模思路：
＿＿＿＿＿＿＿＿＿＿＿＿＿＿＿＿＿＿＿＿＿＿＿＿＿＿＿＿＿＿＿＿＿＿＿＿＿＿
*在需要调节输出 SPWM 波的脉冲宽度时，应调节＿＿＿＿＿＿＿＿＿＿＿＿＿＿＿＿

注意：若需要对波形进行编辑，则可在 MATLAB 的命令行窗口中输入如下代码。

```
set(0,'ShowHiddenHandles','on');set(gcf,'menubar','figure');
```

运行上述代码，可打开示波器的编辑窗口，在此窗口中可对波形的线型、坐标轴、标题、颜色、标注等进行设置。

四、实训错误分析

在表 3-18 中记录本次实训中遇见的问题与解决方案。

表 3-18　问题与解决方案

问　题	解　决　方　案
1.	
2.	
……	

五、思考题

搭建三相桥式双极性 SPWM 逆变电路，并记录分析过程于表 3-19 中。（以电阻负载为例）

表 3-19　思考题建模分析记录表

波　形
分析该建模图中，三相桥式双极性 SPWM 逆变控制电路部分的建模思路：
＿＿＿＿＿＿＿＿＿＿＿＿＿＿＿＿＿＿＿＿＿＿＿＿＿＿＿＿＿＿＿＿＿＿＿＿＿＿
*在需要调节输出 SPWM 波的脉冲宽度时，应调节＿＿＿＿＿＿＿＿＿＿＿＿＿＿＿＿

实训 3　单相并联逆变器的制作

一、实训目的

1．加深理解单相并联逆变器的工作原理，了解各器件的作用，熟悉元器件质量的判断方法。

2．掌握并联逆变器对触发脉冲的要求。

3．理解并联逆变器带电阻负载的工作情况。

4．掌握逆变电路的调试及测量方法。

二、实训内容

1．单相并联逆变器整板制作、焊接、装配与调试。

2．555 振荡器及 JK 触发器的功能测试。

3．单相并联逆变器主要波形的观测。

三、实训线路及原理

图 3-36 所示为单相并联逆变器的实训电路图。图 3-37 为实物图。单相并联逆变器的触发电路由 555 振荡器和 JK 触发器组成，能产生相互反相的矩形波 Q 和 $\overline{Q}$。Q 和 $\overline{Q}$ 分别控制 V_1 和 V_2 的通断。若 Q 和 $\overline{Q}$ 控制 V_1 导通，V_2 截止，则 V_1 和 T_1 导通，+15V 直流电源电压经 V_1 和 T_1 加到变压器原边绕组的 1、2 端，变压器副边感应电压的极性为 4 端为+、5 端为-。经过半个周期后，V_1 截止，V_2 导通，此时+15V 直流电源电压经 V_2、T_2 加到变压器原边绕组的 2、3 端，副边感应电压反向，即 4 端为-、5 端为+。这样，在变压器副边，也就是在负载端得到一个交变的电压。只要交替地开通与关断 V_1、V_2，就能在逆变变压器的副边得到交流电压，其频率取决于 V_1、V_2 交替通断的频率。D_1、D_2 为续流二极管，用来给逆变变压器的原边绕组提供一条释放磁能的通道。

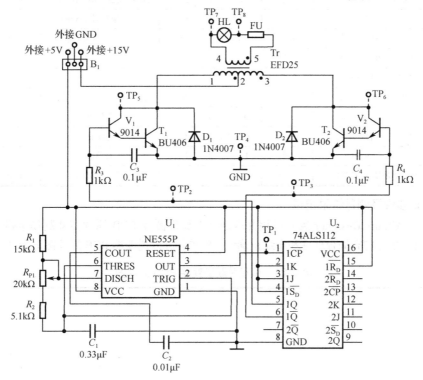

图 3-36　单相并联逆变器的实训电路图

图 3-37　实物图

四、实训器材

表 3-20 所示为实训器材。

表 3-20　实训器材

序　号	器材及规格	数　量	编　号	序　号	器材及规格	数　量	编　号
1	直插电阻 1/4W-15k	1 个	R_1	13	变压器 EFD25（5+5）	1 个	Tr
2	直插电阻 1/4W-5.1k	1 个	R_2	14	555 振荡器 NE555P	1 个	U_1
3	直插电阻 1/4W-1k	2 个	R_3、R_4	15	JK 触发器 74ALS112AJ	1 个	U_2
4	负载	1 个	HL	16	插件单排针 2.5mm	8 个	$TP_1 \sim TP_8$
5	瓷片电容 334（1±10%）	1 个	C_1	17	3 输入电源接线端子	1 个	B_1
6	瓷片电容 103（1±10%）	1 个	C_2	18	+15V 电源	1 个	—
7	瓷片电容 104（1±10%）	2 个	C_3、C_4	19	+5V 电源	1 个	—
8	电位器 3362P/20k	1 个	R_{P1}	20	装有 AD 软件的计算机	1 个	—
9	续流二极管 1N4007	2 个	D_1、D_2	21	焊锡丝	若干	—
10	NPN 型晶体管 9014-DIP	2 个	V_1、V_2	22	电烙铁	1 个	—
11	NPN 型 GTR BU406	2 个	T_1、T_2	23	万用表	1 个	—
12	贴片熔断器 MXEP 1A	1 个	FU	24	双踪示波器	1 个	—

五、实训步骤及测量结果记录

（1）使用 Altium Designer 绘制单相并联逆变器原理图及 PCB 原理图并制作电路板。在制作电路板时注意元器件的布局合理性和布线正确性。将单相并联逆变器 PCB 原理图记录到表 3-21 中。

表 3-21　单相并联逆变器 PCB 原理图

（2）针对本次实训的所有元器件，确定引脚定义，并结合万用表简单判断元器件质量，通过万用表蜂鸣挡检测电路板焊点及走线是否正确。在确保正确的情况下，焊接元器件。在焊接元器件时要注意元器件极性、引脚位置、电阻阻值、电容容值等，避免焊错。焊点应无虚焊、错焊、漏焊现象且焊点应圆滑无毛刺。对单相并联逆变器焊接完成板正面、反面拍照并将照片粘贴于表 3-22 中。

表 3-22　单相并联逆变器焊接完成板正面及反面照片

正　面	反　面

（3）对焊接好的单相并联逆变器电路板进行调试。

① 控制电路的调试：接入负载后，接通控制电路+5V 电源。改变电位器 R_{P1} 的阻值，通过示波器观察 555 振荡器的输出端 TP_1 点的波形。确定波形正确后观察 JK 触发器输出端 Q 和 $\overline{Q}$ 的 TP_2、TP_3 排针处的波形。记录波形于表 3-23 中。

表 3-23　单相并联逆变器控制电路波形记录

测　量　点	波　　形
TP_1-TP_4	 X 轴挡位_____；Y 轴挡位_____。频率_____。占空比_____
TP_2-TP_4	 X 轴挡位_____；Y 轴挡位_____。频率_____。占空比_____
TP_3-TP_4	 X 轴挡位_____；Y 轴挡位_____。频率_____。占空比_____

② 主电路的调试：主电路接通+15V 电源。观察 T_1、T_2 上的 TP_5-TP_6 排针处的波形。TP_5-TP_6 排针处与 TP_2-TP_3 排针处波形频率相同，幅值更高。调节电位器 R_{P1} 的阻值，观察负载端的 TP_7-TP_8 排针处波形的变化。记录波形于表 3-24 中。

表 3-24　单相并联逆变器主电路波形记录

测　量　点	波　　形
TP_5-TP_4	 X 轴挡位_____；Y 轴挡位_____。频率_____。占空比_____
TP_6-TP_4	 X 轴挡位_____；Y 轴挡位_____。频率_____。占空比_____
TP_7-TP_8	 X 轴挡位_____；Y 轴挡位_____。频率_____。占空比_____ 调整电位器 R_{P1} 的阻值变化时，输出波形_____

六、电路安装及调试注意点

（1）通电前注意检查。对已焊接安装完毕的电路板进行详细检查（如判断元器件质量，确定引脚定义、焊点、布线等是否正确）。注意集成电路焊点是否有连焊现象。

（2）调试时应注意安全，防止触电，人体各部位要远离电路板。

七、实训错误分析

在表 3-25 中记录对应问题的原因、解决方案。

表 3-25　对应问题的原因、解决方案

问　题	原　因	解 决 方 案
1. 通电后改变电位器的阻值，555 输出无变化		
2. JK 触发器无输出		
3. 在触发电路输出正确的情况下，负载上无波形		
……		

八、思考题

对本次实训进行总结。

3.7　典　型　案　例

案例 1　纯正弦波逆变器

纯正弦波逆变器是把输入的直流电转变成与市电相同的纯正弦波交流电的装置。它具有高效节能、电气性能指标好（不存在电网中的电磁污染等问题）、带载能力强（可带阻感负载和其他任何类型的通用交流负载）、噪声小、对负载的性能和寿命没有影响的特点，因此被广泛应用于工业控制、农业系统、军事医疗、电力供应、交通运输、民用办公等领域。图 3-38 所示为 16000W 大功率纯正弦波逆变装置。下面介绍的是一种 300W/12V 直流输入，220V/50Hz 交流输出，且输出电流谐波总畸变率小于 5% 的单相正弦波逆变装置，该装置稳定性强，输出波形连续性好。

图 3-38　16000W 大功率纯正弦波逆变装置

1. 电路拓扑结构

图 3-39 所示为纯正弦波逆变器的电路拓扑结构。该电路的输入为 12V 直流电，该直流电通过前级全桥逆变电路转换为 12V 高频交流方波，此方波通过高频变压器升压为 360V 高频交流方波后经过不可控整流电路和电容滤波后变为 340V 直流电，该直流电再经过后级全桥逆变电路和 LC 滤波电路后转变为 220V/50Hz 交流电。该电路中采用了两个全桥逆变电路，简化了电路设计，并降低了开关管耐压值，具有输出功率大、变压器不易出现偏磁和饱和的特点。

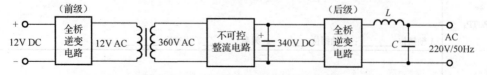

图 3-39　纯正弦波逆变器的电路拓扑结构

图 3-40 所示为纯正弦逆变器电路示意图。

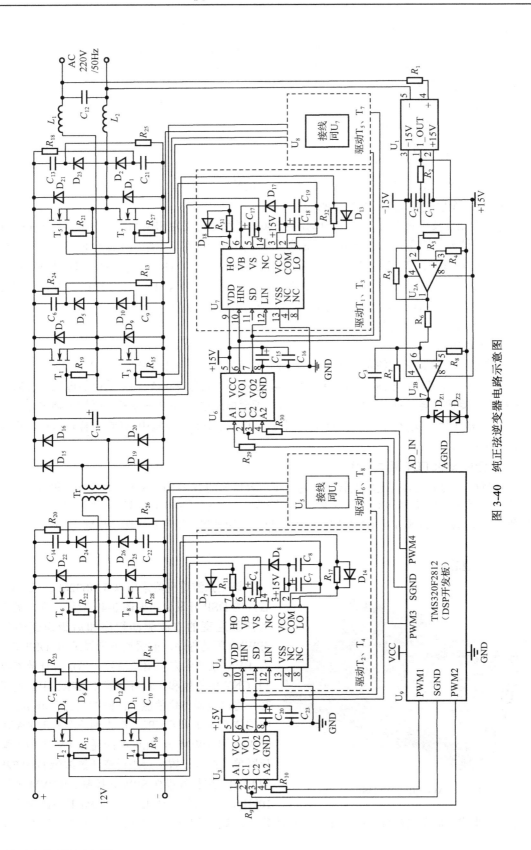

图 3-40　纯正弦逆变器电路示意图

2. 前级全桥逆变电路

前级全桥逆变电路是将直流 12V 输入信号转化为高频交流 12V 方波，主要包括 4 个 MOSFET（T_2、T_4、T_6 和 T_8）组成的全桥逆变电路和对应 RCD（C_5、D_6 和 R_{14}；C_{10}、D_{12} 和 R_{23}；C_{14}、D_{24} 和 R_{26}；C_{22}、D_{26} 和 R_{20}）组成的 MOSFET 保护电路。D_4、D_{11}、D_{22} 和 D_{25} 为续流二极管。MOSFET 型号为 IRF3710。

3. 变压器和整流滤波电路

高频变压器 Tr 将前级全桥逆变电路的 12V 高频交流方波转化为 360V 高频交流方波，360V 高频交流方波通过 4 个整流二极管（D_{15}、D_{16}、D_{19} 和 D_{20}）进行单相桥式不可控整流得到脉动的直流电，再经过电解电容 C_{11} 滤波转化为 340V 的基本无脉动的高压直流电。

4. 后级全桥逆变电路和 LC 滤波电路

后级全桥逆变电路采用 SPWM 控制，将 340V 直流电转变为 SPWM 波输出，再经过 LC（L_1、L_2 和 C_{12}）滤波，转变为 220V/50Hz 正弦交流电。后级全桥逆变电路和前级全桥逆变电路结构相同，包括 4 个 MOSFET（T_1、T_3、T_5 和 T_7）和对应 RCD（C_6、D_5 和 R_{13}；C_9、D_{10} 和 R_{24}；C_{13}、D_{23} 和 R_{25}；C_{21}、D_2 和 R_{18}）组成的 MOSFET 保护电路。D_3、D_9、D_{21} 和 D_1 为续流二极管。MOSFET 型号为 IRFP460。保护电路器件注意采用耐高压器件。LC 滤波采用的是 LCL 型，$L_1 = L_2 = 5\text{mH}$、$C_{12} = 4.7\mu\text{F}$。

5. 采样电路

采样电路中的 R_1 将电流信号转换为电压信号，U_1 为霍尔电压传感器（TBV10/25A 型），工作电压为 +15V，额定输入电流为 10mA，副边额定输出电流为 25mA。U_1 采得的电压信号通过由 TL082 双运算放大器（U_{2A}、U_{2B}）构成的信号调理电路送入 DSP 开发板。采样电路末端添加了两个 2.7V 稳压管（D_{Z1} 和 D_{Z2}），进行电压钳位，以满足 DSP 开发板中 ADC 采样输入电压极限值（+3V）的要求。

6. 全桥 MOSFET 驱动电路

MOSFET 的驱动芯片选用上管驱动为自举电容供电的 IR2110，该芯片体积小、集成度高，一片 IR2110 可驱动两个 MOSFET，减少了驱动路数，U_4 驱动 T_2 和 T_4；U_5 驱动 T_6 和 T_8；U_7 驱动 T_1 和 T_3；U_8 驱动 T_5 和 T_7。HCPL2232（U_3 和 U_6）为光耦，用于实现驱动电路与 DSP 开发板的隔离。

7. 主控芯片

图 3-41 TMS320F2812 DSP 开发板

该正弦波逆变器采用以 TMS320F2812 为主控芯片的 DSP 开发板，如图 3-41 所示。开发板需写入前级逆变的方波驱动程序和后级逆变的闭环 SPWM 驱动程序。前级逆变通过编辑 DSP F2812 的 EVA 来产生方波驱动信号。当定时计数寄存器 T1 CNT 中的值和比较寄存器 CMPR1 中的值相等时，将比较操作位使能，同时控制寄存器 ACTRA 中的位 CMP1 和 CMP2，产生两路互补的 PWM 波（PWM_1 和 PWM_2），死区时间通过 EV 中的可编程死区单元进行设置。后级逆变通过编辑 DSP F2812 的 EVB，进行双极性 SPWM 控制。SPWM 载波为 10kHz，调制波为 50Hz，借助 MATLAB 对调制波一个周期生成 200 个采样点，将生成的一个周期的正弦表写入 DSP 程序，以供查询。采样电路实时采集负载电压并将其转化为低压信号提供给 DSP 开发板，DSP 开发板通过 A/D 转换模块实现对输出电压的采样，经过电压闭环实现 PI 控制，调节合适的占空比，并生成驱动信号，将输出电压稳定在 220V/50Hz。

案例 2 电磁炉

在煤气炉和电饭煲加热过程中，大量热量会散发到周围环境中，从而导致热效率下降，造成能源浪费。采用感应加热可以解决上述问题。图 3-42 所示为电磁炉加热原理图。在电磁炉通电后，电磁炉在主控电路和逆变电路的作用下，炉盘线圈中产生高频交变电流，这个变化的电流在电磁炉周围空间产生磁场，该磁场使得铁磁性物质产生高频涡流，高频涡流通过灶具本身的阻抗将电能转化为热能，实现对食物的加热。

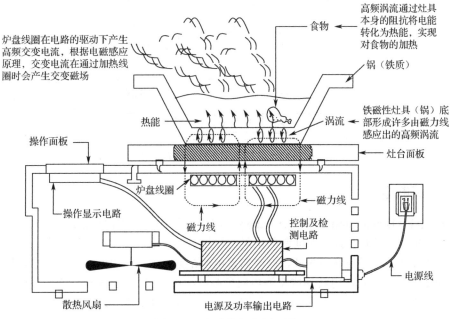

图 3-42 电磁炉加热原理图

图 3-43 所示为典型电磁炉整机电路框图，主要包括功率输出电路、电源供电电路和主控电路。

功率输出电路： 电磁炉在工作时，交流 220V 市电通过桥式整流堆整流出约 300V 的直流电压后，经过扼流圈和平滑电容后加到炉盘线圈的一端。炉盘线圈的另一端接开关管（IGBT）和谐振电容。当开关管导通时，炉盘线圈中的电流增大；当开关管截止时，炉盘线圈和谐振电容发生高频谐振，开关管的集电极可产生超过 1000V 的电压，当谐振电容发生谐振使得此电压降为零时，PWM 驱动电路将再次驱动开关管导通，如此循环实现最简单的逆变过程。

电源供电电路： 由交流 220V 市电插头、熔断器、电源开关、过压保护器和检测线圈等环节组成。若输入电压过高，过压保护器工作；若供电电流过大，熔断器烧毁；若供电电流过大但未超过熔断器保护值，则会通过检测环节进行自动限流保护。同时变压器二次侧输出的低压经过整流稳压变成 5V、12V、20V 等直流电压，为主控电路供电。

主控电路： 主要包括检测电路、控制电路、PWM 驱动电路和过热保护温控器等。检测电路在电磁炉工作时自动检测过压、过流、过热等情况，与控制电路配合进行自动保护。控制电路用于判断电路在合适的时间让 PWM 驱动电路工作。PWM 驱动电路产生的 PWM 脉冲信号控制开关管的栅极，让开关管以 20～30kHz 的频率工作。炉盘线圈中安装有温度传感器，用来检测炉盘线圈温度，若检测到温度过高，则检测电路发送信号给控制电路，通过控制电路控制 PWM 驱动电路，切断 PWM 脉冲信号的输出。过热保护温控器安装在开关管集电极的散热片上，若检测到开关管温度过高，过热保护温控器会自动断开，电磁炉进入断电保护状态。

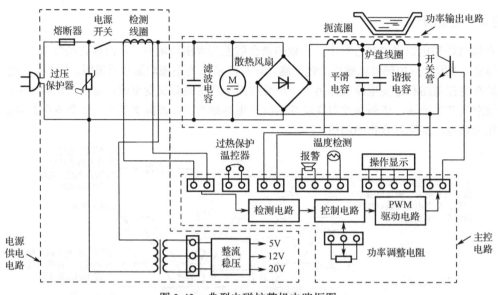

图 3-43　典型电磁炉整机电路框图

案例 3　不间断电源

不间断电源（Uninterruptible Power Supply，UPS）是一种含有储能装置（蓄电池）的电源，主要用于给不能停电的场合提供不间断的电能，如航空、医院、工业控制等场合。当市电输入正常时，UPS 将市电稳压后输送给负载，同时向蓄电池充电；当市电中断（事故停电）时，UPS 中的蓄电池通过逆变器将直流电转换成交流电向负载继续供应 220V 交流电。在一般情况下，UPS 在电压过高或电压过低的情况下都能提供保护，具体学习内容如表 3-26 所示。

表 3-26　UPS

	后备式 UPS	在线式 UPS	在线互动式 UPS
UPS 分类			
	UPS 中的整流器	UPS 中的逆变器	UPS 中的静态开关
在线式 UPS 原理分析			

【课后自主学习】

1. 结合本模块的思路，思考所学电力电子技术相关内容中还有哪些部分进行了近似分析，充分体会抓住事物主要矛盾，忽略次要因素的必要性。

2. 掌握本模块中的基本概念，扫码完成自测题。

模块三自测题

习　　题

1．什么是 GTR 的一次击穿和二次击穿？GTR 的安全工作区是什么？

2．全控型开关器件 GTO、GTR、功率 MOSFET、IGBT 中的哪些属于电流驱动型，哪些属于电压驱动型？

3．全控型开关器件 GTO、GTR、功率 MOSFET、IGBT 各自的优缺点是什么？

4．电压型逆变电路和电流型逆变电路主要不同点是什么？

5．针对 120°导电型电压型三相桥式逆变电路，绘制六组等效电路及相电压、线电压波形，并写出相电压 u_{UN} 的傅里叶表达式。

6．在串联二极管式电流型三相桥式逆变电路中，二极管的作用是什么？电容的作用是什么？

7．无论是多重逆变电路还是多电平逆变电路，其消除谐波的核心思想是什么？

8．简述 SPWM 控制的原理。

9．单相桥式单极性 SPWM 逆变电路与单相桥式双极性 SPWM 逆变电路的区别是什么？

10．异步调制与同步调制各有什么特点？分段调制的优点是什么？

11．在 180°导电型电压型三相桥式逆变电路带电阻负载进行 SIMULINK 仿真时，当某管损坏断路时，该电路的六组导通组别中哪几组导通组别可以正常工作？哪一组导通组别工作会使得输出的线电压和相电压均为零？

模块四 直流-直流变换电路

直流-直流变换电路（DC/DC Converter）包括直接直流-直流变换电路（斩波电路）和间接直流-直流变换电路。斩波电路的输入与输出之间不需要隔离，是将直流电直接变为另一固定电压（或可调电压）的直流电。间接直流-直流变换电路中间增加了交流环节，在交流环节中采用高频变压器实现输入与输出之间的隔离，因此又称为直流-交流-直流变换电路。

对于斩波电路，本模块将分析 6 种基本斩波电路（降压斩波电路、升压斩波电路、升降压斩波电路、Cuk 斩波电路、Sepic 斩波电路和 Zeta 斩波电路）和 PWM 直流-直流变换电路的基本结构、工作原理、参数计算，以及介绍用基本斩波电路构成的复合斩波电路与多相多重斩波电路。对于间接直流-直流变换电路，本模块将重点介绍正激式变换电路的基本分析思路，简述其他典型间接直流-直流变换电路。学生通过实训操作和案例分析，可加深对本模块相关知识的理解。

> **理实一体化、线上线下混合学习导学：**
> 1．学生在学习"4.1 基本斩波电路"后，完成"实训 2 Cuk 斩波电路调试"；"实训 1 升/降压斩波电路仿真实践"可课后自行完成。
> 2．鉴于学生有学习"4.1 基本斩波电路"的基础，教师可指导学生自主学习和讨论"4.2 复合斩波电路与多相多重斩波电路"和"4.4 PWM 直流-直流变换电路"，并安排课堂学习检测。
> 3．在学生学习"4.3 带隔离的直流-直流变换电路"和"4.6 典型案例"后，教师引入"实训 3 小型开关电源的制作"，并融入参数计算及高频变压器的绕组制作为一整周实训项目。

4.1 基本斩波电路

本节将学习降压斩波电路、升压斩波电路、升降压斩波电路、Cuk 斩波电路、Sepic 斩波电路和 Zeta 斩波电路。其中，降压斩波电路和升压斩波电路是最基本的斩波电路。斩波电路不仅有较好的启动、制动特性，电能损耗也大大降低，目前被广泛用于电力牵引、地铁、无轨电车等直流电动机无级调速场合。

4.1.1 降压斩波电路

1. 电路结构和原理

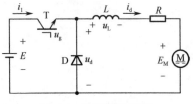

图 4-1 降压斩波电路

降压斩波电路

图 4-1 所示为降压斩波（Buck Chopper）电路，图 4-2 所示为降压斩波电路的波形。图 4-1 中的 T 为全控型器件，D 为续流二极管。降压电路的典型负载可为电动机或蓄电池。下面针对电动机负载分析其工作原理。

1）L 足够大，电流连续

在 T 导通时，电流通路如图 4-3（a）所示。电源 E 向负载供电，同时给 L 充电，负载电流 i_d 呈指数上升，D 因承受电源给的反向电压而截止，电流通路为电源 E 正极→T→L→负载 R→电动机 M→电源 E 负极。斩波电路的输出电压 $u_d = E$。

在 T 关断时，电源 E 被切断，电流通路如图 4-3（b）所示。由于 L 中的电流不能突变，因此在 T 导通时，L 充电，电流方向为从左往右；当 T 关断时，电流方向仍然是从左往右，此时 D 导通续流，L 放电，i_d 呈指数下降，电流通路为 L →负载 R →电动机 M →D。斩波电路的输出电压 $u_d \approx 0$。

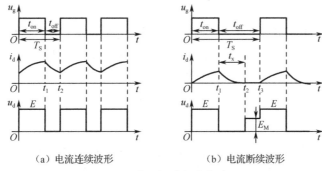

（a）电流连续波形　　　　　　　　（b）电流断续波形

图 4-2　降压斩波电路的波形

由图 4-2（a）可知，当 L 足够大时，负载电流连续且脉动小，当电路工作于稳定状态时，负载电流在一个周期内的初值和终值相等。

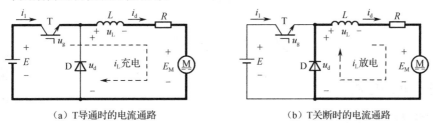

（a）T 导通时的电流通路　　　　　　（b）T 关断时的电流通路

图 4-3　降压斩波电路电流通路

2）L 不够大，电流断续

电流断续时 T 导通和关断时的分析过程与电流连续时的分析过程基本相同，不同点在于 L 较小，T 导通时 L 从零开始储能，并且 T 的关断时间 t_x 在 t_{off} 内，由图 4-2（b）可知，L 在 t_2 时刻将能量释放为零。在 $t_2 \sim t_3$ 区间内，D 自然关断，负载两端的电压为电动机的电势 E_M。

从图 4-2 可以看出，在电流断续时，负载输出平均电压被提高，一般不希望出现此情况。

2. 参数计算

通过图 4-2（a）可知，在电流连续的情况下负载电压的平均值为

$$U_d = \frac{1}{T_S}\int_0^{t_{on}} E\mathrm{d}t = \frac{t_{on}}{T_S}E = \alpha E \tag{4-1}$$

式中，t_{on} 为 T 的导通时间；t_{off} 为 T 的截止时间；T_S 为开关周期；$\alpha = t_{on}/T_S$，为导通占空比。由式（4-1）可知，输出到负载的电压平均值最大为 E，若减小 α，则 U_d 随之减小，由于输出电压总是低于输入电压，故称该电路为降压斩波电路。

对于输出电流的平均值，由于输出电流流过负载 R 和电动机 M，因此有

$$I_d = \frac{U_d - E_M}{R} \tag{4-2}$$

负载上的电压平均值和电流平均值还可以通过输入功率等于输出功率（能量守恒）求得。

由于输入功率等于输出功率，因此有

$$EI_1 = U_d I_d \tag{4-3}$$

由于输入电流平均值与输出电流平均值之比等于它们各自的通流时间之比，因此有

$$I_1 = \frac{t_{on}}{T_S}I_d = \alpha I_d \tag{4-4}$$

将式（4-4）代入式（4-3）可得

$$EI_1 = E\alpha I_d = U_d I_d \tag{4-5}$$

消去 I_d，可得 $U_d = \alpha E$。

从能量守恒来看，电源 E 仅在 T 导通时发出能量，电源 E 在 T 截止时不工作，因此有 $EI_d t_{on}$。电阻负载 R 和电动机 M 在整个周期均吸收能量，因此有 $RI_d^2 T_S + E_M I_d T_S$。L 在一个周期吸收多少能量就释放多少能量，根据能量守恒定律可得

$$EI_d t_{on} = RI_d^2 T_S + E_M I_d T_S \tag{4-6}$$

整理后可得 $I_d = \dfrac{U_d - E_M}{R}$。

例 4-1： 在如图 4-1 所示的降压斩波电路中，已知 $E = 150\text{V}$，$R = 10\Omega$，L 值极大，$E_M = 30\text{V}$，$T_S = 50\mu s$，$t_{on} = 20\mu s$，计算输出电压平均值 U_d 和输出电流平均值 I_d。

解： 由于 L 值极大，故负载电流连续，于是输出电压平均值为

$$U_d = \frac{t_{on}}{T_S} E = \frac{20\mu s}{50\mu s} \times 150\text{V} = 60\text{V}$$

输出电流平均值为

$$I_d = \frac{U_d - E_M}{R} = \frac{60\text{V} - 30\text{V}}{10\Omega} = 3\text{A}$$

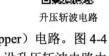

升压斩波电路

4.1.2　升压斩波电路

1. 电路结构和工作原理

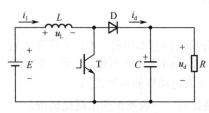

图 4-4　升压斩波电路

图 4-4 所示为升压斩波（Boost Chopper）电路。图 4-4 中的 T 为全控型器件，D 为续流二极管。设升压斩波电路中的 L 值和 C 值很大，分析其工作原理如下。

（1）在 T 导通时，L 储能，C 放电，电流通路如图 4-5（a）所示。电流通路有两条，分别为 E→L→T、C→R，即电源 E 通过导通的 T 顺时针向 L 储能，电流为 i_1；电容 C 上的电压使 D 承受反向电压截止。电容 C 维持输出电压基本恒定，并顺时针向负载 R 供电，输出电压 u_d 恒定。

（2）在 T 关断时，L 放能，C 充电，电流通路如图 4-5（b）所示，电流通路为 E→L→D→R（C），即电源 E 和电感 L 通过导通的 D 顺时针给 C 充电，并向负载 R 供电。

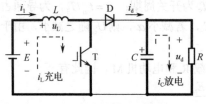
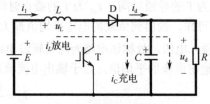

（a）T 导通时的电流通路　　　　　　　　　　（b）T 关断时的电流通路

图 4-5　升压斩波电路电流通路

2. 参数计算

在一个周期内，电感 L 存储的能量与释放的能量相等，即

$$W_L = 0 \tag{4-7}$$

由于 T 在导通和关断时的电流通路不同，因此有

$$U_L I_1 t_{on} + U_L I_1 t_{off} = 0 \tag{4-8}$$

当 T 导通时，在图 4-5（a）所示的电流通路中，$U_L = E$；当 T 关断时，在图 4-5（b）所示的

电流通路中，$E = U_L + U_d$；则有

$$EI_1 t_{on} + (E - U_d)I_1 t_{off} = 0 \qquad (4\text{-}9)$$

对式（4-9）进行整理，得

$$U_d = \frac{T_S}{t_{off}}E = \frac{1}{1-\alpha}E = \frac{1}{\beta}E \qquad (4\text{-}10)$$

式中，T_S/t_{off} 为输出电压比；β 为输出电压比的倒数，$\alpha + \beta = 1$。由式（4-10）可知，输出电压高于电源电压，故称该电路为升压斩波电路。

电压升高的本质原因：①电感 L 的电压泵升作用；②电容 C 的电压保持作用。

负载上的电流平均值：由于在电路达到稳定时，电容在一个周期内充多少电就释放多少电，因此电容的电流平均值为零，则有

$$I_d = \frac{U_d}{R} \qquad (4\text{-}11)$$

例4-2：在如图 4-4 所示的升压斩波电路中，已知 $E = 40\text{V}$，$R = 10\Omega$，L 值和 C 值极大，采用 PWM 方式，当 $T_S = 40\mu s$，$t_{on} = 20\mu s$ 时，计算输出电压平均值 U_d 和输出电流平均值 I_d。

解：由于 L 值和 C 值极大，故负载电流连续，所以输出电压平均值为

$$U_d = \frac{T_S}{t_{off}}E = \frac{40\mu s}{40\mu s - 20\mu s} \times 40\text{V} = 80\text{V}$$

输出电流平均值为

$$I_d = \frac{U_d}{R} = \frac{80\text{V}}{10\Omega} = 8\text{A}$$

3. 典型应用

升压斩波电路可以用于直流电动机传动电路、单相功率因数校正（Power Factor Correction，PFC）电路或其他交直流电源中。将如图 4-4 所示的电路用于直流电动机传动电路中就是将电源 E 换成电动机，将负载 R 换成电源 E，由于电源 E 本身电压基本恒定不变，因此电容 C 不必并联，得到如图 4-6 所示电路。当 T 导通时，电动机 M 发电运行，向电感 L 储能，D 承受反向电压截止，电流通路如图 4-7（a）所示。当 T 关断时，电动机 M 和电感 L 通过导通的 D 顺时针向电源 E 供电，电流通路如图 4-7（b）所示。

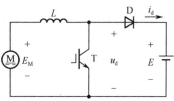

图 4-6　升压斩波应用电路

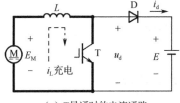

（a）T 导通时的电流通路

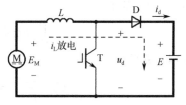

（b）T 关断时的电流通路

图 4-7　升压斩波应用电路电流通路

4.1.3　升降压斩波电路

1. 电路结构和工作原理

图 4-8 所示为升降压斩波（Buck-Boost Chopper）电路。图 4-9 所示为升降压斩波电路的电流波形。该电路输出的电压极性与电源电压的极性相反，工作原理如下。

升降压斩波电路

（1）在 T 导通时，L 储能，C 放电，电流通路有两条分别为 E→T→L、C→R，如图 4-10（a）所示。电源 E 通过导通的 T 顺时针向 L 储能；电源 E 上的电压使 D 承受反向电压截止。电容 C 维持输出电压基本恒定，并逆时针向负载 R 供电。

（2）在 T 关断时，L 放能，C 充电，电流通路为 L→R（C）→D，如图 4-10（b）所示，即电源 E 被切断，L 通过导通的 D 逆时针给 C 充电，并向负载 R 供电。电容充了下正上负的电压，与电源电压的极性相反，故该电路也称为反极性斩波电路。

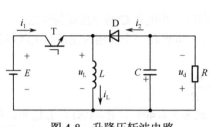

图 4-8　升降压斩波电路

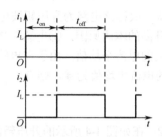

图 4-9　升降压斩波电路的电流波形

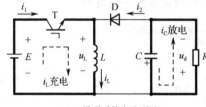

（a）T导通时的电流通路

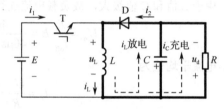

（b）T关断时的电流通路

图 4-10　升降压斩波电路电流通路

2. 参数计算

在稳态时，由于一个周期内电感两端电压对时间的积分为零，即

$$\int_0^{T_S} u_L \mathrm{d}t = 0 \tag{4-12}$$

且 T 在导通和关断时的电流通路不同，因此有

$$\int_0^{t_{on}} u_L \mathrm{d}t + \int_{t_{on}}^{T_S} u_L \mathrm{d}t = 0 \tag{4-13}$$

当 T 导通时，在图 4-10（a）的电流通路中，$u_L = E$；当 T 关断时，在图 4-10（b）的电流通路中，$u_L + u_d = 0$；则有

$$\int_0^{t_{on}} E \mathrm{d}t + \int_{t_{on}}^{T_S} (-u_d) \mathrm{d}t = 0 \tag{4-14}$$

对式（4-14）进行整理，得

$$U_d = \frac{t_{on}}{t_{off}} E = \frac{t_{on}}{T_S - t_{on}} E = \frac{\alpha}{1-\alpha} E \tag{4-15}$$

当 $0 < \alpha < 1/2$ 时为降压，当 $1/2 < \alpha < 1$ 时为升压。

图 4-9 给出了升降压斩波电路的输入输出电流波形，当电流脉动足够小时，其平均电流之比等于相应的导通时间之比，则有

$$\frac{I_2}{I_1} = \frac{t_{off}}{t_{on}} = \frac{T_S - t_{on}}{t_{on}} = \frac{1-\alpha}{\alpha} \tag{4-16}$$

即

$$I_2 = \frac{1-\alpha}{\alpha}I_1 \tag{4-17}$$

另外，忽略 T 和 D 的损耗和管压降，通过输出功率等于输入功率亦可以得到该电路输入电流与输出电流的关系，即

$$EI_1 = U_d I_2 \tag{4-18}$$

$$I_2 = \frac{E}{U_d}I_1 = \frac{E}{\dfrac{\alpha}{1-\alpha}E}I_1 = \frac{1-\alpha}{\alpha}I_1 \tag{4-19}$$

4.1.4　Cuk 斩波电路

Cuk 斩波电路

1. 电路结构和工作原理

图 4-11 所示为 Cuk 斩波电路，图 4-12 所示为 Cuk 斩波电路的等效电路，电路中的电容 C 起维持输出电压恒定的作用，输出的电压极性与电源电压的极性相反，其工作原理如下。

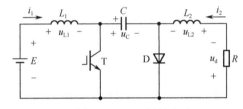
图 4-11　Cuk 斩波电路

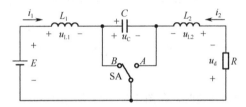
图 4-12　Cuk 斩波电路的等效电路

（1）在 T 导通时，相当于图 4-12 中的开关 SA 打到 B 点，L_1、L_2 储能，C 放电。电流通路有两条分别为 E→L_1→T、C→T→R→L_2，如图 4-13（a）所示，即电源 E 通过导通的 T 顺时针向 L_1 储能；电容 C 上的电压使 D 承受反向电压截止。另外 C 通过导通的 T 逆时针向负载 R 供电，向 L_2 储能。

（2）在 T 关断时，相当于图 4-12 所示的开关 SA 打到 A 点，L_1、L_2 放能，C 充电，电流通路有两条分别为 E→L_1→C→D、L_2→D→R，如图 4-13（b）所示，即电源 E 和 L_1 顺时针向 C 充电；L_2 通过导通的 D 逆时针向负载 R 供电。

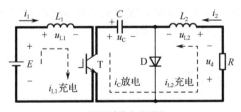
（a）T导通时的电流通路

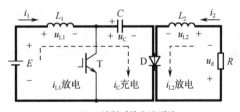
（b）T关断时的电流通路

图 4-13　Cuk 斩波电路电流通路

2. 参数计算

在稳态时，由于一个周期内电感两端的电压对时间的积分为零，即

$$\int_0^{T_s} u_{L1}\mathrm{d}t = 0 \; ; \quad \int_0^{T_s} u_{L2}\mathrm{d}t = 0 \tag{4-20}$$

且 T 在导通和关断时的电流通路不同，因此有

$$\int_0^{t_{on}} u_{L1}\mathrm{d}t + \int_{t_{on}}^{T_s} u_{L1}\mathrm{d}t = 0 \tag{4-21}$$

$$\int_0^{t_{on}} u_{L2}\mathrm{d}t + \int_{t_{on}}^{T_s} u_{L2}\mathrm{d}t = 0 \tag{4-22}$$

当 T 导通时，在图 4-13（a）所示的电流通路中，$u_{L1} = E$，$u_d + u_{L2} = u_C$。当 T 关断时，在图 4-13（b）所示的电流通路中，$u_{L1} + u_C = E$，$u_d + u_{L2} = 0$；则有

$$\int_0^{t_{on}} E dt + \int_{t_{on}}^{T_S} (E - u_C) dt = 0 \tag{4-23}$$

$$\int_0^{t_{on}} (u_C - u_d) dt + \int_{t_{on}}^{T_S} (-u_d) dt = 0 \tag{4-24}$$

对式（4-23）、式（4-24）进行整理，得

$$U_C = \frac{T_S}{t_{off}} E = \frac{T_S}{t_{on}} U_d \tag{4-25}$$

则

$$U_d = \frac{t_{on}}{t_{off}} E = \frac{t_{on}}{T_S - t_{on}} E = \frac{\alpha}{1 - \alpha} E \tag{4-26}$$

这一输入输出关系与升降压斩波电路的情况相同。

在稳态时，由于一个周期内流过电容的电流对时间的积分为零，即

$$\int_0^{T_S} i_C dt = 0 \tag{4-27}$$

且 T 在导通和关断时的电流通路不同，则有

$$\int_0^{t_{on}} i_C dt + \int_{t_{on}}^{T_S} i_C dt = 0 \tag{4-28}$$

当 T 导通时，在图 4-13（a）所示的电流通路中，$i_C = -i_2$；当 T 关断时，在图 4-13（b）所示的电流通路中，$i_C = i_1$；则有

$$\int_0^{t_{on}} -i_2 dt + \int_{t_{on}}^{T_S} i_1 dt = 0 \tag{4-29}$$

对式（4-29）进行整理，得

$$I_2 = \frac{t_{off}}{t_{on}} I_1 = \frac{T_S - t_{on}}{t_{on}} I_1 = \frac{1 - \alpha}{\alpha} I_1 \tag{4-30}$$

与升降压斩波电路相比，Cuk 斩波电路的输入电源电流和输出负载电流都是连续的，且脉动很小，有利于对输入、输出进行滤波。

例 4-3： 有一开关频率为 50kHz 的 Cuk 斩波电路，假设输出端电容足够大，使得输出电压保持恒定不变，并且元器件的功率损耗可忽略，若输入电压 $E = 20V$，输出电压 U_d 调节为 5V 不变。试求占空比、电容器 C_1 两端的电压 U_{C1}、开关管的导通时间和关断时间。

解： 由 Cuk 斩波电路的输入输出电压关系式：

$$U_d = \frac{t_{on}}{t_{off}} E = \frac{t_{on}}{T_S - t_{on}} E = \frac{\alpha}{1 - \alpha} E$$

可知有

$$5V = \frac{\alpha}{1 - \alpha} \times 20V$$

解得占空比为 $\alpha = \frac{1}{5}$。

由于 $U_{C1} = \frac{T_S}{t_{on}} U_d = \frac{1}{\alpha} U_d$，则电容器 C_1 两端的电压为

$$U_{C1} = \frac{1}{1/5} \times 5V = 25V$$

开关管的导通时间为

$$t_{\mathrm{on}} = \alpha T_{\mathrm{S}} = \frac{1}{5} \times \frac{1}{50 \times 10^{3}} = 4\mu s$$

开关管的关断时间为

$$t_{\mathrm{off}} = T_{\mathrm{S}} - t_{\mathrm{on}} = \frac{1}{50 \times 10^{3}} - 4 \times 10^{-6} = 16\mu s$$

4.1.5 Sepic 斩波电路和 Zeta 斩波电路

1. Sepic 斩波电路

图 4-14 所示为 Sepic 斩波电路，其工作原理如下。

（1）在 T 导通时，L_1、L_2 储能，C_1、C_2 放电。电流通路有三条，分别为 E→L_1→T、C_1→T→L_2 和 C_2 →R，如图 4-15（a）所示，即电源 E 通过导通的 T 顺时针向 L_1 储能；C_1 通过导通的 T 逆时针向 L_1 储能；C_2 维持输出电压基本恒定并顺时针向负载 R 供电；D 承受反向电压截止。

Sepic 斩波电路和
Zeta 斩波电路

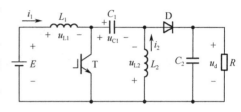

图 4-14 Sepic 斩波电路

（2）在 T 关断时，L_1、L_2 放能，C_1、C_2 充电。电流通路有两条，分别为 E→L_1→C_1→D→R（C_2）、L_2→D→R（C_2）回路，如图 4-15（b）所示，即电源 E 和 L_1 顺时针向 C_1 充电，并通过导通的 D 给 C_2 充电，向负载 R 供电；同时 L_2 也通过导通的 D 顺时针给 C_2 充电、向负载 R 供电。

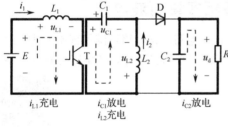

（a）T导通时的电流通路

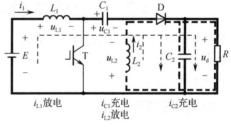

（b）T关断时的电流通路

图 4-15 Sepic 斩波电路电流通路

通过 Cuk 斩波电路的公式推导方法可得 Sepic 斩波电路的输出电压和输出电流的公式为

$$U_{\mathrm{d}} = \frac{\alpha}{1-\alpha} E \tag{4-31}$$

$$I_2 = \frac{1-\alpha}{\alpha} I_1 \tag{4-32}$$

当 $0 < \alpha < 1/2$ 时为降压，当 $1/2 < \alpha < 1$ 时为升压。

2. Zeta 斩波电路

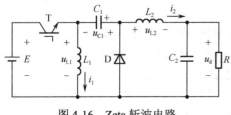

图 4-16 Zeta 斩波电路

图 4-16 所示为 Zeta 斩波电路，其工作原理如下。

（1）在 T 导通时，C_1 放电，C_2 充电，L_1、L_2 储能，电流通路有两条，分别为 E→T→L_1、E→T→C_1→L_2→R（C_2），如图 4-17（a）所示，即电源 E 通过导通的 T 顺时针向 L_1 储能；电源 E 和 C_1 通过导通的 T 顺时针向 L_2 储能，向负载 R 供电，并向 C_2 充电。D 承受反向电压截止。

（2）在 T 关断时，C_1 充电，C_2 放电，L_1、L_2 放能，电流通路有两条，分别为 $L_1 \rightarrow D \rightarrow C_1$、$L_2（C_2）\rightarrow R \rightarrow D$，如图 4-17（b）所示，即 L_1 和 C_1 构成振荡回路，L_1 通过导通的 D 逆时针向 C_1 充电；L_2 通过导通的 D 顺时针向负载 R 供电；同时 C_2 顺时针向负载 R 供电。

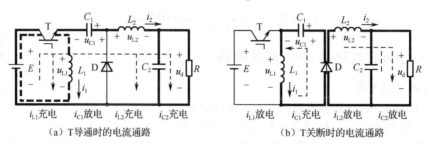

| i_{L1}充电 | i_{C1}放电 | i_{L2}充电 | i_{C2}充电 | | i_{L1}放电 | i_{C1}充电 | i_{L2}放电 | i_{C2}放电 |

（a）T 导通时的电流通路　　　　　　　　　　（b）T 关断时的电流通路

图 4-17　Zeta 斩波电路电流通路

通过 Cuk 电路的公式推导方法可得 Zeta 斩波电路的输出电压和电流的公式为

$$U_d = \frac{\alpha}{1-\alpha}E \tag{4-33}$$

$$I_2 = \frac{1-\alpha}{\alpha}I_1 \tag{4-34}$$

当 $0 < \alpha < 1/2$ 时为降压，当 $1/2 < \alpha < 1$ 时为升压。

Sepic 斩波电路和 Zeta 斩波电路有相同的输入输出关系，两种电路的输出电压均为正极性的。

4.2　复合斩波电路与多相多重斩波电路

将降压斩波电路和升压斩波电路组合可构成复合斩波电路，该电路可满足直流电动机的四象限运行要求。将相同结构的基本斩波电路组合可构成多相多重斩波电路，该电路可减少电路中的纹波，提高电能质量。

4.2.1　电流可逆斩波电路

在将斩波电路用于拖动直流电动机时，常要求直流电动机既可电动运行，又可再生制动将能量回馈给电源。图 4-18（a）所示为电流可逆斩波电路的电路

电流可逆斩波电路

结构，该电路将降压斩波电路与升压斩波电路组合在一起，直流电动机的电枢电流可正可负，但电压只能是一种极性，故其可工作于图 4-21 中的第 1 象限和第 2 象限。

若 T_2 和 D_2 不工作，则 T_1 和 D_1 与电源 E、电阻 R、电感 L 和直流电动机 M 构成如图 4-1 所示的降压斩波电路，由电源 E 向直流电动机 M 供电，实际的电动势 E_M 方向、电枢电流方向与参考方向一致，$E_M > 0$，$i_o > 0$。因此直流电动机为电动运行，工作于图 4-21 中的第 1 象限。

若 T_1 和 D_1 不工作，则 T_2 和 D_2 与电源 E、电阻 R、电感 L 和直流电动机 M 构成如图 4-6 所示的升压斩波电路，此时直流电动机 M 再生制动运行，将动能转变为电能反馈到电源 E，直流电动机中的电枢电流方向反向，而电动势 E_M 方向不变，$E_M > 0$，$i_o < 0$，直流电动机工作于图 4-21 中的第 2 象限。

需要注意的是，T_1 和 T_2 不可以同时工作，以防将电源短路。通常电流可逆斩波电路可以只工作在降压斩波电路，也可以只工作在升压斩波电路，还可以在一个周期内交替地工作在降压斩波电路和升压斩波电路，其波形如图 4-18（b）所示。下面具体分析其工作原理。

t_1 时刻以后，T_1 导通，电流通路如图 4-19（a）所示。电感 L 正向储能，直流电动机的电枢电流正向呈指数上升，$u_o = E$。电路工作在降压斩波电路，直流电动机工作在第 1 象限。

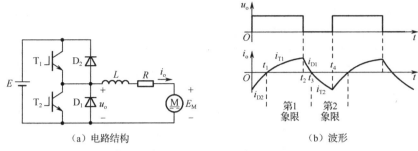

（a）电路结构　　　　　　　　　　　　（b）波形

图 4-18　电流可逆斩波电路

t_2 时刻，关断 T_1，给 T_2 发送导通信号，由于电感中的电流在换路时刻不能突变，因此 T_2 不导通，电路中的电感 L 通过降压斩波电路中的 D_1 进行续流，电流通路如图 4-19（b）所示。电感 L 正向放能，直流电动机的电枢电流正向呈指数下降，$u_o = 0$。直流电动机继续工作在第 1 象限。

t_3 时刻，电流降为零，而给 T_2 发送的导通信号仍然存在，此时直流电动机 M 再生制动运行，T_2 导通，电流反向，电流通路如图 4-19（c）所示。电感 L 反向储能，直流电动机的电枢电流反向呈指数上升，$u_o = 0$。直流电动机工作在第 2 象限。

t_4 时刻，关断 T_2，给 T_1 发送导通信号，同样由于电感中的电流在换路时刻不能突变，因此 T_1 不导通，电路中的电感 L 通过升压斩波电路中的 D_2 进行续流，电流通路如图 4-19（d）所示。电感 L 反向放能，直流电动机的电枢电流反向呈指数下降，$u_o = 0$。直流电动机继续工作在第 2 象限。

这样，在一个周期内，T_1 导通后，电路进入降压斩波电路，直流电动机电枢电流正方向，直流电动机工作在第 1 象限；T_2 导通后，电路进入升压斩波电路，直流电动机电枢电流反方向，电动机工作在第 2 象限。电动机电枢电流沿正、反两个方向流通，电流不断，电路响应很快。

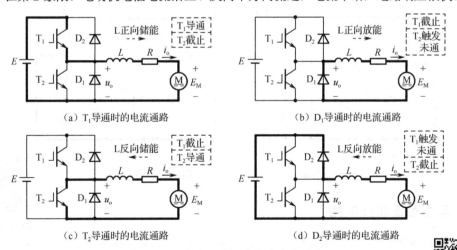

（a）T_1 导通时的电流通路　　　　　　　　　　（b）D_1 导通时的电流通路

（c）T_2 导通时的电流通路　　　　　　　　　　（d）D_2 导通时的电流通路

图 4-19　电流可逆斩波电路电流通路

桥式可逆斩波电路

4.2.2　桥式可逆斩波电路

电流可逆斩波电路虽然可以使电动机的电枢电流可逆，实现电动机工作在第 1 象限和第 2 象限，但其提供的电压极性是单向的，即电动机的电动势为正方向工作。若电动机的电动势能反方向工作，则可工作在第 3 象限和第 4 象限。现在将两个电流可逆斩波电路组合起来，分别向电动机提供正向电压和反向电压，即构成桥式可逆斩波电路，如图 4-20 所示，实现电动机的四象限运行，示意图如图 4-21 所示。

若让图 4-20 中的 T_3 恒断、T_4 恒通，则 T_1、D_1、T_2、D_2 和电源 E 构成了如图 4-18（a）所示电路，直流电动机工作于第 1 象限和第 2 象限。

若让图 4-20 中的 T_1 恒断、T_2 恒通，则 T_3、D_3、T_4、D_4 和电源 E 构成了另外一组电流可逆斩波电路。这组电流可逆斩波电路在 T_3 导通后为直流电动机电势、电枢电流均反向的降压斩波电路（T_3、D_3 构成降压斩波电路），$E_M < 0$，$i_o < 0$，直流电动机工作在第 3 象限反转电动状态。直流电动机工作在第 3 象限时，电流通路如图 4-22（a）、（b）所示。T_4 导通后，电路为直流电动机电势反向、电枢电流正向的升压斩波电路（T_4、D_4 构成升压斩波电路），$E_M < 0$，$i_o > 0$，直流电动机工作在第 4 象限反转再生制动状态。直流电动机在第 4 象限工作时，电流通路如图 4-22（c）、（d）所示。这组电流可逆斩波电路具体工作原理可参考 4.2.1 节，这里不再赘述。

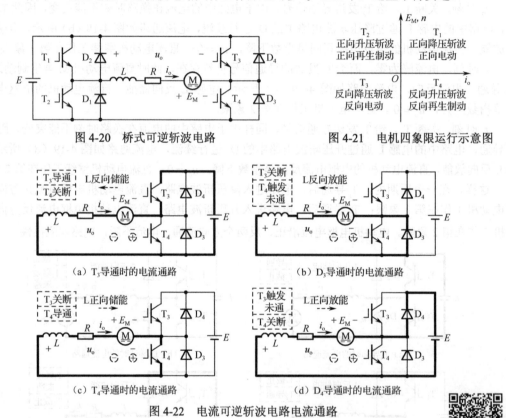

图 4-20　桥式可逆斩波电路　　　　　图 4-21　电机四象限运行示意图

（a）T_3 导通时的电流通路　　　　　（b）D_3 导通时的电流通路

（c）T_4 导通时的电流通路　　　　　（d）D_4 导通时的电流通路

图 4-22　电流可逆斩波电路电流通路

多相多重斩波电路

4.2.3　多相多重斩波电路

采用斩波器供电时，电源电流和负载电流都是脉动的，负载电压和滤波电容两端的电压也是脉动的，含有较多的谐波，为了减小谐波，可采用多相多重斩波电路。

多相多重斩波电路是在电源和负载间接入多个结构相同的基本斩波电路。**相数**是指一个控制周期中电源侧的电流脉波数，**重数**是指负载电流脉波数。图 4-23 所示为三相三重斩波电路，输入电流脉动了 3 次，总输出电流也脉动了 3 次。该电路由 3 个降压斩波电路构成，T_1、T_2、T_3 的控制信号相位相差 1/3 周期，总输出电流为 3 个斩波电路单元输出电流之和，由于脉动了 3 次，其平均值为单元输出电流平均值的 3 倍，脉动频率也为单元脉动频率的 3 倍。由于 3 个单元电流的脉动幅值互相抵消，因此总的输出电流脉动幅值变得很小，大大减小了谐波分量。若需滤波达到更好的输出效果，只需接上简单的 LC 滤波器。

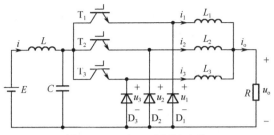

图 4-23　三相三重斩波电路

多相多重斩波电路还具有备用功能，各斩波电路单元可互为备用，万一某一斩波电路单元发生故障，其余各单元可以继续运行，从而提高了总体的可靠性。

4.3　带隔离的直流–直流变换电路

与直流斩波电路相比，带隔离的直流–直流变换电路增加了交流环节，该交流环节的核心是高频变压器的加入，这种电路也称为直流–交流–直流变换电路。

简介

采用该电路的原因如下：①电路的输出端与输入端之间需要隔离；②电路需要相互隔离的多路输出；③输出电压与输入电压的比例远小于 1 或远大于 1，采用该电路可提高电路的利用率；④交流环节采用的工作频率较高，一般高于 20kHz（此频率下变压器和电感产生的刺耳噪声超出人耳的听觉极限）；⑤采用该电路可以减小变压器、滤波电感、滤波电容的体积和质量。

带隔离的直流–直流变换电路分为单端（Single End）电路和双端（Double End）电路两大类。小功率设备中使用的一般是单端电路，变压器中流过的是直流脉动电流，正激式变换电路和反激式变换电路属于单端电路。中大功率设备中使用的一般是双端电路，变压器中的电流为正负对称的交流电流，半桥式变换电路、全桥式变换电路和推挽式变换电路属于双端电路。

4.3.1　正激式变换电路

1．电路结构

正激式变换电路

正激式变换电路的电路结构如图 4-24（a）所示，T 为开关管，Tr 为高频隔离变压器，D_1、D_2 为高频二极管，D_3 为续流二极管，相关波形如图 4-24（b）所示。

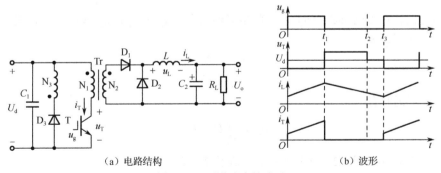

（a）电路结构　　　　　　　　（b）波形

图 4-24　正激式变换电路

2．工作原理

正激式变换电路的工作过程如下。

当 T 的栅极加上正向电压 u_g 时，T 导通，电流通路如图 4-25（a）所示，形成电源 U_d 正极→Tr 一次绕组 N_1 → T →电源 U_d 负极、Tr 二次绕组 N_2 → D_1 → L → R_L 回路，即输入电压 U_d 通过导通的 T 顺时针给高频变压器 Tr 的一次绕组储存能量，并将能量传递给二次绕组，一次绕组 N_1、二

次绕组 N_2 上的电压极性均为上正下负，此时 D_1 导通，D_2 承受反向电压截止，电感 L 储能，电流近似线性增长，同时变压器二次侧将能量顺时针输送给负载 R_L。由于变压器同名端，绕组 N_3 上的电压极性为下正上负，D_3 承受反向电压截止。

当 T 的栅极撤去正向电压 u_g 时，T 关断，电流通路如图 4-25（b）所示，形成电源 U_d 正极→Tr 辅助绕组 N_3→D_3→电源 U_d 负极、L→R_L→D_2 回路，即电感 L 通过 D_2 顺时针将能量输送给负载 R_L。同时由于 T 关断，一次侧绕组 N_1 有残留的从上往下的剩磁，则在 Tr 辅助绕组 N_3 上就有从下往上的剩磁，通过 D_3 与输入电源 U_d 形成逆时针的释放剩磁回路。设剩磁的释放时间为 t_{rst}，则 T 的关断时间大于 t_{rst}，以保证 T 在下次开通前，变压器中的励磁电流降为零，使磁芯可靠复位。Tr 辅助绕组 N_3 和 D_3 构成的是**磁芯复位电路**。如果不释放剩磁，那么开关管在每次导通后，变压器中的励磁会在剩磁的基础上叠加，长此以往，会导致变压器的磁芯发生磁饱和，最终损坏开关管。从如图 4-24（b）所示的波形中可以看出，$t_1 \sim t_2$ 阶段为剩磁复位电路工作时间，在 T 两端产生的电压为

$$u_T = \left(1 + \frac{N_1}{N_3}\right)U_d \tag{4-35}$$

当剩磁释放完后 $u_T = U_d$。

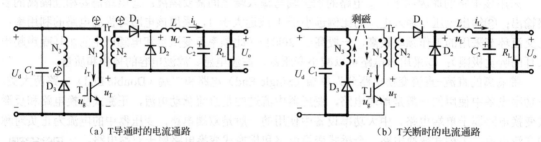

（a）T 导通时的电流通路   （b）T 关断时的电流通路

图 4-25 正激式变换电路电流通路

3. 参数计算

在输出滤波电感电流连续的情况下，即在 T 导通时，电感 L 中通过的电流不为零，推导输出电压 U_o 与输入电压 U_d 的关系。

当 $\int_0^{T_S} u_L \mathrm{d}t = 0$ 时，根据 T 在导通和关断时的电流通路不同，可得 $\int_0^{t_{on}} u_L \mathrm{d}t + \int_{t_{on}}^{T_S} u_L \mathrm{d}t = 0$，

当 T 导通时，在如图 4-25（a）所示的电流通路中，$u_{N1} = U_d$，$u_{N2} = u_L + U_o$，变压器一次侧与二次侧的电压关系为

$$\frac{u_{N1}}{u_{N2}} = \frac{N_1}{N_2} \tag{4-36}$$

可整理出在 T 导通时有

$$u_L = \frac{N_2}{N_1}U_d - U_o \tag{4-37}$$

当 T 关断时，在如图 4-25（b）所示的电流通路中有

$$u_L = -U_o \tag{4-38}$$

将式（4-37）、式（4-38）代入电感电压积分公式，得

$$\left(\frac{N_2}{N_1}U_d - U_o\right)t_{on} + (-U_o)t_{off} = 0 \tag{4-39}$$

整理式（4-39）得

$$U_o = \frac{N_2}{N_1}\frac{t_{on}}{T_S}U_d = \frac{N_2}{N_1}\alpha U_d \tag{4-40}$$

如果输出电感电流不连续，输出电压U_o将高于式（4-40）的计算值，并随负载减小而升高，在负载为零的极限情况下有

$$U_o = \frac{N_2}{N_1}U_d \tag{4-41}$$

讨论：剩磁复位电路在工作时，T 两端产生的电压为什么是

$$u_T = \left(1 + \frac{N_1}{N_3}\right)U_d$$

答：当 T 关断时，在$U_d \to$Tr 辅助绕组 $N_3 \to D_3 \to$电源 U_d 负极回路有$u_{N3} = -U_d$，变压器的变比关系为

$$\frac{u_{N1}}{u_{N3}} = \frac{N_1}{N_3}$$

则

$$u_{N1} = -\frac{N_1}{N_3}U_d$$

又由于有

$$u_{N1} + u_T = U_d$$

得

$$u_T = \left(1 + \frac{N_1}{N_3}\right)U_d$$

4.3.2 其他带隔离的直流-直流变换电路

其他带隔离的直流-直流变换电路有反激式变换电路、半桥式变换电路、全桥式变换电路和推挽式变换电路，具体如表 4-1 所示。

表 4-1 其他带隔离的直流-直流变换电路

名　　称	电路结构及电流连续时输出电压的公式	具 体 内 容
反激式 变换电路	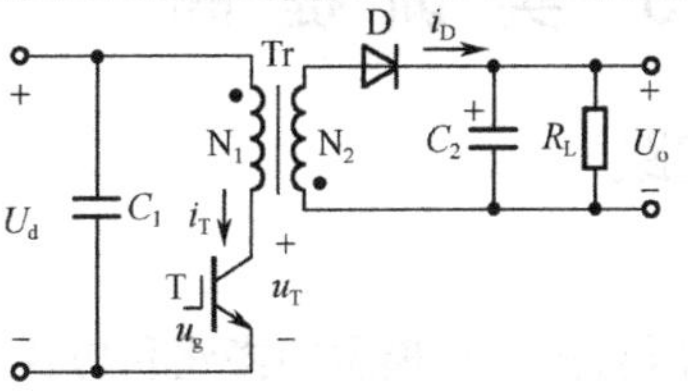 $$U_o = \frac{N_2}{N_1}\frac{\alpha}{1-\alpha}U_d$$	
半桥式 变换电路	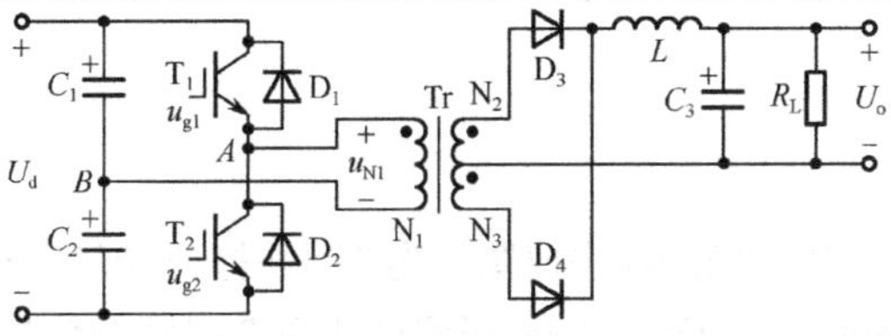 $$U_o = \frac{N_2}{N_1}\frac{t_{on}}{T_S}U_d = \frac{N_2}{N_1}\alpha U_d$$	

续表

名　称	电路结构及电流连续时输出电压公式	具体内容
全桥式 变换电路	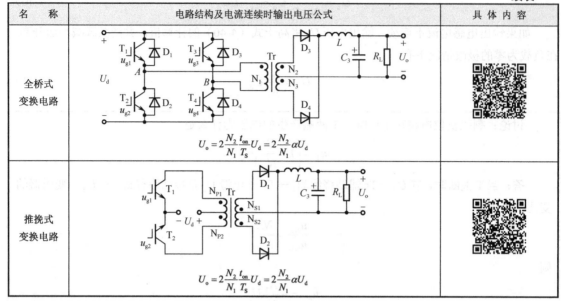 $U_o = 2\dfrac{N_2}{N_1}\dfrac{t_{on}}{T_S}U_d = 2\dfrac{N_2}{N_1}\alpha U_d$	
推挽式 变换电路	$U_o = 2\dfrac{N_2}{N_1}\dfrac{t_{on}}{T_S}U_d = 2\dfrac{N_2}{N_1}\alpha U_d$	

4.4　PWM 直流-直流变换电路

直流-直流变换电路的用途非常广泛，直流电动机的驱动、UPS、开关电源等都用到了 PWM 直流-直流变换电路。本节学习 PWM 控制基本原理、双极型电压开关 PWM 控制、单极型电压开关 PWM 控制及典型 PWM 控制芯片，具体内容如表 4-2 所示。

表 4-2　PWM 直流-直流变换电路

名　称	PWM 控制基本原理	双极型电压开关 PWM 控制	单极型电压开关 PWM 控制	典型 PWM 控制芯片
具体内容				

4.5　实　训　提　高

实训 1　升/降压斩波电路仿真实践

一、实训目的

1. 学会使用 MATLAB 进行升/降压斩波电路模型的搭建和仿真。
2. 通过对升/降压斩波电路的仿真掌握该电路的波形，明确工作原理。

二、实训内容

1. 降压斩波电路的仿真。
2. 升压斩波电路的仿真。

三、实训步骤

斩波电路 MATLAB 仿真

（1）在 MATLAB 界面中找到 SIMULINK（快捷图标为 ▦ ）并打开，创建一个空白的 SIMULINK 仿真文件，并打开 Library Browser。用 SIMULINK 搭建降压斩波电路的仿真电路图，并记录搭建模型图及仿真模型图的过程。

① 建模：根据表 4-3 中的模块名称，在搜索框中搜索需要的模块，将模块放置在文档合适的位置，并用导线连接形成建模图，如图 4-26 所示。

表 4-3 主要模块和作用

模 块 名 称	模 块 外 形	作 用
DC Voltage Source		提供直流电压
IGBT		作为全控型开关器件
Diode		作为单向导通器件
Pulse Generator		产生脉冲信号，控制晶闸管的通断
Voltage Measurement		检测电压的大小
Current Measurement		测量回路中的电流大小
Scope		观察输入信号、输出信号的仿真波形
Series RLC Branch		电路所带的串联负载
Parallel RLC Branch（负载并联模块）		电路所带的并联负载

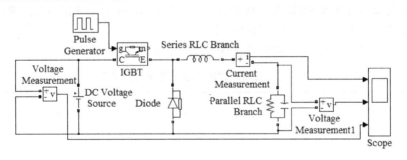

图 4-26 降压斩波电路建模图

注意：不同版本的 MATLAB 的模块所在的组别不同，寻找路径也不同，但是模块名称和外形相同，搜索，寻找模块最便捷。在放置模块时通过 Ctrl+R 组合键旋转模块。有的版本的 MATLAB，对于 Series RLC Branch 的外形会根据所选负载性质而改变。

② 模块参数设置：双击相关模块，根据表 4-4 中的内容修改模块的参数。另外，不同版本的 MATLAB 的参数设置界面不同，可根据具体情况进行设置。

表 4-4 主要模块的参数设置

模 块 名 称	参 数 设 置
DC Voltage Source	将 Amplitude 设置为 100
IGBT	默认值
Diode	默认值

续表

模 块 名 称	参 数 设 置
Pulse Generator	将 Amplitude 设置为 1；将 Period 设置为 1/20000；将 Pulse delay 设置为 50；将 Phase delay 设置为 0
Voltage Measurement	默认值
Current Measurement	默认值
Scope	将 Number of axes 设置为 3
Series RLC Branch	将 Branch type 设置为 L；将 Resistance 设置为 0；将 Inductance 设置为 148e-5；将 Capacitance 设置为 inf
Parallel RLC Branch	将 Branch type 设置为 RC；将 Resistance 设置为 50；将 Inductance 设置为 inf；将 Capacitance 设置为 3e-6

注意：在设置占空比时，如占空比为 50%，就将 Pulse delay 设置为 50。另外，不同版本的 MATLAB 的参数设置界面不同，应根据具体情况进行设置。

③ 系统环境参数设置：在 Simulation 菜单中选择 Simulation Parameters 命令，进行仿真参数设置。在 Simulation Parameters...对话框中设置仿真时间：将 Start time 设置为 0，将 Stop time 设置为 0.002，将 Solver 设置为 ode23tb。

注意：有的版本的 MATLAB 在将 Solver 设置为 ode23tb 时会出错。若出错，则可以将其设为 auto。

④ 运行：在 Simulation 菜单中选择 Start 命令，或者单击快捷运行图标 ▶，可对建好的模型进行仿真。

注意：有的版本的 MATLAB 在运行时会自动形成 powergui，若不能自行生成，可在运行前搜索 powergui 模块，并将它拖到建模图内。

（2）观察占空比为 20%、80%时的相关波形，并记录波形于表 4-5 中。

表 4-5　降压斩波电路的仿真波形记录表

占 空 比	波 形
20%	
80%	

注意：若需要对波形进行编辑，则可在 MATLAB 的命令行窗口中输入如下代码。

```
set(0,'ShowHiddenHandles','on');set(gcf,'menubar','figure');
```

运行上述代码可以打开示波器的编辑窗口。在此窗口中可对波形的线型、坐标轴、标题、颜色、标注等进行设置。

（3）用 SIMULINK 搭建升压斩波电路的仿真电路图，并记录搭建模型图及仿真模型图的过程。具体建模与模块参数设置方法见前述降压斩波电路的建模与模块参数设置方法。升压斩波电路建模图如图 4-27 所示。观察占空比为 30%、70%时的相关波形，并记录波形于表 4-6 中。

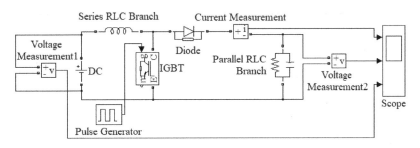

图 4-27　升压斩波电路建模图

表 4-6　升压斩波电路的仿真波形记录表

占　空　比	波　　形
30%	
70%	

四、实训错误分析

在表 4-7 中记录本次实训中遇见的问题与解决方案。

表 4-7　问题与解决方案

问　　题	解　决　方　案
1.	
2.	
……	

五、思考题

改变开关管的频率，应该怎么调整滤波电感和电容的参数？将参数调整过程及参数调结果及建模图、波形图记录在表 4-8 中。

表 4-8　思考题分析记录表

项　　目	结　　论
参数调整结果	
参数调整过程分析	

续表

项　目	结　论
建模图	
波形图	

实训 2　Cuk 斩波电路调试

一、实训目的

1. 通过实训掌握 Cuk 斩波电路的工作原理及调试方法。
2. 了解 PWM 控制与驱动电路的工作原理及其常用的集成芯片的使用方法。

二、实训器材

表 4-9 所示为实训器材。

表 4-9　实训器材

序　号	器材及型号	序　号	器材及型号
1	DJK01 电源控制屏	4	12V/2A 直流稳压电源（外配）
2	D42 三相可调电阻	5	双踪示波器
3	DJK20 直流斩波电路	6	万用表

三、实训内容

1. PWM 控制与驱动电路的测试。
2. Cuk 斩波电路的搭建与测试。

四、实训线路及原理

1. PWM 控制与驱动电路

PWM 控制与驱动电路以 SG3525 芯片为核心，其原理见本书前述部分。SG3525 芯片内部结构及外围电路如图 4-28 所示。

2. Cuk 斩波电路

Cuk 斩波电路工作原理见 4.1.4 节，其实训原理图如图 4-29 所示。

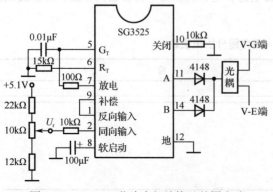

图 4-28　SG3525 芯片内部结构及外围电路

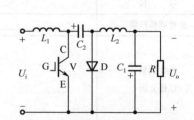

图 4-29　Cuk 斩波电路实训原理图

五、实训步骤

1. PWM 控制与驱动电路的测试

（1）打开 DJK01 的总电源开关，开启 DJK20 控制电路的电源。

（2）调节 PWM 脉冲调节电位器改变 U_r，将万用表接在 U_r 与地之间，读

Cuk 斩波电路调试

取电位器变化时对应的电压值，此时用示波器观察 11 脚、14 脚的输出波形，以及 V-G 端与 V-E 端的输出波形，记录 11 脚、14 脚的输出波形和 V-G 端与 V-E 端的输出波形及相关数据于表 4-10 和表 4-11 中。

表 4-10　PWM 控制与驱动电路测试记录表 1

测 量 点	11 脚	14 脚	V-G 端与 V-E 端
波 形 类 型			
波　　形			
波 形 幅 值/V			
波 形 频 率/Hz			

表 4-11　PWM 控制与驱动电路测试记录表 2

U_r	1.4V	1.6V	1.9V	2.1V	2.4V
11 脚占空比/%					
14 脚占空比/%					
V-G 端与 V-E 端占空比/%					

2. Cuk 斩波电路的测试

（1）切断电源，根据图 4-29 连接电路。U_i 的正极接 L_1 的左端，L_1 的右端接 V 的 C 端，V 的 E 端接 U_i 的负极。V 的 C 端接电容 C_2 的正极，电容 C_2 的负极接 D 的阳极，D 的阴极接 V 的 E 端。电容 C_2 的负极接电感 L_2 的左端，电感 L_2 的右端接电容 C_1 的负极，电容 C_1 的正极接 D 的阴极。D42 中的滑线变阻器并联，即将两个阻值为 900Ω 的电阻接成并联形式，首端 A_1 与首端 A_2 连接，末端 X_1 与末端 X_2 连接。滑线变阻器滑动头放在居中位置处。首端 A_1 和末端 X_1 接在电容 C_1 的两端。12V/2A 直流稳压电源的正极接 U_i 的正极，12V/2A 直流稳压电源的负极接 U_i 的负极。最后将 PWM 控制与驱动电路的输出端 V-G、V-E 分别接至 V 的 G 端和 E 端。

（2）检查接线是否正确，尤其是**电解电容的极性是否接反**。在确认无误后，打开 DJK01 的总电源开关，开启 DJK20 控制电路的电源。调节电位器改变 U_r，记录 U_i 和 U_o 的数值于表 4-12 中。绘制实际接线图或粘贴照片于表 4-13 中。

表 4-12　Cuk 斩波电路测试记录表

U_r	1.4V	1.6V	1.9V	2.1V	2.4V
U_i					
U_o					

表 4-13　Cuk 斩波电路实际接线图

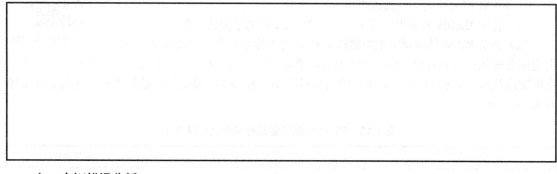

六、实训错误分析

在表 4-14 中记录本次实训中遇见的问题与解决方案。

表 4-14　问题与解决方案

问　　题	解　决　方　案
1.	
2.	
......	

实训 3　小型开关电源的制作

一、实训目的

1．掌握小型开关电源的工作原理及各元器件的作用。

2．掌握各种测试仪器的使用方法。

3．了解开关管工作频率、高频变压器、电压反馈电路的作用。

4．掌握小型开关电源的制板、安装、调试方法，会使用双踪示波器测量电路中相关点的波形，能对故障进行排除。

二、实训内容

1．判断元器件质量。

2．制作、焊接、装配与调试小型开关电源整板。

3．观测小型开关电源的主要波形。

4．分析高频变压器及 UPC817 和 TL431 的功能原理。

三、实训线路及原理

图 4-30 所示为本实训小型开关电源原理框图。小型开关电源主要由 EMI 电路、一次侧整流滤波电路、高频变压器、二次侧整流滤波电路、采样电路、光耦隔离电路、PWM 控制电路组成。图 4-31 所示为本实训小型开关电源实物图。图 4-32 所示为本实训小型开关电源的电路图。

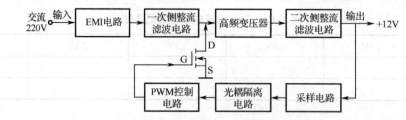

图 4-30　本实训小型开关电源原理框图

图 4-31　本实训小型开关电源实物图

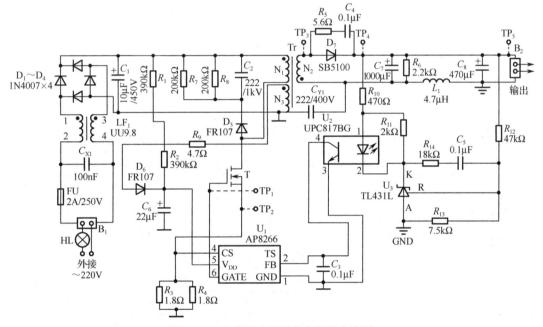

图 4-32　本实训小型开关电源的电路图

其具体工作原理如下：

输入的 220V 交流电经过 EMI 电路进行滤波，经过滤波的 220V 交流电先通过 4 个整流二极管 $D_1 \sim D_4$ 进行全桥整流，然后通过 C_1 进行滤波，输出约为 310V 的直流电压。直流电压通过变压器的一次侧绕组加至功率 MOSFET T_1 的 D 极，D_5、R_7、R_8、C_2 构成尖峰吸收电路，抑制开关电源产生的涌浪电压。R_1、R_2 构成启动电阻，310V 直流电压通过启动电阻给 C_6 电容充电，从而给 AP8266 的 5 脚（V_{DD}）一个开启电压，6 脚（GATE）输出电压供给功率 MOSFET。

电路启动后，AP8266 的 5 脚（V_{DD}）的供电电压由启动电阻转为变压器副绕组 N_3 提供。当开关电源开始工作时，副绕组将会产生电压，经过 D_6 快恢复二极管后给 AP8266 的 5 脚（V_{DD}）供电。R_3、R_4 是电路的取样电阻，当流过 T_1 的电流发生变化时，其电压发生变化，AP8266 的 4 脚（CS）会检测取样电阻的电压，AP8266 调整占空比后由 6 脚送出调整后的 PWM，进而控制 T_1。

根据变压器同名端极性相同原理，当一次侧电感线圈 N_1 上正下负（电源极性）时，二次侧线圈 N_2 会感应出一个上负下正的电压。D_7 处于截止状态，没有电压输出。当开关 T_1 截止时，由于电感线圈中的电流不能突变，产生的感应电动势在变压器二次侧线圈会出现一个上正下负的电压，

D_7 处于导通状态，输出+12V 的电压。

稳压电路主要由 TL431L、直插光耦 UPC817BG 和 AP8266 组成。当输出电压（+12V）升高时，R_{12}、R_{13} 分得的电压也升高，TL431L 的 K 端电压下降，使直插光耦 UPC817BG 内部的发光二极管发光加强，AP8266 的 2 脚（FB）信号发生变化，AP8266 调整输出占空比，使+12V 电压降低；反之则升高，从而达到输出稳定的作用。

四、实训器材

表 4-15 所示为实训器材。

表 4-15　实训器材

序　号	器材及规格	数　量	编　号	序　号	器材及规格	数　量	编　号
1	电解电容 10μF/450V	1 个	C_1	21	直插电阻 18K	1 个	R_{14}
2	高压瓷片电容 2200pF 222/1kV	1 个	C_2	22	直插电阻 390kΩ/0.25W	2 个	R_1、R_2
3	贴片电容 0.1μF±20%	3 个	$C_3 \sim C_5$	23	直插电阻 1R8/0.25W	2 个	R_3、R_4
4	安规电容 275V/100nF	1 个	C_{X1}	24	直插电阻 5R6/0.25W	1 个	R_5
5	高压瓷片电容 2200pF 222/400V	1 个	C_{Y1}	25	直插电阻 2.2kΩ/0.25W	1 个	R_6
6	整流二极管 1N4007	4 个	$D_1 \sim D_4$	26	直插电阻 200kΩ/0.25W	2 个	R_7、R_8
7	快恢复二极管 FR107	2 个	D_5、D_6	27	直插电阻 4R7/0.25W	1 个	R_9
8	肖特基二极管 SB5100	1 个	D_7	28	直插电阻 470R/0.25W	1 个	R_{10}
9	电解电容 22μF±20%	1 个	C_6	29	直插电阻 2kΩ/0.25W	1 个	R_{11}
10	电解电容 1000μF±20%	1 个	C_7	30	直插电阻 47kΩ/0.25W	1 个	R_{12}
11	电解电容 470μF±20%	1 个	C_8	31	直插电阻 7.5kΩ/0.25W	1 个	R_{13}
12	2A/250V 熔断器	1 个	FU	32	2 输入接线端子	2 个	B_1、B_2
13	工字电感 0608 4.7μH	1 个	L_1	33	220V 电源	1 个	—
14	EMI 滤波电感 UU9.8	1 个	LF_1	34	装有 AD 软件的计算机	1 套	—
15	控制芯片 AP8266TCC-R1	1 个	U_1	35	焊锡丝	若干	—
16	直插光耦 UPC817BG	1 个	U_2	36	电烙铁	1 个	—
17	稳压器 TL473L-1%	1 个	U_3	37	万用表	1 个	—
18	插针 2.54mm	6 个	—	38	双踪示波器	1 个	—
19	自制高频变压器	1 个	Tr	39	白炽灯 220V30W	1 个	HL
20	电力 MOSFET FQPF5N60C/5A 600V	1 个	T				

五、实训步骤及测量结果记录

（1）使用 Altium Designer 绘制小型开关电源原理图及 PCB 原理图并打板。在制作电路板时要注意元器件的布局合理性和布线的正确性。将小型开关电源 PCB 原理图记录到表 4-16 中。

表 4-16 小型开关电源 PCB 原理图

（2）针对本次实训的所有元器件，确定引脚定义，并结合万用表简单判断元器件的质量，记录主要元器件的引脚定义和质量判断过程。

电力 MOSFET 质量判断过程：＿＿＿＿＿＿＿＿＿＿＿＿＿＿＿＿＿＿＿＿＿＿＿＿＿＿

＿＿。

TL431L 质量判断过程：＿＿＿＿＿＿＿＿＿＿＿＿＿＿＿＿＿＿＿＿＿＿＿＿＿＿＿＿＿＿

＿＿。

UPC817BG 质量判断过程：＿＿＿＿＿＿＿＿＿＿＿＿＿＿＿＿＿＿＿＿＿＿＿＿＿＿＿＿＿

＿＿。

（3）通过万用表蜂鸣挡检测电路板的焊点及走线是否正确。在确认无误的情况下，焊接元器件。要求不漏装、错装，不损坏元器件，无虚焊、漏焊和搭焊现象。焊接完毕，并检查无误后，方可对电路单元进行通电实训，如有故障应进行排除。将小型开关电源焊接完成的电路板正面及反面照片粘贴到表 4-17 中。

表 4-17 小型开关电源焊接完成的电路板正面及反面照片

正　面	反　面

（4）在输入端接入 220V 交流电，并用万用表测试输出端是否为（12±0.5）V。若结果正确，则将示波器调至 CH1，连接探针，探头在"1x"位置，分别连接至 $TP_1 - TP_2$ 点、$TP_3 - GND$ 点、$TP_4 - GND$ 点、$TP_5 - GND$ 点。观测示波器波形，将结果填入表 4-18。

表 4-18 小型开关电源波形记录

测 量 点	波 形
$TP_1 - TP_2$	 X 轴挡位＿＿＿＿；Y 轴挡位＿＿＿＿。频率＿＿＿＿。占空比＿＿＿＿
$TP_3 - GND$	 X 轴挡位＿＿＿＿；Y 轴挡位＿＿＿＿。频率＿＿＿＿

测 量 点	波 形
$TP_4 - GND$	X轴挡位_____；Y轴挡位_____
$TP_5 - GND$	X轴挡位_____；Y轴挡位_____

六、电路安装及调试注意点

（1）固定元器件时需要将元器件摆正，并紧贴电路板，不要出现元器件歪斜、偏移、错位现象。

（2）使用仪器仪表时应选用合适的量程，防止损坏。

（3）在接入电路时注意安全，做到通电离手。220V 白炽灯务必接入电路，以防炸机。

七、电路分析计算（可选）

（1）高频变压器磁性、绕组分析。

_____

（不够自行另附页）。

（2）计算反馈回路中的 R_{10}、R_{11}、R_{12}、R_{13}。

_____

（不够自行另附页）。

八、实训错误分析

在表 4-19 中记录对应问题的原因、解决方案。

表 4-19 对应问题的原因、解决方案

问 题	原 因	解 决 方 案
1. AP8266 不能正常供电		
2. 输出电压达不到 12V		
3. 电解电容爆炸		
……		

九、思考题

对本次实训进行总结。

4.6 典 型 案 例

案例 1 TCG-1 型无轨电车

图 4-33 所示为 TCG-1 型无轨电车主电路原理图，直流电源输入电压为 600V，工作频率为 125Hz，主要适用于 ZQ-60、DQ-14/86、ZQ-Q90 直流牵引电动机。

在图 4-33 中，T_1 是主晶闸管；T_2 是辅晶闸管；C 和 L_1 是振荡电路的电容和电感，与 D_1、D_2、L_2 组成 T_1 的换流关断电路；TA 是电流互感器（由霍尔元件组成）；D_0 用于防止无轨电车主电路被加反向电压；R_T 和 T_3 组成消磁回路，用于进一步提高车速；L_0 和 C_0 是输入滤波器。

TCG-1 型无轨电车主电路具体工作原理如下。

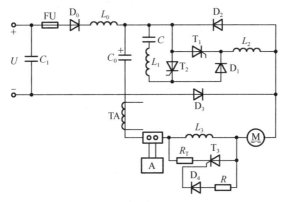

图 4-33 TCG-1 型无轨电车主电路原理图

当电路接通电源后，T_1、T_2 承受正向电压但不触发，电源 U 通过 L_1、D_1 及负载将 C 充电到 U 值，电流通路如图 4-34（a）所示，对应图 4-35 中 t_1 之前的时间。

t_1 时刻触发 T_1 导通，电源 U 通过 T_1 加到负载端，负载电流为 I_d，电流通路如图 4-34（b）所示，另外，由于 D_1 具有单向导电性，因此电容 C 不能放电，对应图 4-35 中 $t_1 \sim t_2$ 阶段。

t_2 时刻触发 T_2 导通，T_1 继续导通，向负载输出电流，同时 L_1、C 与 T_2 形成振荡回路，电流通路如图 4-34（c）所示，电容 C 经 T_2 向 L_1 放电，之后再反向充电，使电容电压极性从 $+U$ 变为 $-U$，其对应图 4-35 中的 t_3 时刻，此时 $u_C = -U$，$i_C = 0$，T_2 自行关断。

t_3 时刻 T_2 关断后，电容 C 通过 T_1 反向放电，流过 T_1 的电流不断减小，当流过 T_1 的反向放电电流 $i_C = I_d$ 时 T_1 关断，其通路如图 4-34（d）所示，T_1 关断时刻对应图 4-35 中的 t_4 时刻。

t_4 时刻 T_1 关断后，D_2 导通，电容 C 经 D_1、L_2、D_2 继续放电，电流通路如图 4-34（e）所示。电容 C 的反向放电电流继续增大，在反向放电电流增大到最大值之前，L_2 的自感电动势给 T_1 施加持续时间为 t_0 的反向电压。在 t_5 时刻 i_C 达到最大值，T_1、T_2 恢复承受正向电压。

t_6 时刻，$u_C = U$，此时负载电流通过 D_3 续流，电流通路如图 4-34（f）所示。

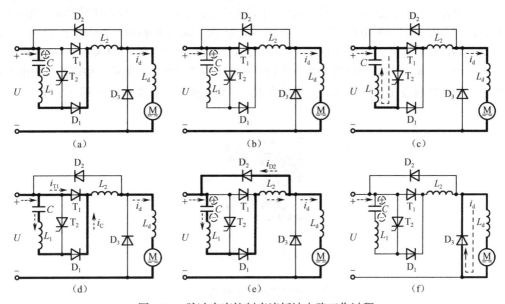

图 4-34 脉冲宽度控制直流斩波电路工作过程

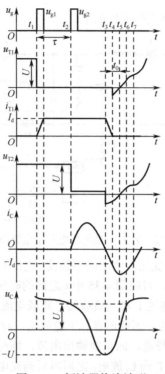

图 4-35　斩波器换流波形

由此可见，输出电压的脉宽是通过 T_2 触发导通的时刻来控制的。若斩波器工作周期为 T_S，u_{g1} 距 u_{g2} 的间隔 τ 增大，则输出电压的脉宽变宽，输出直流电压平均值增大；反之 u_{g1} 距 u_{g2} 的间隔 τ 缩小，则输出电压的脉宽变窄，输出直流电压平均值减小。

案例 2　UC3842A 开关电源

开关电源能输出高质量的直流电，被广泛应用于工业自动化控制、军工设备、LED 照明、通信设备、电力设备、医疗设备、液晶显示器、计算机机箱、数码产品和仪器类等领域。图 4-36 所示为施耐德的 24V 输出开关电源。图 4-37 所示为采用 UC3842A 控制的开关电源的电路，该电源型号为 G2B-9，输入为 AC 110～220V，输出为+24V/2.6A，用在吉兆 GME3011 型电视激励器开关电源电路中。图 4-37 所示的电路主要由高频变压器、整流滤波输入电路、整流滤波输出电路、稳压电路、电源控制芯片 UC3842A、光电耦合器、三端精密稳压源 TL431 等部分组成。

图 4-36　施耐德的 24V 输出开关电源

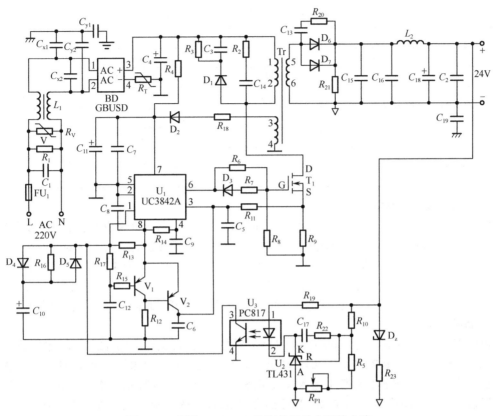

图 4-37 采用 UC3842A 控制的开关电源的电路

UC3842A 是开关电源用电流控制型 PWM 集成电路，主要由欠压锁定电路、振荡器、5V 基准电源、PWM 锁存器、误差放大器、电流检测比较器构成。图 4-38 所示为 UC3842A 的内部方框图。表 4-20 所示为 UC3842A 引脚功能表。

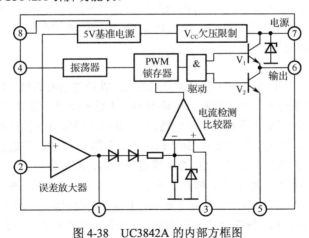

图 4-38 UC3842A 的内部方框图

表 4-20　UC3842A 引脚功能表

引　　脚	①	②	③	④
符　　号	COMP	VFB	Sen	OSC
功　　能	比较端	负反馈端	电流灵敏度	振荡端
电　压/V	2.5	0	0.08	0.3
引　　脚	⑤	⑥	⑦	⑧
符　　号	GND	OUT	Vcc	Vref
功　　能	地	输出	电源	参考
电　压/V	0	2.8	16	5

1. 整流滤波输入电路

电容 C_{x1}、电容 C_{x2}、电容 C_{y2}、电容 C_{y1}、电阻 R_1、电感 L_1 等元件组成了抗干扰滤波电路（用于滤除市电中的高频干扰和高次谐波）。AC 220V 市电经熔断器 FU_1 进入抗干扰滤波电路，经滤波后由整流桥 BD 整流输出，并通过 C_4 滤波成 300V 左右的直流电压。图 4-37 中的 R_V 是压敏电阻，用于防止电源过压，若电源电压大于 250V，R_V 将被击穿短路，有保护后级电路的作用；R_T（型号为 NTC80）是一个具有负温度系数性能的热敏电阻器，在开机瞬间可限制开机冲击电流。

2. 启动电路

整流滤波输入电路输出的 300V 电压一路经高频变压器 Tr 的一次侧绕组（1、2 侧）进入 T_1 的 D 端；另一路经启动电阻 R_4 作为 U_1 的启动电压进入 U_1 的 7 脚（电源供电端），U_1 得电工作。得电后的 U_1 从 6 脚输出脉冲信号使 T_1 进入开关状态，则高频变压器 Tr 的一次侧绕组（1、2 侧）有电流流过，同时二次侧绕组（5、6 侧）感应出交变电压。另外，高频变压器 Tr 的二次侧绕组（3、4 侧）感应出一个高频感应交变电压，该高频感应交变电压经过 D_2 整流和 C_{11} 滤波后得到 18V 左右的直流电压，该直流电压送入 U_1 的 7 脚（供电端）。当电路正常工作后，18V 左右的直流电压为 U_1 稳定供电，这个电压代替原来由 300V 经启动电阻 R_4 送入的启动电压。

3. 整流滤波输出电路

D_6、D_7、C_{15}、C_{16}、C_{18}、C_2 及 L_2 组成开关电源的整流滤波输出电路。高频变压器 Tr 的二次侧绕组（5、6 侧）感应出交变电压，经过 D_6、D_7 输出脉动的直流电，再经过之后的电感、电容滤波得到 +24V 输出电压。

4. 稳压电路

U_3（PC817）、U_2（TL431）和 U_1（UC3842A）组成开关电源的稳压电路。U_3 是光电隔离器件，它能在传输电路信号的同时实现输入电路和输出电路的隔离，提高电路安全性，减少电路内部电磁干扰。U_2 是一种三端并联稳压集成电路，具有热稳定性能良好的三端可调分流基准电源，外形与塑封晶体管相同，输出电压在 2.5～36V 范围内。在图 4-37 中，若输出电压（+24V）升高，分压电阻 R_{10}、R_5 分得的电压也升高，U_2 的 R 端电压升高，K 端电压降低，U_3 的 1 脚到 2 脚中流过的电流增大，内阻减小，使 U_3 的 3 脚到 4 脚输出电压减小，U_3 的 3 脚连接 U_1 的 1 脚，因此 U_1 的 1 脚内部的电流检测比较器反相端电压减小，U_1 内部振荡器输出脉冲的脉宽减小，该脉冲经 U_1 的 6 脚输出至 T_1 的 G 极，使 T_1 导通时间缩短，进而使高频变压器 Tr 的一次侧绕组（1、2 侧）储能减少，二次侧绕组（5、6 侧）感应电压降低，达到稳压目的。

反之，若输出电压（+24V）降低，U_2 的 R 端电压降低，K 端电压升高，U_3 的 1 脚到 2 脚中流过的电流减小，内阻增大，U_1 的 1 脚电压升高，U_1 内部振荡器输出脉冲的脉宽增大，T_1 导通时间加长，进而使高频变压器 Tr 的一次侧绕组（1、2 侧）储能增多，二次侧绕组（5、6 侧）感应电压升高，从而达到稳压的目的。

5. 保护电路

R_3、R_2、C_3、C_{14}、D_1构成尖峰吸收电路。在T_1关断时，在高频变压器Tr的一次侧绕组（1、2侧）中容易产生尖峰电动势，若不对这个尖峰电动势进行处理，则会损坏T_1。当有尖峰吸收电路后，尖峰电动势经过D_1流入C_3（或经过R_2直接流入C_{14}），尖峰电动势被吸收，进而保护T_1。

过流取样电阻R_9、电阻R_{11}、电容C_5与U_1的3脚及其内部电路一起构成过流保护电路。当T_1中电流异常增大时，R_9上的电压升高，该电压经R_{11}通过U_1的3脚送入其内部电流检测比较器的同相端，比较器输出的电压调整PWM锁存器，输出脉冲的脉宽减小，使得开关电源进入间歇状态。若U_1的3脚电压增大到1V，U_1将停止输出脉冲，T_1关断，开关电源停止工作。

6. 软启动电路

R_{13}、R_{17}、R_{15}、C_{12}、V_2、V_1及U_1的3脚内部电路组成软启动电路。U_1启动工作后8脚输出+5V电压，该电压经过R_{13}、R_{17}对C_{12}充电。充电初期C_{12}上的电压较低，V_1、V_2导通，+5V电压加至U_1的3脚，因此U_1内部驱动电路不能输出脉冲。当C_{12}上的电压足够高时，V_1、V_2截止，U_1的3脚不受U_1的8脚控制，U_1的内部驱动电路正常输出脉冲，开关电源工作。R_{13}、R_{17}和C_{12}的充放电时间常数决定了软启动时间。

案例3　有源功率因数校正器

1. 功率因数低的原因

在相控整流电路中，控制角会影响功率因数，它是导致功率因数低的主要因素。通过在负载两端并联一个性质相反的电抗元件可以提高功率因数，即若电网呈感性，则在负载侧并联电容。图4-39（a）所示为二极管不可控整流滤波电路的电路图，其功率因数低（为0.6～0.7）的主要原因是电流波形畸变。当电源电压u_i大于滤波电容C两端的电压时，整流二极管$D_1 \sim D_4$才导通，输入侧才有电流i流过。输入电压与电流波形如图4-39（b）所示。对输入电流i进行傅里叶级数分析，电流谐波分量如图4-39（c）所示。由图4-39（c）可知，电流含一系列奇次谐波。

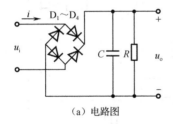 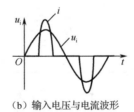

（a）电路图　　　　　（b）输入电压与电流波形　　　（c）电流谐波分量

图4-39　二极管不可控整流滤波电路

2. 功率因数校正原理

开关电源中需要不可控整流滤波电路，由前面的分析可知，不可控整流滤波电路使电流波形畸变，从而导致功率因数降低。功率因数校正的思想是把整流电路与滤波电容隔开，使整流电路变为电阻负载。当不可控整流电路后面不加滤波电路，负载变为电阻负载，输入电流变为正弦波，且与电源电压同相位时，功率因数为1。

图4-40所示的虚线框内为功率因数校正电路，由电感L、二极管D、开关管T_1及其控制极电路组成。功率因数校正电路将电容C与整流桥隔开，使得整流电路由电容负载变为电阻负载。功率因数校正电路的驱动电路采用PWM技术，并形成闭环控制，当交流电压增高时，功率因数校正电路从交流电源吸收较多的功率；当交流电压降低时，功率因数校正电路从交流电源吸收较少

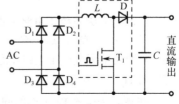

图4-40　功率因数校正电路

的功率，并保证交流电源电压与输入电流同相位，使输入电流为正弦波，从而提高功率因数。

3．功率因数校正方法

目前较常用的改善功率因数的方法如下。

（1）多重化整流法：利用变压器二次侧联结组别的不同，将整流桥输出电压错开一定相位，同时将各次不同谐波电流错开一定相位，从而使奇次谐波相互叠加而抵消。

（2）无源滤波法：在交流侧接入一个谐振滤波器，或者在整流器和电容器之间串联一个滤波电感，从而达到抑制高次谐波的目的。

（3）有源功率因数校正法：在整流电路和负载间接入一个直流-直流变换电路，利用电流闭环反馈技术，使电网输入电流波形跟踪电网输入正弦电压波形，让该电流与电网电压同相位，且接近正弦波。通常在电路中还需要加入一个大电感，以使整流管的导通角变大。

4．由 ICE1PCS01 构成的有源功率因数校正（APFC）电路

由 ICE1PCS01 构成的有源功率因数校正电路如图 4-41 所示。ICE1PCS01 的引脚功能如表 4-21 所示。

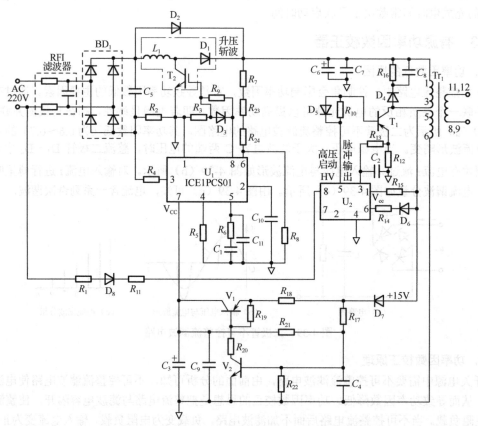

图 4-41　由 ICE1PCS01 构成的有源功率因数校正电路

有源功率因数校正电路工作原理如下。

T_2、D_1、D_2、L_1、C_5、R_4、R_9、R_7、R_{23}、R_{24}、R_8 及 U_1 外围阻容元件等组成启动电路。有源功率因数校正电路在通电后，U_2 内部电路启动，U_2 的 5 脚输出脉冲使得 T_1 导通，高频变压器 Tr_1 工作并输出电压。

在高频变压器 Tr_1 工作的同时，220V 交流市电经过 RFI 滤波器滤除干扰和高次谐波后被送入 BD_1 桥式整流器进行整流，得到脉动的直流电，该直流电再经过电容器 C_5 滤波得到 300V 左右的

较稳定直流电压。这个 300V 直流电经过 D_1 给由 R_7、R_{23}、R_{24} 和 R_8 组成的分压电路供电，分压后的电压被送入 U_1 的 6 脚。另外，高频变压器绕组（5、6 侧）产生 15V 交变电压通过 D_7 整流后，再经过 R_{18}、R_{19}、V_1 加到 U_1 的 7 脚（V_{CC} 电源端），U_1 开始工作。同时 15V 电压将 C_9 充电到 11.5V 时，U_1 进入软启动模式并输出电流（10.8μA）对 U_1 的 5 脚外接补偿网络中的电容进行恒流充电，U_1 的 5 脚电位线性上升，输入电感电流也线性上升，当有源功率因数校正电路的输出电压达到额定电压平均值的 80% 时软启动结束，有源功率因数校正电路进入正常工作状态。有源功率因数校正电路中的 T_2 的漏极电压来自经过 L_1 的 300V 直流电；T_2 的栅极控制信号来自 U_1 的 8 脚（PWM 输出端），这里 T_2 的工作频率可从几十千赫到一百千赫。T_2、D_1 和 L_1 构成升压斩波电路的核心部分。当 T_2 饱和导通时，300V 直流电压与 $L_1 \rightarrow T_2 \rightarrow$ 地形成回路，L_1 储能，同时 C_6 通过高频变压器 Tr_1 放电；当 T_2 截止时，300V 直流电压与 $L_1 \rightarrow D_1 \rightarrow C_6 \rightarrow$ 地形成回路，L_1 放能，C_6 充电。另外，放能的 L_1 两端产生左负右正的感应电动势，这种感应电动势与 300V 直流电压同方向叠加在 C_6 两端，得到 400V 的直流电压。通过前述"2. 功率因数校正原理"部分可知，流过 L_1 的电流波形和输入交流电压波形趋于一致，相位差角趋近于零，功率因数得到提高。

表 4-21　ICE1PCS01 的引脚功能

引　脚	脚名符号	功　　能
1	GND	地
2	ICOMP	电流控制环频率补偿端
3	ISENSE	电流检测输入
4	FREQ	频率设置端
5	VCOMP	电压控制环频率补偿端
6	VSENSE	电压取样输入
7	V_{CC}	电源
8	GATE	驱动脉冲输出端

有源功率因数校正电路稳压原理如下：C_6 正端电压经过 R_7、R_{23}、R_{24} 和 R_8 分压后，加到与 U_1 的 6 脚相连的内部误差放大器，产生的误差电压通过 U_1 的 5 脚外部的 R_6、C_1、C_{11} 阻容网络进行增益控制和频率补偿，同时输出信号控制斜波发生器对内置电容进行充电，达到调节 U_1 的 8 脚输出的脉冲占空比的目的。当 C_6 正端电压下降时，U_1 的 6 脚电压下降，U_1 的 8 脚输出脉冲占空比增大，T_2 导通时间变长，L_1 中存储的能量增多，C_6 正端电压回升；反之，当 C_6 正端电压上升时，U_1 的 6 脚电压上升，U_1 的 8 脚输出的脉冲电压占空比减小，T_2 导通时间缩短，L_1 中存储的能量减少，C_6 正端电压下降。电路通过这种闭环反馈控制，保持 C_6 正端电压为 400V 不变，达到稳压的目的。

5. 小结

通过学习本案例可知，电网中的谐波有如下害处：①会导致电力设备或电力线路发热、增加发热损耗；②会增大功率损耗，干扰电子设备运行；③若引起的电磁场耦合到通信线路中，会影响通信质量。

谐波是由电源输入电流波形畸变导致的，会使得功率因数变低。有源功率因数校正电路可以减少线路中的谐波污染，优化电能质量，净化电力系统环境，稳定信号输送，满足绿色环保能源的需求，符合我国可持续发展能源的理念。我国作为发展中国家，若想加快建设的步伐，需要将绿色环保及可持续发展的理念贯穿整个建设思路。

案例 4　储能双向变换器

图 4-42　储能双向变换器实物图

储能双向变换器是储能装置和直流电网之间交换能量的装置。在电池充放电时，储能双向变换器只需要根据系统需求向直流母线回馈或吸收能量。为便于操作，储能双向变换器一般会配备人机界面，用来显示和设置参数。储能双向变换器目前已在楼宇直流、数据机房、工业直流、园区直流、轨道交通、电厂、变电站和储能电站等领域得到较为广泛的应用。图 4-42 所示为储能双向变换器实物图。

1. 储能双向变换器的工作模式

储能双向变换器的工作模式分为正常模式、预充电模式、维护模式和待机模式。正常模式又分 Buck 和 Boost 两种模式。

系统正常工作模式：设定直流母线正常工作电压。

当检测到母线电压 U_{Bus} 因光伏电源（或反电动势）升至设定上限时，变换器进入 Buck 模式，给蓄电池恒流充电，直流母线电压下降。

当检测到母线电压 U_{Bus} 降低至设定的阈值而不影响系统正常运行时，停止充电，变换器进入待机模式，实时检测母线电压 U_{Bus} 和电池电压 U_{Bat}。

当检测到母线电压 U_{Bus} 由于供电不足或负载较重而降低至设定值时，变换器切换至 Boost 模式，蓄电池通过变换器进行恒流放电。

当检测到母线电压 U_{Bus} 上升至阈值时，变换器停止放电，进入待机模式；同时检测电池电压 U_{Bat}，若此电压低于放电截止数值，则变换器不再放电。值得一提的是，对母线电压 U_{Bus} 和电池电压 U_{Bat} 的检测是实时的，其目的是实现 Buck 模式或 Boost 模式自动切换。

系统其他工作模式：预充电模式和维护模式是为了保护储能电池而设计的。

（1）预充电模式：实时监控电池电压 U_{Bat}，当达到截止电压时，将充电电流减小到零以防止过压，此时控制变换器对储能电池进行浮充。如果电池电压 U_{Bat} 较低，就对储能电池进行预充电，变换器进入预充电模式，工作在 Buck 模式下，以保证母线电压 U_{Bus} 不低于设定值，调整充电电流，直到电池电压 U_{Bat} 达到断路电压设定值时结束。

（2）维护模式：若想人为将电池电量用尽，则进入维护模式，此时变换器工作在 Boost 模式，以尽可能将电池的电量输送到直流母线，但母线电压 U_{Bus} 不能超过设定的最高值。

2. 储能双向变换器的工作原理

储能双向变换器系统总体结构框图如图 4-43 所示。其主电路采用的是两相交错并联 Buck-Boost 电路拓扑，控制电路采用的是 DSPIC 数字控制器，并具有显示器、通信接口及采样和保护功能。

两相交错并联 Buck-Boost 电路拓扑如图 4-44 所示，两个模块电路开关器件导通信号错开 $180°$，电感总谐波电流的频率提高 1 倍，纹波率大大下降且与占空比有关。

在图 4-44 中，当 Buck 电路工作时，T_1、T_3 动作，D_2、D_4 续流，C_1、C_2 为缓冲电容。当 Boost 电路工作时，T_2、T_4 开关动作，D_1、D_3 续流，实现双向功率流动。图 4-45 所示为两相交错并联 Buck-Boost 电路中的电感电流波形。从图 4-45 中可以看出，两相交错并联电感总纹波电流频率为单相电感的 2 倍，当占空比为 0.4 时，纹波电流大小约为单相电感的 35%，纹波率约为单相电感的 18%。

双向变换器通过电压控制、电流控制实现对输出电压、输出电流的精确调节和限制，功率控制用来实现电池的长时间恒定功率充放电。以电池放电为例，当母线上负载所需要的功率增量大于当前条件下电池的最大输出功率时，控制电池输出最大功率。当母线上的负载所需要的功率增量小于当前条件下电池的最大输出功率时，控制电池快速精确输出电压或电流，保证母线电压快速恢复至设定值。图 4-46（a）所示为储能双向变换器控制策略框图，图 4-46（b）所示为电压控制、电流控制环路。

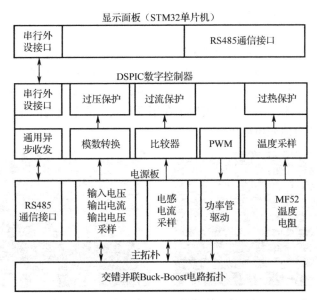

图 4-43　储能双向变换器系统总体结构框图

图 4-44　两相交错并联 Buck-Boost 电路拓扑　图 4-45　两相交错并联 Buck-Boost 电路中的电感电流波形

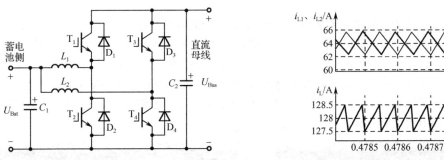

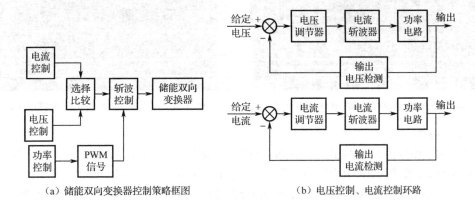

（a）储能双向变换器控制策略框图　　（b）电压控制、电流控制环路

图 4-46　储能双向变换器控制

此策略的特征在于功率控制部分决定 PWM 最大占空比，比较电压控制和电流控制部分的调节器输出的值，选择较小的值作为电流斩波器的给定值，保证储能双向变换器的输出电压和输出电流均不超过给定值，间接实现对占空比的削减。当输出反馈电压和电流均小于给定值时，电流斩波器给定值达到饱和，功率控制部分调节 PWM 占空比单方向增加趋向最大，实现最大功率输出。

3. 储能双向变换器的应用

将储能变换器应用于某直流楼宇，变换器在不同工作模式下的工作波形如下所示。

1）Buck 模式

当直流母线电压大于设定值时，储能双向变换器工作在 Buck 模式，给蓄电池组充电，测试波形如图 4-47 和图 4-48 所示。通道 1 和通道 2 表示电感电流波形，由图 4-47 和图 4-48 可知，电流波形是交错的，在不同负载下的电感电流大小不同，负载越大，电感电流峰值越大，且交错并联的电感电流峰值大小基本一致，基本实现了在不同负载下的电流均衡分布。通道 3 表示直流母线电压；通道 4 表示蓄电池充电电压。

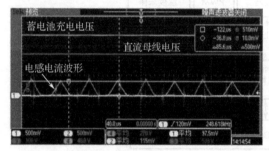
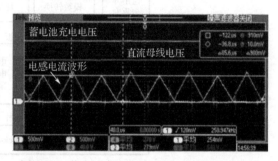

图 4-47　蓄电池充电电流 10A 时电感电流波形　　　图 4-48　蓄电池充电电流 27A 时电感电流波形

2）Boost 模式

当直流母线电压低于设定值且蓄电池组电压正常时，储能双向变换器工作在 Boost 模式，蓄电池组放电，维持直流母线电压的正常，测试波形如图 4-49 和图 4-50 所示。通道 1 和通道 2 表示电感电流波形，由图 4-49 和图 4-50 可知，电流波形是交错的，在不同负载下的电感电流大小不同，负载越大，电感电流峰值越大，其电感电流峰值分别为 1.09V 和 1.33V（电流传感器采样后以电压信号输出采样值）；另外，在同一负载下交错并联的电感电流峰值大小基本一致，基本实现在不同负载下的电流均衡分布。

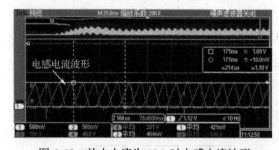
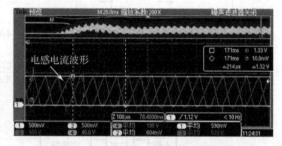

图 4-49　放电电流为 13A 时电感电流波形　　　图 4-50　放电电流在 21A 时电感电流波形

3）模式切换

储能双向变换器由 Buck 模式切换到 Boost 模式的波形如图 4-51 所示。储能双向变换器由 Boost 模式切换到 Buck 模式的波形如图 4-52 所示。通道 1 表示双向电流波形，通道 3 表示直流母线电压，通道 4 表示蓄电池电压，由图 4-51 和图 4-52 可知，双向变换器可以根据设定的控制方式在不同工作模式间自动切换，实现电流的双向控制。

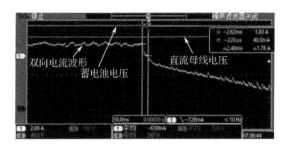

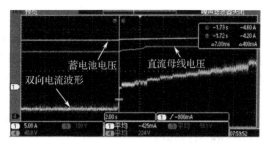

图 4-51　由 Buck 模式切换到 Boost 模式的波形　　　图 4-52　由 Boost 模式切换到 Buck 模式的波形

案例 5　直流光伏变换器

随着煤、石油、天然气等人类社会的主要能源日益枯竭，清洁能源的开发越来越受人们的重视。太阳能光伏发电是当前较为成熟且使用十分方便的新能源发电模式。当前光伏变换器主要采用的是逆变方式（先进行直流-直流变换，再进行直流-交流变换），因为具有两个转换环节，所以转换损耗加大。同时，交流并网的方式对并网点电能质量造成了不良影响。随着直流微电网应用增加，纯直流光伏变换器得到较多应用，图 4-53 是一种纯直流光伏变换器的应用场景。根据现场情况的不同，纯直流光伏变换器又分为升压型和降压型两类。

图 4-53　一种纯直流光伏变换器的应用场景

光伏变换器主要由主回路、控制电路、保护电路、驱动电路及采样电路组成。升压型光伏变换器主回路采用 Boost 升压电路来保证光伏电池板的稳定和最大功率的输出，它的主回路拓扑结构如图 4-54 所示。

为减小电流纹波并提高装置的载流量，Buck 变换器可以进行三相交错并联，它的主回路拓扑结构如图 4-55 所示。控制器通过改变开关管的 PWM 占空比来调节从光伏电池侧传递到 Buck 变换器负载侧的能量。

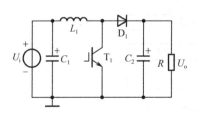

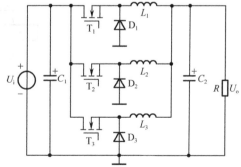

图 4-54　Boost 升压电路光伏变换器的主回路拓扑结构　　图 4-55　三相交错并联 Buck 电路光伏变换器

变换器的控制由 3 个基本的控制部分构成：①电压控制部分，即根据给定电压和输出电压反馈值调节功率电路中的电感电流，从而实现对输出电压的闭环控制；②电流控制部分，即根据给定电流和输出电流反馈值调节功率电路中的电感电流，从而实现对输出电流的闭环控制；③最大功率跟踪控制部分，即根据光伏电池的输出电压和输出电流调节 PWM 占空比，以使光伏电池能够输出最大功率。

变换器工作原理分析如下。

先通过单片机 AD 模块连续采集 k 时刻与 $k-1$ 时刻光伏电池的输出电压和输出电流,计算当前时刻光伏电池的输出功率 $P(k)$;然后对其施加扰动,计算扰动后的输出功率 $P(k-1)$;再比较扰动前后的功率数值变化,得出光伏电池工作点需要变化的方向。

若 $P(k-1) > P(k)$,则扰动后的功率值增加,说明扰动方向是向最大功率点运动,则继续按照上次变化施加扰动,即增加占空比 Δd,此时最大功率点跟踪控制环节输出的占空比为 $D(k) = D(k-1) + \Delta d$。

若 $P(k-1) < P(k)$,则扰动后的功率值减小,说明扰动方向远离最大功率点运动,则改为与上次变化相反的方向施加扰动,即减小占空比 Δd,此时最大功率点跟踪控制环节输出的占空比为 $D(k) = D(k-1) - \Delta d$。

在上述参量中, Δd 为占空比变化值,若 $P(k-1) > P(k)$,则占空比变化值 Δd 为 $D_{\max}$ 的 1%;若 $P(k-1) < P(k)$,则占空比变化值 Δd 为 $D_{\max}$ 的 5%; $D(k)$ 和 $D(k-1)$ 分别是 k 时刻和 $k-1$ 时刻最大功率点跟踪控制环节输出的 PWM 占空比, $D_{\max}$ 是 PWM 占空比的最大值,其数值为单片机 PWM 占空比寄存器的最大值。最大功率点跟踪示意图如图 4-56 所示。

同时,将电压控制环节的计算输出值 $u(k)$ 与电流控制环节计算输出值 $i(k)$ 进行比较,取其中较小的数值;此较小的数值再与最大功率点跟踪控制环节计算的输出值 $D(k)$ 进行比较,将二者中较小的数值送到单片机的 PWM 信号寄存器,以产生 PWM 驱动信号,进而控制功率电路中功率管的开通和关断,最终实现对变换器的电压、电流及光伏电池的最大功率点的跟踪控制。总体协调控制示意图如图 4-57 所示。

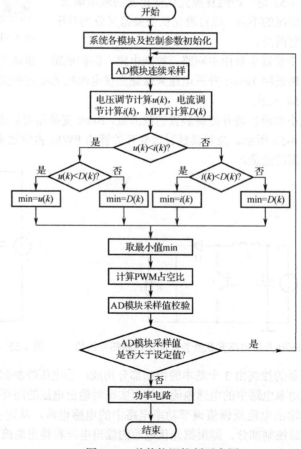

图 4-56 最大功率点跟踪示意图　　　　　图 4-57 总体协调控制示意图

案例6　线圈类电压暂降保护电源

交流接触器是电力拖动和自动控制系统中十分常见的低压控制电器，属于电压敏感负荷。线圈类负载电压暂降保护器（Loop Voltage Sags Protector，LSP）是一种应用于交流接触器的电压暂降保护设备，可防止电压暂降时接触器分闸导致设备停运的事故发生。该设备适用于线圈电压为AC 220V、容量小于 AC 400A 的交流接触器。LSP 在系统中的接线图如图 4-58 所示。当交流电网正常运行时，由交流电网给交流接触器供电；当交流电网发生电压暂降时，由 LSP 内的储能元件给交流接触器供电。

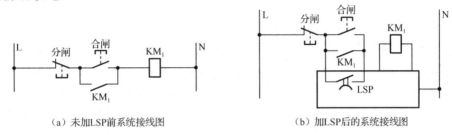

（a）未加LSP前系统接线图　　　　　（b）加LSP后的系统接线图

图 4-58　LSP 在系统中的接线图

1．LSP 的工作原理

LSP 主电路拓扑主要分为整流、储能、DC/DC 驱动电源、切换开关及旁路 5 部分，如图 4-59所示。在交流电压正常时，LSP 输出 AC 220V 的交流电，通过旁路开关 S_1 给交流接触器供电；若交流电压在额定电压的 25%～130% 范围内变化，则开关切换到 S_2，DC/DC 驱动电源部分利用整流和储能环节的能量供应可以通过升压功能保证交流接触器的线圈在一定时间的电压暂降过程中不释放接触器触点；交流电压恢复后，装置再次切换到旁路供电；旁路开关 S_1 也可用于对 LSP进行不停电检修或更换。DC/DC 驱动电源是 LSP 的核心，采用的是反激式拓扑结构，如图 4-60所示。

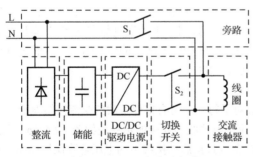

图 4-59　LSP 主电路拓扑

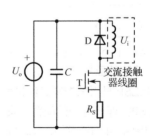

图 4-60　LSP DC/DC 驱动电源电路拓扑

LSP 采用 PWM 技术控制，其控制原理框图如 4-61 所示。当 PWM 占空比一定时，输入电压平均值 U_i 与输出电压平均值 U 的关系如图 4-62 所示。

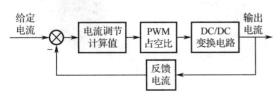

图 4-61　LSP 的控制原理框图

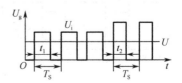

图 4-62　PWM 占空比一定时输入电压平均值 U_i 与输出电压平均值 U 的关系

根据冲量等效可知：

$$U_i t_1 = U T_S \qquad (4\text{-}42)$$

$$U = \frac{t_1}{T_S} U_i = D U_i \qquad (4\text{-}43)$$

由式（4-43）可知，改变占空比 D，输出电压平均值 U 会随之改变。当输入电压平均值 U_i 在一定范围内改变时，可通过调节占空比（如将图 4-62 中的导通时间改为 t_2，则 $D' = t_2/T_S$）保持输出电压平均值 U 在一定范围内维持稳定，从而达到通过调节电压来调节电流的目的。

2. LSP 的工作流程

LSP 的控制方案：直流大电流时电压暂降保护器中的线圈触点吸合，直流小电流时电压暂降保护器中的线圈触点保持吸合。具体来说就是交流电经整流后，经过电压采样，把电压信号送到控制器，控制器检测交流输入过零点，发出 PWM 信号，PWM 信号经过驱动电路放大后，控制功率管的开通和关断，接触器线圈在通过直流高电压时线圈触点会迅速吸合；在功率管开通的 10～20ms 内（通常控制器需要预留 60ms 延时，以保证接触器触点可靠吸合），控制器采集电压信号、电流信号并计算线圈的平均吸合电流和交流接触器线圈触点会吸合过程的动态阻抗，通过判断阻抗的变化情况来确定接触器线圈触点是否完全吸合，以及线圈磁路是否饱和。待接触器线圈触点完全吸合后，功率管导通时间缩短，线圈电流减小，控制器继续计算线圈阻抗，判断线圈磁路是否退饱和。待线圈磁路退饱和后，计算接触器线圈触点维持吸合的电流大小，为 U_n/Z（Z 为退饱和后的阻抗）。根据维持电流的大小，通过数字 PI 调节器来计算控制器输出占空比，当控制器监测到交流电压不低于 25% 的额定电压且持续时间小于 3s 时，继续通过数字 PI 调节器计算 PWM 占空比，来保证流过交流接触器线圈的电流恒定，从而足以维持线圈触点吸合不释放。LSP 工作流程如图 4-63 所示。

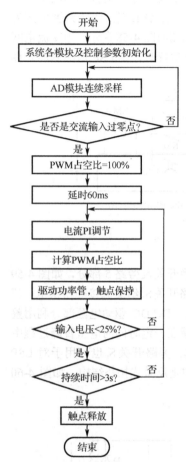

图 4-63　LSP 工作流程

3. LSP 的应用

由于 LSP 只用来控制交流接触器线圈，故对于每一个带有重要负载的交流接触器而言，都要配备一个 LSP，即一对一的配置方案。LSP 与交流接触器线圈连接的示意图如图 4-64（a）所示，LSP 实物图如图 4-64（b）所示。LSP 应用于电动机全压直接启动接线下的电压暂降保护如图 4-65 所示。

（a）LSP 与交流接触器线圈连接的示意图　　　　（b）LSP 实物图

图 4-64　LSP 解决方案

根据如图 4-65（b）所示的改造方案，对某化工企业油泵电动机的接触器进行抗电压暂降改造。油泵电动机是通过交流接触器来实现自动控制的，当交流电出现电压暂降时，由于交流接触器线圈电压过低，交流接触器主触点会释放。控制油泵电动机的接触器型号为 A12-30-10，油泵电动机功率为 3.7kW。

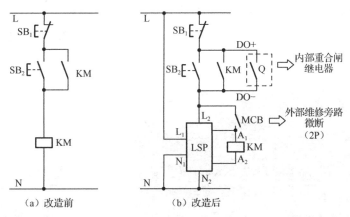

图 4-65　LSP 应用于电动机全压直接启动接线下的电压暂降保护

图 4-66 所示为改造后电压暂降保持测试效果，图中的通道 1 为 L_1L_2 线电压，通道 4 为主触点串联的 DC 24V 电压，电压暂降时间为 62ms，电压暂降期间接触器触点保持吸合。

直流驱动电源测试效果如图 4-67 所示，图中通道 1 为 L_1L_2 线电压，通道 4 为主触点串联的 DC 24V 电压。通道 2 为接触器线圈供电电流波形。电压暂降时间小于 1s，接触器线圈开始由交流电压供电，电压暂降期间线圈切换为直流供电并保持 1s，在判断电压暂降恢复后切换为交流给接触器线圈供电，整个过程接触器触点可靠吸合，无任何抖动。由图 4-68 可知，接触器线圈由交流电供电时的电流有效值为 158mA。由图 4-69 所示可知，接触器线圈由直流电供电时的电流有效值为 160mA，与由交流电供电时的交流电流有效值基本相同。

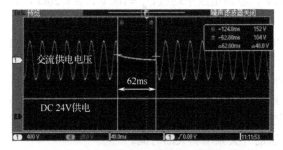

图 4-66　改造后电压暂降保持测试效果

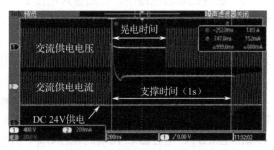

图 4-67　直流驱动电源测试效果

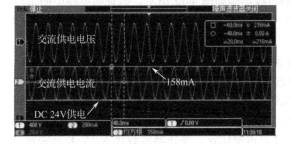

图 4-68　正常运行时的电压、电流波形

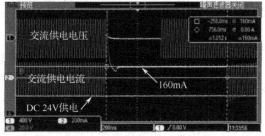

图 4-69　直流电流有效值

交流-直流电源快速切换测试效果如图 4-70 所示，图中通道 1 为 L_1L_2 线电压，通道 4 为主触

点串联的 DC 24V 电压。通道 2 为交流接触器线圈供电电流波形。从交流电电压暂降开始到直流电流达到最大值的时间为 5.8ms，接触器线圈从交流供电切换到直流供电的时间小于 2ms。

为油泵电动机控制交流接触器加装 LSP，可以有效保证在电网电压出现暂降时油泵电动机正常运行。LSP 在油泵电动机中的应用如图 4-71 所示，圆圈中为 LSP。

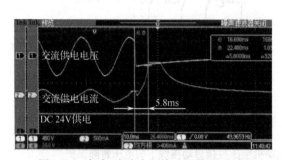 

图 4-70　交流-直流电源快速切换测试效果　　　图 4-71　LSP 在油泵电动机中的应用

【课后自主学习】

1. 查阅资料，了解我国国家技术监督局颁布的《电能质量 公用电网谐波》标准（GB/T 24337—2009），体会该标准的重要性。

2. 掌握本模块中的基本概念，扫码完成本模块自测题。

模块四自测题

习 题

1. 在基本斩波电路中，电感、二极管、电容分别有什么作用？

2. 在降压斩波电路中，已知输入电压 $E = 200V$，输出电压平均值 $U_d = 100V$，$R = 20\Omega$，L 值极大，$E_M = 30V$，$T_S = 50\mu s$，计算通电时间 t_{on} 及输出电流平均值 I_d。

3. 在升压斩波电路中，已知输入电压 $E = 200V$，$R = 20\Omega$，L 值和 C 值极大，采用 PWM 方式控制，$T_S = 50\mu s$，$t_{on} = 30\mu s$，计算输出电压平均值 U_d 及输出电流平均值 I_d。

4. 试分析升降压斩波电路与 Cuk 斩波电路的异同。

5. 在 Cuk 斩波电路中，设输出端电容足够大，使得输出电压保持恒定不变，并且元器件的功率损耗可忽略不计，若输入电压 $E = 50V$，占空比 $\alpha = 1/5$，开关管的导通时间为 $t_{on} = 10\mu s$。试求输出电压 U_d、电容器 C_1 两端的电压 U_{C1}、开关管的开关频率和关断时间。

6. 试分析 Sepic 斩波电路和 Zeta 斩波电路的输入、输出电压关系和电流关系。

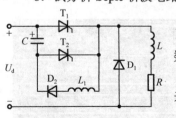

图 4-72　习题 7

7. 脉宽可调的斩波电路如图 4-72 所示，试说明电路中的 T_2 及 L_1、C、D_2 各有什么作用，以及 T_1 承受反向电压的时间由哪些参数决定。

8. 利用降压斩波电路，构成一相三重斩波电路，试画出电路图，并说明重数大的优点。

9. 在反激式变换电路中，输入直流电源电压 $U_d = 100V$，输出电压 $U_o = 20V$，$R = 20\Omega$，L 值极大，开关频率 $f_S = 50kHz$，导通时间为 $t_{on} = 10\mu s$，电路在连续工作的情况下，试计算占空比 α、变压器匝数比 N_2/N_1 和开关管 T 承受的最大电压 U_T。

模块五　交流调压电路

　　交流调压电路是把一种形式的交流电变换为另一种形式的交流电的电路。进行交流调压时，交流电的频率保持不变，输出电压、电流和功率可调。

　　针对本模块，学生先学习双向晶闸管的外形、结构、符号、伏安特性、触发方式、主要参数等，然后主要学习单相交流调压电路和三相交流调压电路的电路结构、波形等。通过实训操作和案例分析，可加深对本模块相关知识的理解。

理实一体化、线上线下混合学习导学：

　　1．学生课后自学"5.1 双向晶闸管"。掌握双向晶闸管的外形、结构、符号、伏安特性、触发方式、主要参数等。教师通过网络课堂安排学习任务和网络测试题。

　　2．学生在学习"5.2 单相交流调压电路"时，配合进行"实训 1 单相交流调压电路仿真实践"，边学习理论，边进行仿真实践，让实践验证理论。

　　3．学生在学习"5.3 三相交流调压电路"后，完成"实训 3 三相交流调压电路调试"。对于"实训 2 三相三线制交流调压电路仿真实践"，学生可在课后自行完成。

　　4．学生在课后自学"5.4 其他交流电力控制电路"，了解交流调功电路、交流电力电子开关、固态开关的基本概念。

　　5．学生在学习"5.6 典型案例"后，完成一个小的实物制作，即"实训 4 电风扇无级调速器制作"。

5.1　双向晶闸管

　　双向晶闸管是普通晶闸管的派生系列之一，被广泛应用于工业交通、各种电器调温、调压、调光、调速及各种电器过载自动保护等电子电路中。它是进行交流电压、交流电流、频率和功率调节的理想器件。

双向晶闸管简介

5.1.1　双向晶闸管的外形、结构、符号

　　常用双向晶闸管外形和普通晶闸管相似。图 5-1 所示为双向晶闸管外形，它分为塑封型、螺栓型、平板型。双向晶闸管与普通晶闸管的三个极命名不同、符号不同、内部结构也不同。

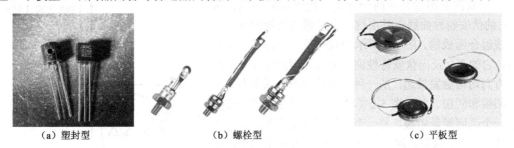

|　　（a）塑封型　　　　　　　　（b）螺栓型　　　　　　　　（c）平板型|

图 5-1　双向晶闸管外形

　　图 5-2（a）所示为双向晶闸管的内部结构图，它是一种 N—P—N—P—N 型五层结构的半导体器件。双向晶闸管可以等效成如图 5-2（b）所示的由左右两部分组合而成的结构，即双向晶闸管可以被分解成两个 P—N—P—N 型结构的普通晶闸管，若把左边从下往上看的 P—N—P—N 型

结构部分作为正向，把右边从下往上看的 N—P—N—P 型结构部分作为反向，那么相当于把一正一反两个普通晶闸管并联，如图 5-2（c）所示。一个双向晶闸管在电路中的效果和两个普通晶闸管反向并联起来的效果是相当的，它可以进行双向控制导通。图 5-2（d）所示为双向晶闸管的符号，T_1 和 T_2 为主极、G 为控制极。图 5-3 所示为几种常见类型的双向晶闸管引脚定义。

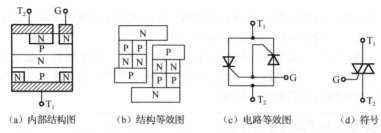

(a) 内部结构图　　(b) 结构等效图　　(c) 电路等效图　　(d) 符号

图 5-2　双向晶闸管的内部结构图、结构等效图、电路等效图、符号

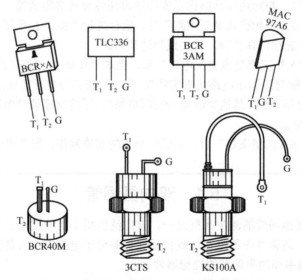

图 5-3　几种常见类型的双向晶闸管引脚定义

5.1.2　伏安特性

一个双向晶闸管是由两个普通晶闸管反向并联而成的，它的伏安特性曲线也是由这两个普通晶闸管的伏安特性曲线组合而成的。图 5-4 所示为双向晶闸管的伏安特性曲线，它的正、反向伏安特性曲线对称，因此它在正、反两个方向均可触发导通，是一种理想的交流开关器件，不区分阳极和阴极。对于图 5-2（c）中的两个晶闸管来讲，如果一个晶闸管是阳极，另一个晶闸管就是阴极，反过来也一样。因此，双向晶闸管主极上加的无论是正向电压还是反向电压，都能被触发导通。

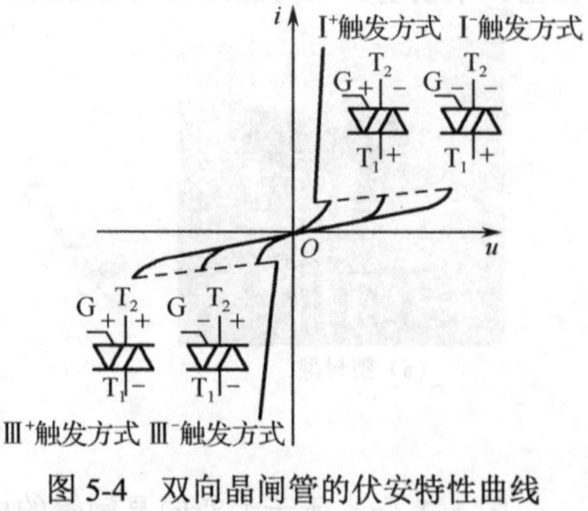

图 5-4　双向晶闸管的伏安特性曲线

5.1.3　双向晶闸管的触发方式

根据双向晶闸管的伏安特性曲线可知，双向晶闸管有如图 5-5 所示的四种触发方式。

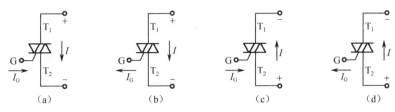

图 5-5　双向晶闸管的四种触发方式

（1）如图 5-5（a）所示，T_1 接正极，T_2 接负极，G 对 T_2 加的是正向触发信号。双向晶闸管导通后，电流从 T_1 流向 T_2，按第一象限的伏安特性曲线工作，因为触发信号是正向的，所以这种触发称为"第一象限的正触发"（I^+ **触发方式**）。

（2）如图 5-5（b）所示，T_1 接正极，T_2 接负极，G 对 T_2 加的是反向触发信号。双向晶闸管导通后，电流从 T_1 流向 T_2，按第一象限的伏安特性曲线工作，因为触发信号是反向的，所以这种触发称为"第一象限的负触发"（I^- **触发方式**）。

（3）如图 5-5（c）所示，T_1 接负极，T_2 接正极。G 对 T_2 加的是正向触发信号。双向晶闸管导通后，电流从 T_2 流向 T_1，按第三象限的伏安特性曲线工作，因为触发信号是正向的，所以这种触发称为"第三象限的正触发"（III^+ **触发方式**）。

（4）如图 5-5（d）所示，T_1 接负极，T_2 接正极。G 对 T_2 加的是反向触发信号。双向晶闸管导通后，电流从 T_2 流向 T_1，按第三象限的伏安特性曲线工作，因为触发信号是反向的，所以这种触发称为"第三象限的负触发"（III^- **触发方式**）。

双向晶闸管这四种触发方式由于触发途径不同，因此灵敏度也不同，一般来说灵敏度排序为 I^+ 触发方式＞III^- 触发方式＞I^- 触发方式＞III^+ 触发方式。通常使用的触发方式为 I^+ 触发方式和 III^- 触发方式。

5.1.4　双向晶闸管的主要参数

双向晶闸管的主要参数与普通晶闸管的主要参数相似，但有一定差异。

1．额定通态电流 $I_{T(RMS)}$（额定电流）

双向晶闸管的额定电流与普通晶闸管的额定电流有所不同。由于双向晶闸管工作在交流电路中，既可以流过正向电流，又可以流过反向电流，所以它的额定电流不是平均值而是**有效值**。这个有效值是需要考虑器件允许流过的最大正弦交流电流的有效值。由于双向晶闸管多用作频繁启动、制动和要求可逆运转的交流电动机的开关，因此在选取器件的额定通态电流时要考虑启动或反接电流峰值。绕线式异步电动机的最大电流为电动机额定电流的 3～6 倍，笼型电动机的最大电流为电动机额定电流的 7～10 倍。

例 5-1：实验室现需要一个额定值为 200A 的双向晶闸管，但现在正没有该电流等级的双向晶闸管。问：可用额定电流为多少的普通晶闸管来代替？

解：额定电流值是考虑晶闸管中流过电流最严重情况时的电流值，由于双向晶闸管在两个电流方向上都能导通，所以晶闸管中流过的电流的波形是一个完整的正弦波。

例 5-1

由于双向晶闸管的额定值为有效值，因此有

$$I_T = \sqrt{\frac{2}{2\pi} \int_0^\pi (I_m \sin \omega t)^2 \, \mathrm{d}(\omega t)} = 200\mathrm{A}$$

可求得

$$I_m = 200\sqrt{2} \approx 283\mathrm{A}$$

又由于普通晶闸管的额定值为平均值，而且流过晶闸管的电流的波形是正弦半波，因此有

$$I_{\mathrm{T(AV)}} = \frac{1}{2\pi}\int_0^\pi I_{\mathrm{m}}\sin\omega t\mathrm{d}(\omega t) = \frac{I_{\mathrm{m}}}{\pi} \approx 90\mathrm{A}$$

所以，一个额定电流为 200A 的双向晶闸管可以用两个额定电流为 90A 的普通晶闸管反向并联构成。

在进行工程设计时，经常会遇到器件或电路替代等问题，在例 5-1 中将双向晶闸管替换成普通晶闸管，要考虑额定通态电流、耐压和驱动功率等问题。对于快速控制，还需要考虑两种晶闸管的开关速度是否匹配，安装是否方便，以及是否经济等问题。在批量生产中，几十元的成本也能带来巨大的收益。因此在进行工程设计时，要特别注意成本控制。成本控制是企业抵抗内/外压力、求得生存的主要保障。对于企业而言，低成本可以降低企业的产品价格，提高企业在市场上的竞争力，使企业获得更多利润，对企业的继续生存尤为重要。

2. 断态重复峰值电压 U_{DRM}（额定电压）

断态重复峰值电压是指在因控制极断路而结温为额定值时，允许加在器件上的正向峰值电压。表 5-1 所示为断态重复峰值电压分级规定，一般取 2 倍的裕量。

表 5-1　断态重复峰值电压分级规定

等　级	1	2	3	4	5	6	7	8
U_{DRM}/V	100	200	300	400	500	600	700	800
等　级	9	10	12	14	16	18	20	—
U_{DRM}/V	900	1000	1200	1400	1600	1800	2000	—

3. 断态电压临界上升率 $\mathrm{d}u/\mathrm{d}t$

断态电压临界上升率是指在额定结温和控制极断路情况下，双向晶闸管从断态到通态的最低电压上升率，是必测参数。表 5-2 所示为断态电压临界上升率分级规定。

表 5-2　断态电压临界上升率分级规定

等　级	0.2	0.5	2	5
$\mathrm{d}u/\mathrm{d}t/$（V/μs^{-1}）	≥20	≥50	≥200	≥500

4. 换向电流临界下降率 $\mathrm{d}i/\mathrm{d}t$

换向电流临界下降率是指双向晶闸管由通态转换到相反方向时所允许的最大通态电流下降率。表 5-3 所示为换向电流临界下降率分级规定。

表 5-3　换向电流临界下降率分级规定

等　级	0.2	0.5	1
$\mathrm{d}i/\mathrm{d}t/$（A/μs^{-1}）	≥ 0.2%$I_{\mathrm{T(RMS)}}$	≥ 0.5%$I_{\mathrm{T(RMS)}}$	≥1%$I_{\mathrm{T(RMS)}}$

5.1.5　双向晶闸管其他问题

双向晶闸管其他问题如表 5-4 所示。

表 5-4　双向晶闸管其他问题

名　称	双向晶闸管型号	双向晶闸管检测	双向晶闸管触发电路
具体内容			

5.2　单相交流调压电路

交流调压是指把一种幅值的交流电转化为同频率的另一种幅值的交流电。交流调压电路的工作情况因负载的不同而不同，下面针对不同负载进行分析。

5.2.1　电阻负载

1. 电路结构

图 5-6（a）所示为带电阻负载的单相交流调压电路的电路结构，T_1 和 T_2 采用反向并联结构，可以用一个双向晶闸管来代替。图 5-6（b）所示为带电阻负载的单相交流调压电路的波形图。

单相交流调压电路
（阻性负载）

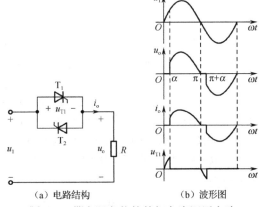

（a）电路结构　　　　　　　　（b）波形图

图 5-6　带电阻负载的单相交流调压电路

2. 波形分析

在 $0\sim\alpha$ 区间，T_1 承受正向电压但未触发，T_2 承受反向电压，两个晶闸管均截止。输出电压 $u_o=0$，输出电流 $i_o=0$，电源电压正向加在 T_1 两端，$u_{T1}=u_1$。

在 $\alpha\sim\pi$ 区间，T_1 承受正向电压并触发导通，T_2 仍截止，形成 $u_1\rightarrow T_1\rightarrow R$ 回路，回路中的电流方向为顺时针方向，电源电压加在负载两端，输出电压 $u_o=u_1$，输出电流 $i_o=u_o/R$，T_1 导通后压降为零，即 $u_{T1}=0$。

在 $\pi\sim\pi+\alpha$ 区间，T_1 承受反向电压截止，此时 T_2 承受正向电压但未触发，处于截止状态。$u_o=0$，$i_o=0$，反向电源电压加在 T_1 两端，$u_{T1}=-|u_1|$。

在 $\pi+\alpha\sim2\pi$ 区间，T_2 承受正向电压并触发导通，T_1 仍截止，形成 $u_1\rightarrow R\rightarrow T_2$ 回路，回路中的电流方向为逆时针方向，反向电源电压加在负载两端，输出电压 $u_o=-|u_1|$，输出电流 $i_o=-|u_o|/R$，由于 T_2 导通，T_1 两端压降为零，即 $u_{T1}=0$。

重复上述过程，电源电压为正半周期时控制 T_1，电源电压为负半周期时控制 T_2。调节控制角，即可调节负载两端输出电压的有效值，达到交流调压的目的。

3. 参数计算

在带电阻负载的单相交流调压电路中，负载电压有效值 U_o、负载电流有效值 I_o、晶闸管电流有效值 I_T、电路的功率因数 λ 和晶闸管承受的最大电压 U_{RM} 分别为

$$U_o=\sqrt{\frac{1}{\pi}\int_\alpha^\pi(\sqrt{2}U_1\sin\omega t)^2\,\mathrm{d}(\omega t)}=U_1\sqrt{\frac{1}{2\pi}\sin2\alpha+\frac{\pi-\alpha}{\pi}} \tag{5-1}$$

$$I_o=\frac{U_o}{R} \tag{5-2}$$

$$I_{\mathrm{T}} = \sqrt{\frac{1}{2\pi}\int_{\alpha}^{\pi}\left(\frac{\sqrt{2}U_1\sin\omega t}{R}\right)^2 \mathrm{d}(\omega t)} = \frac{U_1}{R}\sqrt{\frac{1}{2}\left(1 - \frac{\alpha}{\pi} + \frac{\sin 2\alpha}{2\pi}\right)} \tag{5-3}$$

$$\lambda = \frac{P}{S} = \frac{U_{\mathrm{o}}I_{\mathrm{o}}}{U_1 I_{\mathrm{o}}} = \frac{U_{\mathrm{o}}}{U_1} = \sqrt{\frac{1}{2\pi}\sin 2\alpha + \frac{\pi - \alpha}{\pi}} \tag{5-4}$$

$$U_{\mathrm{RM}} = \sqrt{2}U_1 \tag{5-5}$$

控制角的移相范围为 $0 \leqslant \alpha \leqslant \pi$。调节控制角,可达到交流调压的目的。交流调压电路的触发电路可以套用整流电路的触发电路。需要注意的是,脉冲的输出必须通过脉冲变压器,脉冲变压器的两个二次线圈间要有足够的绝缘。

5.2.2 阻感负载

1. 电路结构及波形分析

带阻感负载的单相交流调压电路如图 5-7 所示。当电源电压由正半周期过零并反向时,由于电感的作用,在负载电压过零时,负载中的电流要滞后一定角度才能回零,即晶闸管要继续导通一段时间才能关断。电感值越大,这个时间越长。由此可知,晶闸管的导通角不仅

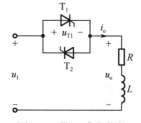

图 5-7 带阻感负载的
单相交流调压电路

与控制角有关,还与负载的阻抗角($\varphi = \arctan(\omega L)/R$)有关,控制角的移相范围为 $\varphi \leqslant \alpha \leqslant \pi$。下面具体分析电路中的电压、电流的波形及移相范围。

对于如图 5-7 所示的单相交流调压电路,在 α 时刻 T_1 触发导通,形成 $u_1 \to \mathrm{T}_1 \to R \to L$ 回路,电源电压加在 R 和 L 上,负载电流的微分方程式和初始条件为

$$L\frac{\mathrm{d}i_{\mathrm{o}}}{\mathrm{d}t} + Ri_{\mathrm{o}} = \sqrt{2}U_1\sin\omega t \tag{5-6}$$

$$i_{\mathrm{o}}\big|_{\omega t = \alpha} = 0$$

解得负载电流的表达式为

$$i_{\mathrm{o}} = \frac{\sqrt{2}U_1}{|Z|}\left[\sin(\omega t - \varphi) - \sin(\alpha - \varphi)\mathrm{e}^{\frac{\alpha - \omega t}{\tan\varphi}}\right] \quad (\alpha \leqslant \omega t \leqslant \alpha + \theta) \tag{5-7}$$

式中, $|Z| = \sqrt{R^2 + (\omega L)^2}$; θ 为晶闸管导通角。

在 $\alpha + \theta$ 时刻, $i_{\mathrm{o}} = 0$,将此条件代入式(5-7),得

$$\sin(\alpha + \theta - \varphi) = \sin(\alpha - \varphi)\mathrm{e}^{\frac{-\theta}{\tan\varphi}} \tag{5-8}$$

若负载已知,则可以确定 φ ,利用式(5-8),以 α 为自变量,可求得晶闸管的 θ ,得到 θ 、 α 、 φ 关系曲线如图 5-8 所示。从图 5-8 可以看出,在某一确定的 φ 下, α 越小, θ 越大;另外,在某一确定的 α 下,负载的 φ 越大,表明负载感抗大,自感电动势使电流过零的时间越长,因此 θ 越大。

下面结合图 5-8 分三种情况讨论单相交流调压电路的工作情况。

(1)当 $\varphi < \alpha \leqslant \pi$ 时,结合图 5-8 可知,晶闸管的 θ 均小于 π,并且 α 越大, θ 越小。当 $\alpha = 180°$ 时, $\theta = 0°$,可进行调压。若 $\varphi = 30°$, $\alpha = 60°$,由图 5-8 可知, θ 约

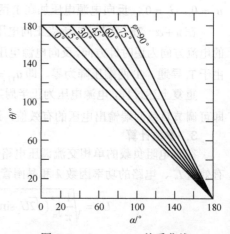

图 5-8 θ 、 α 、 φ 关系曲线

为 140°，α 增大，θ 减小，负载电压有效值减小，实现调压。输出电压和输出电流的波形如图 5-9（a）所示，**电压和电流断续。**

（2）当 $\alpha = \varphi$ 时，$\theta = 180°$（若 $\alpha = \varphi = 30°$，由图 5-8 可知，$\theta = 180°$），此时每个晶闸管轮流导通 180°，相当于两个晶闸管轮流被短接而失去控制，负载电压和电流处在连续状态，**负载电压为正弦波，电压和电流临界连续，** 波形如图 5-9（b）所示。

（3）当 $0 < \alpha < \varphi$ 时，分窄脉冲触发和宽脉冲（脉冲列）触发两种情况。

若采用窄脉冲触发，电路会出现失控现象。 在电源电压处于正半周期时，α 时刻，T_1 触发导通，此时 $\theta > 180°$，在 $\pi + \alpha$ 时，需要触发 T_2 导通，但是 T_1 中的电流还未减小到零，T_1 不能关断，因此 T_2 不能正常导通。等到 T_1 中的电流下降为零自然关断时，T_2 的触发脉冲已消失，此时 T_2 虽承受正向电压，但也无法导通。若 $\varphi = 30°$，$\alpha = 20°$，由图 5-8 可知，θ 大致可取 210°，T_1 在 $\alpha = 20°$ 时触发，在 $\alpha + \theta$ 约为 230° 时 T_1 中的电流降为零，T_1 自然关断，但 T_2 的触发脉冲出现在 $180° + 20° = 200°$ 时，因此 T_2 无法正常触发。在下一个周期的电源电压处于正半周期时，T_1 又被触发导通，电源电压处于负半周期时 T_2 仍无法工作。周而复始，导致负载电流只有正向电流，回路中出现很大的直流电流分量，这使得电路中的器件不能正常工作，严重时会烧坏，此为失控，波形如图 5-9（c）所示。

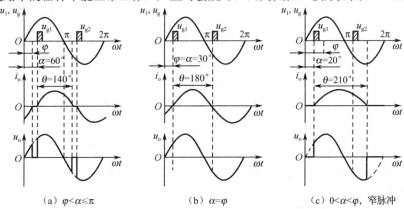

（a）$\varphi < \alpha \leqslant \pi$　　　　　　（b）$\alpha = \varphi$　　　　　　（c）$0 < \alpha < \varphi$，窄脉冲

图 5-9　单相交流调压电路带阻感负载时工作过程

若采用宽脉冲（脉冲列）触发，电路中的电压和电流将过渡到临界连续状态。 当 T_1 关断时，由于 T_2 的宽触发脉冲仍然存在，T_2 在 T_1 关断时刻导通，电流反向流过负载。同理，T_1 的导通时刻正是 T_2 的关断时刻。因此，T_1 和 T_2 将连续轮流导通。在这个过程中，T_1 原先 $\theta > 180°$，而 T_2 原先 $\theta < 180°$，经过几个周期后，T_1 的 θ 在减小，而 T_2 的 θ 在增大，直到两个晶闸管均为 $\theta = 180°$ 时达到平衡，负载电流得到完全对称连续的波形，进入临界连续状态，其负载电流与电压波形如图 5-10 所示。若 $\varphi = 30°$，$\alpha = 20°$，由图 5-8 可知，θ 约为 210°，在电源电压的第一个周期内，T_1 在 $\alpha = 20°$ 时触发，在 $\alpha + \theta$ 约为 230° 时电流降为零，T_1 自然关断，此时由于宽脉冲的作用，T_2 在 T_1 自然关断时触发导通，控制角为 $\alpha = 230° - 180° = 50°$。查图 5-8 可知，$\theta$ 约为 160°，在 $230° + 160° = 390°$ 时 T_2 中的电流降为零，T_2 自然关断，T_1 触发导通，控制角以第二个电源电压周期计算，$\alpha = 390° - 360° = 30°$，即 $\alpha = \varphi = 30°$，由图 5-8 可知，$\theta = 180°$，此后两个晶闸管都维持在导通 180°，进入临界连续状态。

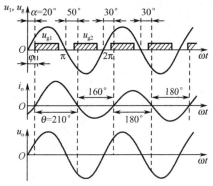

图 5-10　单相交流调压电路带阻感负载时的波形
［$0 < \alpha < \varphi$，宽脉冲（脉冲列）］

根据以上分析，当 $0<\alpha<\varphi$ 并采用**宽脉冲（脉冲列）**触发时，负载电压、电流总是完整的正弦波，改变控制角 α，负载电压、电流的有效值不变，即电路失去交流调压作用。因此在带阻感负载时，要实现交流调压的目的，要求最小控制角 $\alpha=\varphi$，所以移相范围为 $\varphi\leq\alpha\leq\pi$。

> **讨论：** 通过分析负载电流公式解释为什么在 $0<\alpha<\varphi$ 时，波形最后会过渡到临界状态。
>
> **答：** 负载电流公式如式（5-7）所示，即
>
> $$i_o=\frac{\sqrt{2}U_1}{|Z|}\left[\sin(\omega t-\varphi)-\sin(\alpha-\varphi)e^{\frac{\alpha-\omega t}{\tan\varphi}}\right]$$
>
> 该公式由两个分量组成，第一分量为正弦稳态分量，第二分量为指数衰减分量。在指数分量的衰减过程中，T_1 的导通时间逐渐缩短，T_2 的导通时间逐渐延长。当指数分量衰减到零后，T_1 和 T_2 的导通时间都趋近于 π，电路进入临界连续状态。

2. 参数计算

在带阻感负载的单相交流调压电路中，负载电压有效值 U_o、晶闸管电流有效值 I_T、负载电流有效值 I_o 和晶闸管上承受的最大电压 U_{RM} 分别为

$$U_o=\sqrt{\frac{1}{\pi}\int_\alpha^{\alpha+\theta}(\sqrt{2}U_1\sin\omega t)^2d(\omega t)}=U_1\sqrt{\frac{\theta}{\pi}+\frac{1}{2\pi}[\sin2\alpha-\sin(2\alpha+2\theta)]} \quad (5-9)$$

$$I_T=\sqrt{\frac{1}{2\pi}\int_\alpha^{\alpha+\theta}i_o^2d(\omega t)}=\frac{U_1}{\sqrt{2\pi}|Z|}\sqrt{\theta-\frac{\sin\theta\cos(2\alpha+\varphi+\theta)}{\cos\varphi}} \quad (5-10)$$

$$I_o=\sqrt{2}I_T \quad (5-11)$$

$$U_{RM}=\sqrt{2}U_1 \quad (5-12)$$

例 5-2： 单相交流调压器的输入交流电压有效值为 220V，频率为 50Hz，$R=8\Omega$，$X_L=6\Omega$。试求 $\alpha=\pi/6$、$\alpha=\pi/3$ 时的输出电流有效值、输入功率及功率因数。

解： 负载阻抗及负载阻抗角分别为

$$|Z|=\sqrt{R^2+X_L^2}=10\Omega，\quad \varphi=\arctan\left(\frac{X_L}{R}\right)=0.6435\approx36.87°$$

得出控制角 α 的移相范围为 $36.87°\leq\alpha<180°$。

（1）当 $\alpha=\pi/6$ 时，由于 $\alpha<\varphi$，输出电压、输出电流均为完整正弦波，$U_o=220V$。输出电流有效值和输入功率为

$$I_o=\frac{220V}{|10\Omega|}=22A，\quad P_i=P_o=I_o^2R=3872W$$

功率因数为

$$\lambda=\frac{P}{S}=\frac{P_i}{U_1I_o}=\frac{3872W}{220V\times22A}=0.8$$

（2）当 $\alpha=\pi/3$ 时，由式（5-8）得晶闸管的导通角为

$$\sin\left(\frac{\pi}{3}+\theta-0.6435\right)=\sin\left(\frac{\pi}{3}-0.6435\right)e^{\frac{-\theta}{\tan\varphi}}$$

解上式可得晶闸管导通角为

$$\theta=\frac{180°\times2.727}{\pi}\approx156.2°$$

注： 公式计算复杂，此处亦可查图 **5-11** 得 $\theta\approx156°$。

由式（5-10）可得晶闸管电流有效值为

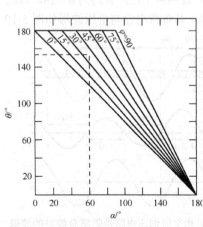

图 5-11　例 5-2 图

$$I_{\mathrm{T}} = \frac{U_1}{\sqrt{2\pi}|Z|}\sqrt{\theta - \frac{\sin\theta\cos(2\alpha+\varphi+\theta)}{\cos\varphi}}$$

$$= \frac{220\mathrm{V}}{\sqrt{2\pi}\times 10\Omega}\times\sqrt{2.727 - \frac{\sin 2.727\times\cos(2\pi/3+0.6435+2.727)}{0.8}}\approx 13.55\mathrm{A}$$

注：此处公式计算复杂，可通过下文讲述的标幺值方法进行计算。

$$I_{\mathrm{o}} = \sqrt{2}I_{\mathrm{T}}\approx 19.16\mathrm{A}$$

$$P_{\mathrm{i}} = P_{\mathrm{o}} = I_{\mathrm{o}}^2 R\approx 2937\mathrm{W}$$

$$\lambda = \frac{P_{\mathrm{i}}}{U_1 I_{\mathrm{o}}} = \frac{2937\mathrm{W}}{220\mathrm{V}\times 19.16\mathrm{A}}\approx 0.697$$

例 5-2 中的计算比较复杂，工程上可以通过查图法进行近似计算，设晶闸管有效电流标幺值 I_{TN} 为

$$I_{\mathrm{TN}} = I_{\mathrm{T}}\frac{|Z|}{\sqrt{2}U_1} \tag{5-13}$$

则可绘制 I_{TN} 和 α 的关系曲线，如图 5-12 所示。

同理，设晶闸管平均电流的标幺值 I_{N} 为

$$I_{\mathrm{N}} = I_{\mathrm{dT}}\frac{|Z|}{\sqrt{2}U_1} \tag{5-14}$$

则可绘制 I_{N} 和 α 的关系曲线，如图 5-13 所示。

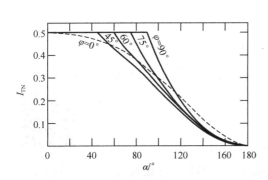
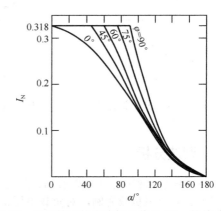

图 5-12 晶闸管有效电流标幺值 I_{TN} 和 α 的关系曲线　图 5-13 晶闸管平均电流标幺值 I_{N} 和 α 的关系曲线

例 5-3：单相交流调压器的电源电压 $U_1 = 2300\mathrm{V}$，电阻负载 $R = 1.15\Omega$，$P_{\mathrm{M}} = 2300\mathrm{kW}$。计算晶闸管能承受的电流有效值和平均值。

解：因为该电路所带负载为电阻负载，所以阻抗角 $\varphi = 0°$。

当 $R = 1.15\Omega$ 时，由于

$$P_{\mathrm{M}} = 2300\mathrm{kW} = I_{\mathrm{o}}^2 R$$

例 5-3

则负载电流有效值为

$$I_{\mathrm{o}} = \sqrt{\frac{2300\mathrm{kW}}{1.15\Omega}}\approx 1414\mathrm{A}$$

晶闸管能承受的电流有效值为

$$I_{\mathrm{T}} = \frac{I_{\mathrm{o}}}{\sqrt{2}}\approx 1000\mathrm{A}$$

晶闸管有效电流标幺值为

$$I_{TN} = I_T \frac{|Z|}{\sqrt{2}U_1}$$

$$= 1000A \frac{1.15\Omega}{\sqrt{2} \times 2300V} \approx 0.354$$

查图 5-14（a）可知，$\alpha \approx 90°$。

查图 5-14（b）可知，$I_N \approx 0.16$。

根据式（5-14）可得

$$0.16 = I_{dT} \frac{1.15\Omega}{\sqrt{2} \times 2300V}$$

则晶闸管能承受的电流平均值为 $I_{dT} \approx 453A$。

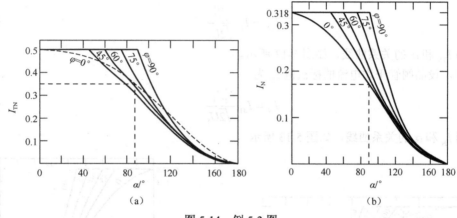

图 5-14　例 5-3 图

通过例 5-3 的计算过程可看出，电流及控制角不需要通过复杂的公式计算过程求得，通过电流标幺值与阻抗角、控制角的关系曲线可以很方便地求出。

5.2.3　谐波分析

从图 5-6（b）和图 5-9 可以看出，负载电压和负载电流（电源电流）均含有大量谐波。以电阻负载为例，对负载电压 u_o 进行谐波分析，其傅里叶级数表达式如下：

$$u_o(\omega t) = \sum_{n=1,3,5,\cdots}^{\infty} (a_n \cos n\omega t + b_n \sin n\omega t) \tag{5-15}$$

单相交流调压电路–谐波分析

式中：

$$a_1 = \frac{\sqrt{2}U_1}{2\pi}(\cos 2\alpha - 1), \quad b_1 = \frac{\sqrt{2}U_1}{2\pi}[\sin 2\alpha + 2(\pi - \alpha)]$$

$$a_n = \frac{\sqrt{2}U_1}{\pi}\left\{\frac{1}{n+1}[\cos(n+1)\alpha - 1] - \frac{1}{n-1}[\cos(n-1)\alpha - 1]\right\} \quad (n = 3,5,7,\cdots)$$

$$b_n = \frac{\sqrt{2}U_1}{\pi}\left[\frac{1}{n+1}\sin(n+1)\alpha - \frac{1}{n-1}\sin(n-1)\alpha\right] \quad (n = 3,5,7,\cdots)$$

负载电压基波和各次谐波的有效值为

$$U_{on} = \frac{1}{\sqrt{2}} \sqrt{a_n^2 + b_n^2} \qquad (n = 1, 3, 5, 7, \cdots) \qquad (5\text{-}16)$$

负载电流基波和各次谐波的有效值为

$$I_{on} = \frac{U_{on}}{R} \qquad (5\text{-}17)$$

从式（5-15）可知，输出电压含有奇次谐波的余弦分量和正弦分量。同理，可以对阻感负载的输出电压进行傅里叶级数分析，对于这种情况的公式更复杂，它同样含有奇次谐波的余弦分量和正弦分量。对于这些谐波，可以通过斩控式交流调压电路进行消除。

5.2.4　斩控式交流调压电路

1. 电路结构与工作原理

斩控式交流调压电路

斩控式交流调压电路的电路结构如图 5-15 所示，该电路由全控型器件（GTO、GTR、IGBT等）和续流二极管构成。为了便于滤除谐波，全控型器件的开关速度为千赫或兆赫级别。斩控式交流调压电路的输出电压 u_o 与输入电流 i_1 的波形如图 5-16 所示，为了得到该波形，在交流电源电压 u_1 处于正半周期时，用 T_1 进行斩波控制，用 T_3 给负载电流提供续流通道；在交流电源电压 u_1 处于负半周期时，用 T_2 进行斩波控制，用 T_4 给负载电流提供续流通道，具体如下。

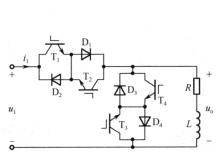

图 5-15　斩控式交流调压电路的电路结构

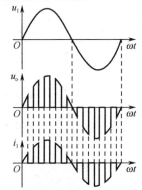

图 5-16　斩控式交流调压电路波形图

在交流电源电压 u_1 处于正半周期时，u_1 的极性为上正下负，T_1 触发导通，形成 $u_1 \rightarrow T_1 \rightarrow D_1 \rightarrow$ RL 回路，电源向负载提供能量，电感储能，电流方向为从上向下。输出电压 $u_o = u_1$，输入电流 i_1 呈指数上升；关断 T_1 时需要触发导通 T_3，形成 $RL \rightarrow T_3 \rightarrow D_3$ 回路，电感通过此回路顺时针释放能量，输出电流呈指数下降。由于 T_1 关断，输入电流 $i_1 = 0$，输出电压为 T_3 和 D_3 的导通压降，$u_o = 0$。

在交流电源电压 u_1 处于负半周期时，u_1 的极性为上负下正，T_2 触发导通，形成 $u_1 \rightarrow RL \rightarrow T_2 \rightarrow D_2$ 回路，电源向负载提供能量，电感储能，电流方向为从下向上。输出电压 $u_o = -|u_1|$，输入电流 i_1 反向呈指数上升；关断 T_2 时需要触发导通 T_4，形成 $RL \rightarrow T_4 \rightarrow D_4$ 回路，电感通过此回路逆时针释放能量，输出电流呈指数下降。由于 T_2 关断，输入电流 $i_1 = 0$，输出电压为 T_4 和 D_4 的导通压降，$u_o = 0$。

设全控型器件（T_1 或 T_2）的导通时间为 t_{on}，开关周期为 T_c，则导通比 $\alpha = t_{on}/T_c$，通过改变导通比 α 可调节输出电压，即 $U_o = \alpha U_1$。

2. 电路的消谐及功率因数的提高

输出电压 u_o 的波形为一系列具有正弦包络线的脉冲，如图 5-16 所示，其傅里叶级数表达式为

$$u_o(\omega t) = \alpha U_{1m} \sin \omega t + \frac{U_{1m}}{\pi} \sum_{n=1}^{\infty} (\frac{\sin \varphi_n}{n} \{\sin[(n\omega_c + \omega)t - \varphi_n] - \sin[(n\omega_c - \omega)t - \varphi_n]\} \qquad (5\text{-}18)$$

式中，$\varphi_n = n\pi\alpha$，$\alpha = t_{on}/T_c$，$\omega_c = 2\pi/T_c$。

由式（5-18）可知，输出电压 u_o 包含基波正弦分量 $\alpha U_{1m}\sin\omega t$，其后包含的均为和开关频率 ω_c 有关的谐波分量。开关频率为千赫或兆赫级，即电路中除了基波，不含低次谐波，只含和开关频率 ω_c 有关的高次谐波。这些高次谐波用很小的 LC 滤波器即可滤除。如果对输入电流进行傅里叶级数展开，也可以得出该结论。在输出端增加 LC 滤波器可以达到良好的消谐效果。

另外，在考虑功率因数时，通过如图 5-16 所示的波形可知，电源输入电流的基波分量和电源输入电压同相位，位移因数为 1，又由于加入了 LC 滤波器，基波因数也为 1，则 $\lambda = I_1\cos\varphi_1/I \approx 1$。

5.3　三相交流调压电路

在交流调压电路中，三相交流调压电路应用很广泛，尤其是在负载为感应电动机或其他三相负载时。本节简单介绍几种三相交流调压电路，并重点对星形连接三相三线制交流调压电路的波形进行分析。

5.3.1　主电路基本形式

三相交流调压电路的主电路有多种形式，常用的基本形式如表 5-5 所示。

表 5-5　常用的三相交流调压电路主电路基本形式

名　　称	三相四线制星形连接交流调压电路	三相三线制交流调压电路	支路控制三角形连接三相交流调压电路
电路结构			
具体内容			

名　　称	双向中点控制三角形连接三相交流调压电路	单向中点控制三角形连接三相交流调压电路
电路结构		
具体内容		

5.3.2　星形连接三相三线制交流调压电路波形分析

1. 控制条件分析

图 5-17 所示为三相三线制交流调压电路，u_U、u_V、u_W 为三相对称的交流电源，$T_1 \sim T_6$ 为晶闸管，星形连接的负载为电阻负载，$R_U = R_V = R_W = R$。

星形连接三相三线制
交流调压电路

它的触发方式与三相桥式全控整流电路一样，6 个晶闸管的触发导通顺序依次为 $T_1 \rightarrow T_2 \rightarrow T_3 \rightarrow T_4 \rightarrow T_5 \rightarrow T_6$，并且触发导通相差 60°。触发脉冲采用双窄脉冲或宽脉冲，脉冲宽度大于 60°。值得注意的是，在三相整流电路中，α 的起点位于相邻两相相电压的交点处，即相电压正半周期起始过零点后的 30° 位置。而在三相交流调压电路中，α 的起点位于相电压正半周期起始过零点处。

在进行电路分析时，需要考虑晶闸管的 3 种工作情况。

（1）在三相三线制交流调压电路中，当有 3 个晶闸管同时导通时，每相各有 1 个晶闸管导通。例如，当 T_5、T_6、T_1 同时导通时，电路如图 5-18（a）所示，电流从 U 相和 W 相流出，经过各自的负载后流入 V 相。负载上的电压为各自的相电压。

（2）在三相三线制交流调压电路中，当有 2 个晶闸管同时导通时，某一相正向晶闸管与另一相反向晶闸管同时导通，如 T_1、T_2 同时导通，此时电路如图 5-18（b）所示，电流从 U 相流出，经过负载后流入 W 相，2 个负载上的电压和为线电压 u_{UW}，则 R_U 和 R_W 上的电压为线电压 u_{UW} 的一半，即 $u_{UW}/2$。

（3）在三相三线制交流调压电路中不存在只有 1 个晶闸管导通的情况，这样不能构成电流通路，这时负载上的电压为零。

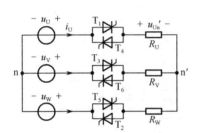

图 5-17　三相三线制交流调压电路

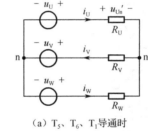

（a）T_5、T_6、T_1 导通时

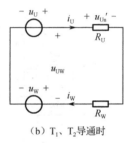

（b）T_1、T_2 导通时

图 5-18　三相三线制交流调压电路工作状态分析

根据以上控制条件，可对三相三线制交流调压电路进行波形分析。

2．波形分析

为了更好地掌握三相三线制交流调压电路，以下在控制角分别为 0°、30°、60°、90°、120°、150° 等典型值时对 U 相负载上的输出电压 $u_{Un'}$ 进行波形分析。

1）$\alpha = 0°$

当 $\alpha = 0°$ 时，T_1、T_3、T_5 在电源电压 u_U、u_V、u_W 为正半周期起始过零点时触发导通，T_2、T_4、T_6 在电源电压 u_U、u_V、u_W 为负半周期起始过零点时触发导通，每个晶闸管都导通 180°。以 60° 为一个区间，每个区间都有 3 个晶闸管同时导通，导通的组合顺序为 $T_5T_6T_1 \rightarrow T_6T_1T_2 \rightarrow T_1T_2T_3 \rightarrow T_2T_3T_4 \rightarrow T_3T_4T_5 \rightarrow T_4T_5T_6$。负载上的电压为各自的相电压，$u_{Un'} = u_U$，其波形如图 5-19 所示。

2）$\alpha = 30°$

当 $\alpha = 30°$ 时，$T_1 \sim T_6$ 的触发起点是将 $\alpha = 0°$ 时的晶闸管导通起点往后退 30°，每个晶闸管都导通 $180° - \alpha = 150°$。以 30° 为一个区间，3 个晶闸管导通与 2 个晶闸管导通交替进行，导通的组合顺序为 $T_5T_6 \rightarrow T_5T_6T_1 \rightarrow T_6T_1 \rightarrow T_6T_1T_2 \rightarrow T_1T_2 \rightarrow T_1T_2T_3 \rightarrow T_2T_3 \rightarrow T_2T_3T_4 \rightarrow T_3T_4 \rightarrow T_3T_4T_5 \rightarrow T_4T_5 \rightarrow T_4T_5T_6$。

在 3 个晶闸管同时导通的 6 个组别里，负载上的电压为各自的相电压，$u_{Un'} = u_U$。

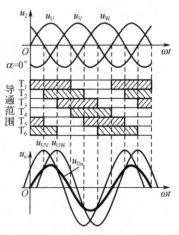

图 5-19　三相三线制交流调压
电路 $\alpha = 0°$ 波形

在 T_5T_6 组别中，电流从 W 相流出，流入 V 相。U 相不导通，$u_{Un'}=0$。

在 T_6T_1 组别中，电流从 U 相流出，流入 V 相。U 相负载上的电压为线电压 u_{UV} 的一半，$u_{Un'}=u_{UV}/2$。

在 T_1T_2 组别中，电流从 U 相流出，流入 W 相。$u_{Un'}=u_{UW}/2$。

在 T_2T_3 组别中，电流从 V 相流出，流入 W 相。U 相不导通，$u_{Un'}=0$。

在 T_3T_4 组别中，电流从 V 相流出，流入 U 相。$u_{Un'}=-|u_{UV}/2|$。

在 T_4T_5 组别中，电流从 W 相流出，流入 U 相。$u_{Un'}=-|u_{UW}/2|$。

三相三线制交流调压电路 $\alpha=30°$ 波形如图 5-20 所示。

3）$\alpha=60°$

当 $\alpha=60°$ 时，$T_1 \sim T_6$ 的触发起点是将 $\alpha=30°$ 时的晶闸管导通起点往后退 30°，每个晶闸管都导通 $180°-\alpha=120°$。以 60° 为一个区间，每个区间都有 2 个晶闸管同时导通，3 个晶闸管同时导通的现象消失，导通的组合顺序为 $T_5T_6 \to T_6T_1 \to T_1T_2 \to T_2T_3 \to T_3T_4 \to T_4T_5$。这 6 组晶闸管导通现象的分析方式与 $\alpha=30°$ 情况时的相同，这里不再赘述，其波形如图 5-21 所示。

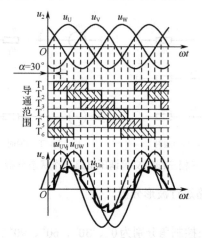
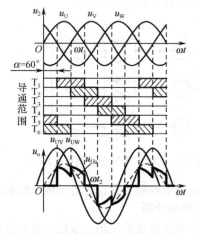

图 5-20　三相三线制交流调压电路 $\alpha=30°$ 波形　　图 5-21　三相三线制交流调压电路 $\alpha=60°$ 波形

结论 1：在 $0 \le \alpha < 60°$ 区间，**3 个晶闸管同时导通与 2 个晶闸管同时导通交替进行，每个晶闸管的导通角度为 $180°-\alpha$。在 $\alpha=0°$ 时，一直是 3 个晶闸管同时导通。**

4）$\alpha=90°$

当 $\alpha=90°$ 时，$T_1 \sim T_6$ 的触发起点是将 $\alpha=60°$ 时的晶闸管导通起点往后退 30°，每个晶闸管都在它们对应的相电压正（或负）峰值进行触发并导通，但是每个晶闸管的导通不是 $180°-\alpha=90°$，而是 $180°-\alpha+30°=120°$，原因分析如下。

在图 5-21 中可以看到，在 ωt_1 时刻之前是 T_1 和 T_2 2 个晶闸管同时导通，电路如图 5-18（b）所示，R_U 上的电压为线电压 u_{UW} 的一半，同时 T_1、T_2 2 个晶闸管的阳极和阴极之间承受的不再是相电压而是线电压 u_{UW}。因此，T_1、T_2 2 个晶闸管将承受 u_{UW} 的正向电压，持续导通一直到 ωt_2（$\omega t_2 = \omega t_1 + 30°$）时刻。在 ωt_2 时刻，T_1、T_2 2 个晶闸管所承受的电压 u_{UW} 由正向电压转为反向电压，此时 T_1 和 T_2 截止，自然转换到下一个组别，即 T_2T_3。这样晶闸管的导通角度就是 120°（$180°-90°+30°=120°$）。T_1T_2 组别是这样，其他 5 个组别也是这样，每个组别中的晶闸管的导通范围都多出了如图 5-22 所示的粗线框 30°。导通的组别顺序还是 $T_5T_6 \to T_6T_1 \to T_1T_2 \to T_2T_3 \to T_3T_4 \to T_4T_5$。这 6 组导通的晶闸管的分析方式和 $\alpha=30°$ 情况时的相同，这里不再赘述，其波形如图 5-22 所示。

结论 2：在 $60° \le \alpha < 90°$ 区间，**任一时刻都有 2 个晶闸管同时导通，每个晶闸管的导通角度为 120°。**

5）$\alpha = 120°$

当 $\alpha = 120°$ 时，$T_1 \sim T_6$ 的触发起点是将 $\alpha = 90°$ 时的晶闸管的导通起点往后退 30°，此时将出现 2 个晶闸管同时导通和无晶闸管导通交替的情况，工作的晶闸管组别顺序为 $T_5T_6 \to 30°$ 无晶闸管导通区间 $\to T_6T_1 \to 30°$ 无晶闸管导通区间 $\to T_1T_2 \to 30°$ 无晶闸管导通区间 $\to T_2T_3 \to 30°$ 无晶闸管导通区间 $\to T_3T_4 \to 30°$ 无晶闸管导通区间 $\to T_4T_5 \to 30°$ 无晶闸管导通区间。

2 个晶闸管导通的 6 组组别的分析方式与 $\alpha = 30°$ 情况时的相同，其波形如图 5-23 所示。由图 5-23 可以看出，每个晶闸管的导通角度为 $300° - 2\alpha = 60°$，导通角度被分割成不连续的 2 部分，在半个周期内形成 2 个断续的波头，各占 $150° - \alpha = 30°$。

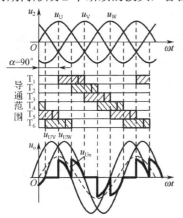 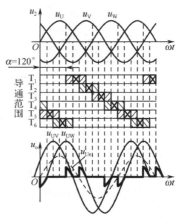

图 5-22　三相三线制交流调压电路 $\alpha = 90°$ 波形　　图 5-23　三相三线制交流调压电路 $\alpha = 120°$ 波形

6）$\alpha = 150°$

当 $\alpha = 150°$ 时，$T_1 \sim T_6$ 的触发起点是将 $\alpha = 120°$ 时的晶闸管导通起点往后退 30°，由图 5-23 可看出，若再往后退 30°，则 2 个断续的波头正好退完，输出没有波头，$u_{Un'} = 0$。

结论 3：在 $90° \leqslant \alpha < 150°$ 区间，**2 个晶闸管导通与无晶闸管导通交替出现，每个晶闸管的导通角度为 $300° - 2\alpha$，导通角度被分割为不连续的 2 部分，在半个周期内形成 2 个断续的波头，各占 $150° - \alpha$。**

结论 4：　α 的移相范围为 0～150°。

α 分别为 0°、30°、60°、90°、120°、150° 时的三相三线制交流调压电路实测波形如图 5-24 所示。

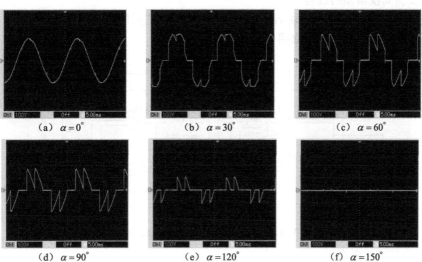

图 5-24　α 分别为 0°、30°、60°、90°、120°、150° 时的三相三线制交流调压电路实测输出波形

5.4　其他交流电力控制电路

在交流电力控制电路中，除了单相交流调压电路、三相交流调压电路被广泛应用，还有一些其他类型的交流电力控制电路。例如，进行周期控制的交流调功电路，进行通断控制的交流电力电子开关等。其他交流电力控制电路如表5-6所示。

表5-6　其他交流电力控制电路

名　　称	交流调功电路	交流电力电子开关	固态开关
具体内容			

5.5　实　训　提　高

实训1　单相交流调压电路仿真实践

一、实训目的

1．学会使用 MATLAB 进行单相交流调压电路、斩控式交流调压电路模型的搭建和仿真。

2．通过对单相交流调压电路、斩控式交流调压电路进行仿真，掌握对应电路的波形，明确电路的工作原理。

3．会对谐波进行分析，并了解提高功率因数的方法。

二、实训内容

1．单相交流调压电路的仿真。

2．斩控式交流调压电路的仿真。

3．对两种电路进行谐波分析，并了解提高功率因数的方法。

单相交流调压电路
MATLAB 仿真

三、实训步骤

（1）在 MATLAB 界面找到 SIMULINK（快捷图标为 ）并打开，创建一个空白的 SIMULINK 仿真文件，并打开 Library Browser。用 SIMULINK 搭建单相交流调压电路的仿真电路图，并记录搭建模型图及仿真模型图的过程。

① 建模：根据表5-7中的模块名称，在搜索框中搜索需要的模块，并将它放置在文档合适的位置，用导线连接形成建模图，如图5-25所示。

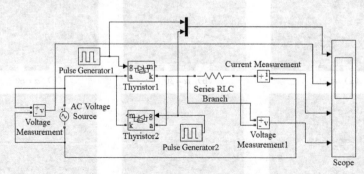

图5-25　单相交流调压电路建模图

表 5-7　主要模块和作用

模 块 名 称	模 块 外 形	作　　用
AC Voltage Source		用来提供一个交流电压源，相当于变压器的二次侧电源
Thyristor		作为可控开关器件
Pulse Generator		产生脉冲信号，控制晶闸管的通断
Voltage Measurement		检测电压的大小
Scope		观察输入信号、输出信号的仿真波形
Current Measurement		测量回路中的电流大小
Series RLC Branch		电路带的串联负载
Mux		将多路信号汇总成总线信号输出

注意：不同版本的 MATLAB 的模块所在的组别不同，寻找路径也不同，但是模块名称和模块外形相同，搜索寻找最便捷。在放置模块时可通过 **Ctrl+R** 组合键旋转模块。有的版本的 **MATLAB**，对于 Series RLC Branch 的外形会根据所选负载性质的改变而改变。

② 模块参数设置：双击相关模块，根据表 5-8 修改模块的参数。另外，不同版本的 MATLAB 的参数设置界面不同，应根据具体情况进行设置。

表 5-8　主要模块的参数设置

模 块 名 称	参 数 设 置
AC Voltage Source	将 Peak amplitude 设置为 220；将 Phase 设置为 0；将 Frequency 设置为 50
Thyristor	默认值
Pulse Generator	将 Amplitude 设置为 1；将 Period 设置为 1/50 ；将 Pulse delay 设置为 20
	将 Pulse Generator1 的 Phase delay 设置为 $\alpha/(360*50)$
	将 Pulse Generator2 的 Phase delay 设置为 $\alpha/(360*50)+0.01$
Voltage Measurement	默认值
Scope	将 Number of axes 设置为 4
Current Measurement	默认值
Series RLC Branch	将 Branch type 设置为 R；将 Resistance 设置为 10；将 Inductance 设置为 0；将 Capacitance 设置为 inf
Mux	将 Number of inputs 设置为 2

注意：根据需要观测的波形数设置 Scope 的 Number of axes 参数。在设置控制角时，对 Phase delay 进行设置，如需要设置 $\alpha=30°$，就将 Pulse Generator1 的 Phase delay 设置为 $\alpha/(360*50)$，即 $30/(360*50)$，将 Pulse Generator2 的 Phase delay 设置为 $\alpha/(360*50)+0.01$，即 $30/(360*50)+0.01$。

③ 系统环境参数设置：在 Simulation 菜单中选择 Simulation Parameters 命令，进行仿真参数设置。在 Simulation Parameters...窗口中设置仿真时间，将 Start time 设置为 0，将 Stop time 设置

为 0.08，将 Solver 设置为 ode23tb。

注意：有的版本的 MATLAB 在将 Solver 设置为 ode23tb 时会出错。若出错，则可以将其设置为 auto。

④ 运行：在 Simulation 菜单中选择 Start 命令，或者单击快捷运行图标 ▶，对建好的模型进行仿真。

注意：有的版本的 MATLAB 在运行时会自动形成 powergui，若不能自行生成，可在运行前搜索 powergui 模块，并将它拖到建模图内。

（2）在电阻为 10Ω 的情况下，观察 α 分别为 0°、60°、90°、150° 时的相关波形，并记录波形于表 5-9 中。

表 5-9 单相交流调压电路带电阻负载时的仿真波形记录表

α	波　形
0°	
60°	
90°	
150°	

注意：若需要对波形进行编辑，则可在 MATLAB 的命令行窗口中输入如下代码。

```
set(0,'ShowHiddenHandles','on');set(gcf,'menubar','figure');
```

运行上述代码可打开示波器的编辑窗口。在此窗口中可对波形的线型、坐标轴、标题、颜色、标注等进行设置。

（3）将负载改为阻感负载（电阻为 10Ω，电感为 0.01H），改变控制角，观察输出电压波形的变化，明确控制角移相范围，并记录波形于表 5-10 中。

表 5-10 单相交流调压电路带阻感负载时的仿真波形记录表

电阻为 10Ω， 电感为 0.01H	波　形
α = 10°	

续表

电阻为10Ω, 电感为0.01H	波 形
$\alpha = 60^\circ$	
结 论	α 的移相范围[___ ,___]

注意：将负载设置为阻感负载，只需要将 Series RLC Branch 的 Branch type 设置为 RL，将 Resistance 和 Inductance 设为对应值即可。

（4）进行谐波分析，记录谐波分析过程，并将结果记录于表 5-11 中。

表 5-11 单相交流调压电路谐波分析记录表

项 目	结 论
FFT 谐波 分析图	
	结论：单相交流调压电路主要有_____次谐波

注意：双击 powergui，选择 FFT Analysis 选项可打开 Powergui:FFT Tools 窗口。

（5）用 SIMULINK 搭建斩控式交流调压电路的仿真电路，并记录搭建电路的过程。

斩控式交流调压电路建模图如图 5-26 所示，与单相交流调压电路相比，此电路新增了两个模块，一个是 ，用于求输出电压有效值；一个是 ，相当于乘法操作。另外斩控式交流调压电路用了 4 个 IGBT 和 4 个二极管，IGBT 的触发电路相对复杂。对各模块进行参数设置，参数如表 5-12 所示。

斩控式交流调压电路 MATLAB 仿真

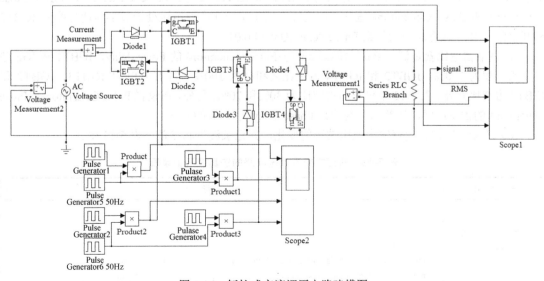

图 5-26 斩控式交流调压电路建模图

表 5-12 主要模块的参数设置

模 块 名 称	参 数 设 置
AC Voltage Source	将 Peak amplitude 设置为 220；将 Phase 设置为 0；将 Frequency 设置为 50
IGBT	默认值
Diode	默认值
Pulse Generator	将 Pulse Generator1 和 Pulse Generator2 的 Amplitude 设置为 1，将 Period 设置为 1/500，将 Pulse delay 设置为 30，将 Phase delay 设置为 0
	将 Pulse Generator3 和 Pulse Generator4 的 Amplitude 设置为 1，将 Period 设置为 1/50，将 Pulse delay 设置为 70，将 Phase delay 设置为 0.0006
	将 Pulse Generator5 的 Amplitude 设置为 1，将 Period 设置为 1/50，将 Pulse delay 设置为 50，将 Phase delay 设置为 0
	将 Pulse Generator6 的 Amplitude 设置为 1，将 Period 设置为 1/50，将 Pulse delay 设置为 50，将 Phase delay 设置为 0.01
Voltage Measurement	默认值
Scope	将 Scope1 和 Scope2 的 Number of axes 设置为 4
Current Measurement	默认值
Series RLC Branch	将 Branch type 设置为 R，将 Resistance 设置为 1，将 Inductance 设置为 0，将 Capacitance 设置为 inf
RMS（取有效值模块）	将 Fundamental frequency（基本频率）设置为 50
Product	默认值

注意：

6 个 Pulse Generator 的参数设置应满足如下条件。

① 在电源电压处于正半周期时，控制 IGBT1 和 IGBT3 工作；在电源电压处于负半周期时，控制 IGBT2 和 IGBT4 工作。通过设置 Pulse Generator5 和 Pulse Generator6 的 Phase delay，可实现触发脉冲信号的分配。Pulse Generator5 分别与 Pulse Generator1 和 Pulse Generator3 进行乘法运算，用于实现在电源电压处于正半周期时控制 IGBT1 和 IGBT3 工作；Pulse Generator6 分别与 Pulse Generator2 和 Pulse Generator4 进行乘法运算，用于实现在电源电压处于负半周期时控制 IGBT2 和 IGBT4 工作。注意思考为什么 Phase delay 为 0 和 0.01。

② 调节占空比就是调节 Pulse Generator1～Pulse Generator4 的 Pulse delay，IGBT1 和 IGBT3 占空比之和为 100%，IGBT2 和 IGBT4 占空比之和亦为 100%。且 IGBT1 和 IGBT3、IGBT2 和 IGBT4 占空比互补。表 5-12 中设置的占空比为 30% 和 70%。另外，在设置 Pulse Generator1～Pulse Generator4 的占空比时，注意思考为什么 Phase delay 为 0 和 0.0006。

（6）改变占空比，观察输出电压波形的变化，并记录波形和参数于表 5-13 中。

表 5-13 斩控式交流调压电路的仿真波形记录表

占 空 比	波 形
占空比为 50% 和 50% 时	脉冲设置： Pulse Generator1 和 Pulse Generator2 的 Pulse delay：_____；Phase delay：_____。 Pulse Generator3 和 Pulse Generator4 的 Pulse delay：_____；Phase delay：_____

续表

占 空 比	波 形
占空比为20%和 80%时	脉冲设置： Pulse Generator1 和 Pulse Generator2 的 Pulse delay：_____；Phase delay：_____。 Pulse Generator3 和 Pulse Generator4 的 Pulse delay：_____；Phase delay：_____

（7）进行谐波分析。记录谐波分析过程，并将结果记录于表 5-14 中。

表 5-14　斩控式交流调压电路谐波分析记录表

项　目	结　论
FFT 谐波 分析图	 结论：斩控式交流调压电路主要有_____次谐波

注意：双击 powergui，选择 FFT Analysis 选项可打开 Powergui:FFT Tools 窗口。

四、实训错误分析

在表 5-15 中记录本次实训中遇见的问题与解决方案。

表 5-15　问题与解决方案

问　题	解 决 方 案
1.	
2.	
……	

五、思考题

思考怎么将带阻感负载的斩控式交流调压电路的输出信号规整为正弦波？将分析过程记录于表 5-16 中。

表 5-16　思考题分析记录表

项　目	结　论
改造方法	
建模图	
输出波形	

实训 2　三相三线制交流调压电路仿真实践

一、实训目的

1. 学会使用 MATLAB 进行三相三线制交流调压电路模型的搭建和仿真。

2. 通过对三相三线制交流调压电路的仿真掌握该电路的波形，并通过该仿真验证波形分析方法的正确性。

二、实训内容

1. 对带电阻负载的三相三线制交流调压电路进行仿真。

2. 进行故障分析。

三、实训步骤

（1）在 MATLAB 界面找到 SIMULINK（快捷图标为 ▓ ）并打开，创建一个空白的 SIMULINK 仿真文件，并打开 Library Browser。用 SIMULINK 搭建三相三线制交流调压电路的仿真电路图，并记录搭建模型图及仿真模型图的过程。

① 建模：具体模块和作用见 5.5 节的实训 1。三相三线制交流调压电路建模图如图 5-27 所示。

② 模块参数设置：双击相关模块，根据表 5-17 修改模块的参数。另外，不同版本的 MATLAB 的参数设置界面不同，应根据具体情况进行设置。

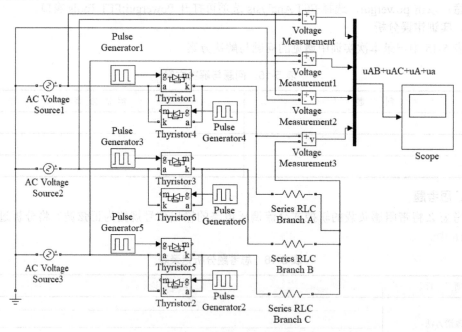

图 5-27　三相三线制交流调压电路建模图

表 5-17　主要模块的参数设置

模 块 名 称	参 数 设 置
AC Voltage Source	将 AC Voltage Source1 的 Peak amplitude 设置为 220，将 Phase 设置为 0，将 Frequency 设置为 50
	将 AC Voltage Source2 的 Peak amplitude 设置为 220，将 Phase 设置为 -120，将 Frequency 设置为 50
	将 AC Voltage Source3 的 Peak amplitude 设置为 220，将 Phase 设置为 -240，将 Frequency 设置为 50
Thyristor	默认值

模 块 名 称	参 数 设 置
Pulse Generator（$\alpha = 0°$ 时）	将 Amplitude 设置为 1，将 Period 设置为 1/50，将 Pulse delay 设置为 80（注意宽脉冲的设置）
	将 Pulse Generator1 的 Phase delay 设置为 0 / (360 * 50)
	将 Pulse Generator2 的 Phase delay 设置为 60 / (360 * 50)
	将 Pulse Generator3 的 Phase delay 设置为 120 / (360 * 50)
	将 Pulse Generator4 的 Phase delay 设置为 180 / (360 * 50)
	将 Pulse Generator5 的 Phase delay 设置为 240 / (360 * 50)
	将 Pulse Generator6 的 Phase delay 设置为 300 / (360 * 50)
Voltage Measurement	默认值
Scope	将 Number of axes 设置为 1
Series RLC Branch	将 A、B、C 三相的 Branch type 设置为 R，将 Resistance 设置为 10，将 Inductance 设置为 0，将 Capacitance 设置为 inf
Mux	将 Number of inputs 设置为 4
Ground	默认值

思考：怎么设置 α 分别为 30°、60°、90°、120°、150° 时的 Pulse Generator1～Pulse Generator6 的 Phase delay 呢？

③ 系统环境参数设置：具体内容参见 5.5 节的实训 1。

④ 运行：具体内容参见 5.5 节的实训 1。

（2）在电阻为 1Ω 的情况下，观察 α 分别为 0°、30°、60°、90°、120°、150° 时的相关波形，并记录波形于表 5-18 中。

表 5-18　三相三线制交流调压电路带电阻负载时的仿真波形记录表

α	波 形
0°	
30°	
60°	
90°	
120°	
150°	

续表

α	波　形
结论 1	α 的移相范围[＿＿ ,＿＿]
结论 2	Pulse Generator1～Pulse Generator6 的 Phase delay 的设置规律： ＿＿＿＿＿＿＿＿＿＿＿

注意：若需要对波形进行编辑，则可在 MATLAB 的命令行窗口中输入如下代码。

```
set(0,'ShowHiddenHandles','on');set(gcf,'menubar','figure');
```

运行上述代码后可打开示波器的编辑窗口。在此窗口中可对波形的线型、坐标轴、标题、颜色、标注等进行设置。

（3）仿真某个开关管损坏，或者某相电源消失的情况，观察输出波形的变化。记录波形到表 5-19 和表 5-20 中，分析原因。

表 5-19　开关管故障分析记录表

项　　目	＿＿ 管损坏
建 模 图	
波　　形	
原 因 分 析	＿＿＿＿＿＿＿＿＿＿

表 5-20　电源故障分析记录表

项　　目	＿＿相电源缺失
建 模 图	
波　　形	
原 因 分 析	＿＿＿＿＿＿＿＿＿＿

四、实训错误分析

在表 5-21 中记录本次实训中遇见的问题与解决方案。

表 5-21　问题与解决方案

问　　题	解 决 方 案
1.	
2.	
……	

五、思考题

三相三线制交流调压电路的触发脉冲还有哪种建模方法？记录到表 5-22 中。

表 5-22　建模分析记录表

项　　目	结　　论
建　模　图	
波　　形	
脉冲建模分析	

实训 3　三相交流调压电路调试

一、实训目的

1．通过实训掌握三相交流调压电路的工作原理。

2．通过实操掌握三相交流调压电路的调试方法及波形分析方法，并能进行故障分析。

二、实训器材

表 5-23 所示为实训器材。

表 5-23　实训器材

序　　号	器材及型号	序　　号	器材及型号
1	DJK01　电源控制屏	5	D42　三相可调电阻
2	DJK02　晶闸管主电路	6	双踪示波器
3	DJK02-1 三相晶闸管触发电路	7	万用表
4	DJK04　给定电路	—	—

三、实训内容

1．调试三相交流调压触发电路。

2．调试带电阻负载的三相交流调压电路。

四、实训线路及工作原理

三相交流调压电路的工作原理见上文，相关实训原理图如图 5-28 所示。

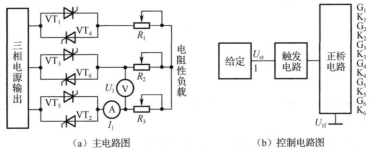

（a）主电路图　　　　　　　　　（b）控制电路图

图 5-28　三相交流调压电路实训原理图

三相调压电路调试

五、实训步骤

1.六路双窄脉冲触发电路调试

六路双窄脉冲触发电路的调试方法见 2.8 节的实训 3。

2.三相交流调压电路调试

按照图 5-28 接线，将 DJK01 的 A、B、C 三相电源输出分别接 DJK02 中的 VT_1、VT_3、VT_5 的阳极。DJK02 中的 VT_1 的阴极接 VT_4 的阳极，VT_3 的阴极接 VT_6 的阳极，VT_5 的阴极接 VT_2 的阳极。D42 中的三个滑线变阻器需要并联，即将两个阻值为 900Ω 的电阻接成并联形式，首端 A_1 与首端 A_2 连接，末端 X_1 与末端 X_2 连接并与滑动头 A_3 连接；首端 B_1 与首端 B_2 连接，末端 Y_1 与末端 Y_2 连接并与滑动头 B_3 连接；首端 C_1 与首端 C_2 连接，末端 Z_1 与末端 Z_2 连接并与滑动头 C_3 连接，末端 X_1、Y_1、Z_1 连接，三个滑线变阻器滑动头放在居中位置处。DJK02 中的 VT_1 的阴极接 D42 中的滑线变阻器首端 A_2，VT_3 的阴极接 D42 中的滑线变阻器首端 B_2，VT_5 的阴极接 DJK01 的交流电流表的进线端，交流电流表的出线端接 D42 的首端 C_2。DJK01 的交流电压表的进线端接 DJK02 中的 VT_6 的阳极，交流电压表的出线端接交流电流表的出线端。

调节 DJK06 上的给定电位器使输出电压为零，打开 DJK02-1、DJK04 的电源开关，按下 DJK01 的"启动"按钮，调节给定电位器，增加移相电压，在 α 分别为 0°、30°、60°、90°、120°、150° 时，用示波器观察并记录输出电压和晶闸管两端电压的波形于表 5-24 中，并记录电源电压和负载电压的数值于表 5-24 中。绘制实际接线图或粘贴照片于表 5-25 中。

表 5-24　三相交流调压电路实测记录表

α	0°	30°	60°	90°	120°	150°
U_2						
U_o						
输出电压 u_o 波形						
晶闸管两端电压 u_{VT} 波形						

表 5-25　三相交流调压电路实际接线图

六、实训错误分析

在表 5-26 中记录本次实训中遇见的问题与解决方案。

表 5-26　问题与解决方案

问　　题	解决方案
1.	
2.	
……	

七、注意事项

1．示波器的接地夹需要夹好。

2．将滑动变阻器的滑动头放在居中位置，以防位置错误发生主电路短路情况。

3．将 DJK01 的电源选择开关打到"直流调速"侧，不能打到"交流调速"侧工作，否则将缩短挂件的使用寿命，甚至会损坏挂件。通电离手，断电改线。在观察主电路的波形时一定要使用测量头，否则测不到波形。

实训4　电风扇无级调速器制作

一、实训目的

1．熟悉电风扇无级调速器中整体电路的工作原理。

2．熟悉电风扇无级调速器中各个元器件的作用并掌握对各个元器件质量进行判断的方法。

3．掌握电风扇无级调速器的制板、安装、调试方法，会使用双踪示波器测量电路中相关点的波形，能对故障进行排除，锻炼解决问题的能力。

二、实训内容

1．判断元器件质量。

2．电风扇无级调速器板的制作、焊接、装配与调试。

3．观测电风扇无级调速器主要波形。通过调节电位器的阻值，观察调速效果。

三、实训线路及原理

电风扇无级调速器实训电路图如图 5-29 所示；实物图如图 5-30 所示。电路通入 220V 交流电，此时电源电压处于每半个周期的起始部分，双向晶闸管 T 为截止状态，电源电压通过电位器 R_p 和电阻 R_1 向电容 C_1 充电，当电容 C_1 上的充电电压达到双向晶闸管 T 的触发电压时，双向晶闸管 T 导通，有电流流过电动机绕组，电风扇转动。通过调节电位器 R_p 改变其阻值，可调节电容 C_1 的充电时间常数 τ，也就调节了双向晶闸管 T 的控制角。电位器 R_p 的阻值越大，控制角越大，负载电动机 M 上的电压越小，转速越慢；反之，负载电动机 M 的转速越快。

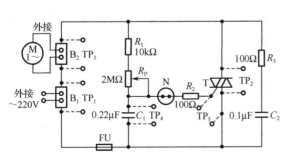

图 5-29　电风扇无级调速实训电路图

图 5-30　电风扇无级调速器实物图

四、实训器材

实训器材如表 5-27 所示。

表 5-27　实训器材

序　号	器材及规格	数　量	编　号	序　号	器材及规格	数　量	编　号
1	电容 400V/0.22μF	1 个	C_1	10	2 输入接线端子	2 个	B_1、B_2
2	电容 400V/0.1μF	1 个	C_2	11	220V 电源	1 个	—
3	可调电位器 3295W/2MΩ	1 个	R_P	12	电风扇 220V50Hz30W	1 个	—
4	直插电阻 1W/100Ω	2 个	R_2、R_3	13	装有 AD 软件的计算机	1 套	—
5	直插电阻 1W/10kΩ	1 个	R_1	14	焊锡丝	若干	—
6	熔断器及熔断器座 1A	1 个	FU	15	电烙铁	1 个	—
7	氖管	1 个	N	16	万用表	1 个	—
8	双向晶闸管 BTA16-600B	1 个	T	17	双踪示波器	1 个	—
9	测量用排针	10 个	$TP_1 \sim TP_5$	—	—	—	—

五、实训步骤及测量结果记录

（1）使用 Altium Designer 绘制电风扇无级调速器原理图及 PCB 原理图并制作电路板。在制作电路板时注意元器件布局的合理性和布线的正确性。将电风扇无级调速器 PCB 原理图记录到表 5-28 中。

表 5-28　电风扇无级调速器 PCB 原理图

（2）针对本次实训的所有元器件，确定引脚定义，并结合万用表简单判断元器件的质量，记录主要元器件（双向晶闸管、氖管）的引脚定义和质量判断过程，并将双向晶闸管阻值记录于表 5-29 中。

表 5-29　双向晶闸管阻值测量记录表

步　骤	内　容		测　量　值	挡　位
1	测量 T_1G 之间的阻值	正向		
2		反向		
3	测量 T_2G 之间的阻值	正向		
4		反向		
5	测量 T_1T_2 之间的阻值	正向		
6		反向		
结论				

双向晶闸管正面面向自己，**主极 T_1 为**_____，**主极 T_2 为**_____，**控制极 G 为**_____。
氖管质量判断过程：_____

_____。

（3）通过万用表蜂鸣挡检测电路板焊点及走线是否正确。在确定正确的情况下，进行元器件的焊接。在焊接元器件时注意元器件的极性、引脚位置、阻值、电容值等，避免焊错焊反。焊点应无虚焊、错焊及漏焊现象，且应圆滑无毛刺。粘贴电风扇无级调速器完成板正面及反面照片于表 5-30 中。

表 5-30　电风扇无级调速器焊接完成板正面及反面照片

正　　面	反　　面

（4）对焊接好的电风扇无级调速器电路板进行调试。改变电位器的阻值，通过示波器观察波形，并将其记录于表 5-31 中。

表 5-31　电风扇无级调速器波形记录

测　量　点		波　　形
TP_1	—	
TP_2	电位器阻值较小时	
	电位器阻值较大时	
TP_3	电位器阻值较小时	
	电位器阻值较大时	
TP_4	电位器阻值较小时	
	电位器阻值较大时	
TP_5	电位器阻值较小时	
	电位器阻值较大时	
结论	电位器阻值较小时，风速_____；电位器阻值较大时，风速_____	

六、电路安装及调试注意点

1．通电前注意检查。对已焊接安装完毕的电路板进行详细检查（元器件质量，引脚定义、焊点、布线等）。重点检查氖管，双向晶闸管等器件的引脚定义是否正确，输入端、输出端有无短路现象。

2．由于电路直接与市电相连，在调试时应注意安全，以防触电。人体各部位远离电路板，插上电源插头，改变电位器阻值，风速将发生变化。

3．利用双踪示波器比较两个波形时，要注意接地点的选择。接地点必须选用同一点以免发生局部短路。只有两个通道必须采用统一触发源，两个信号波形的相位比较才有意义。

七、实训错误分析

在表 5-32 中记录对应问题的原因、解决方案。

表 5-32　对应问题的原因、解决方案

问　题	原　因	解 决 方 案
1．通电后，改变电位器的阻值，电风扇虽然转动，但转速无变化		
2．通电后，改变电位器的阻值，电风扇不转		
3．晶闸管在使用时突然损坏		
……		

八、思考题

对本次实训进行总结。

5.6　典 型 案 例

案例 1　工业锅炉温度控制

图 5-31 所示为三相自动控温电路，属于工业锅炉温度控制中的一种典型应用。温控器 KT 与作为功率开关的双向晶闸管 T_4 配合实现恒温控制。控制开关 KS 分为 3 挡，分别是手动挡、停止挡和自动挡。在将控制开关 KS 拨至手动挡时，中间继电器线圈 KA 得电，主电路的三个主触点闭合，$T_1 \sim T_3$ 触发导通，加热丝 RW 发热使炉温上升。当锅炉达到需要的温度后人工控制按钮 SB 切断加热。

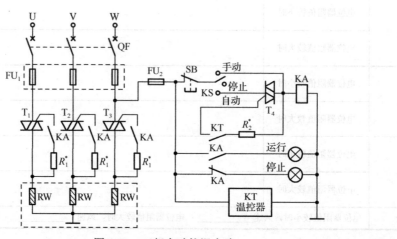

图 5-31　三相自动控温电路

在将控制开关 KS 拨至自动挡时，晶闸管的通断由温控器 KT 自动控制，通过温控器 KT 确保锅炉温度自动保持在设定温度。若锅炉温度低于设定温度，温控器 KT 的常开触点 KT 闭合，T_4 导通，中间继电器线圈 KA 得电，主电路的三个主触点闭合，$T_1 \sim T_3$ 导通，加热丝 RW 发热使炉温上升。当锅炉温度升至设定温度时，温控器 KT 的常开触点 KT 断开，中间继电器线圈 KA 失电，$T_1 \sim T_3$ 关断，加热丝 RW 停止加热。若锅炉温度降到设定温度以下，则再次加热。重复上述循环，达到恒温控制效果。图 5-31 中的 R_1^*、R_2^* 为门极限流电阻，具体阻值需要通过实验确定，通常为 $30\Omega \sim 3k\Omega$，以使双向晶闸管两端交流电压减到 2～5V 为宜。

案例 2　软启动器

三相异步电动机在额定电压全压启动时，启动电流是额定电流的 5～7 倍。过大的启动电流不仅影响其他设备运行，还会缩短设备的使用寿命。为解决此问题，人们常采用软启动器来降低电动机的启动电流。

软启动器主要有电子式、磁控式和自动液体电阻式等类型，其中电子式居多。软启动器本质上是一个调压器，在启动电动机时可以改变输出电压。图 5-32 所示为三相异步电动机软启动控制框图。主回路是由三个双向晶闸管组成的三相交流调压电路，主回路与控制电路形成闭环控制。在电动机启动过程中，控制电路调节晶闸管的控制角，使加在电动机定子绕组上的端电压由某一初值开始逐步平稳地爬升到全电压，从而抑制启动电流的攀升，使电动机在较小的启动电流下由零速平稳地上升到额定转速。图 5-33 所示为施耐德 ATS48D62Q 软启动器，额定电压为 AC 380V，额定电流为 62A。

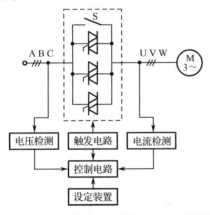

图 5-32　三相异步电动机软启动控制框图

图 5-33　施耐德 ATS48D62Q 软启动器

软启动的电压变化有如下 5 种情况。

（1）斜坡启动：电压变化曲线如图 5-34（a）所示，电动机的端电压由初始值线性增大到额定电压，是最常用的启动方式。这种启动方式启动电流小，对设备冲击较小，但启动时间长，启动初始转矩小，转矩特性呈抛物线式上升，对电动机有损害。

（2）限流启动：电压变化曲线如图 5-34（b）所示，在电动机的端电压由初始值线性增大到额定电压的过程中，会限制启动电流不超过设定值。这种启动方式比斜坡启动多了一个电流限制环节，即当电流要超过限定电流时，软启动器将限制电压不再上升，等到电动机转速上升，启动电流下降到限定电流以下后，再继续使电压线性上升。这种启动方法启动电流小，且可按需调整，对设备影响小，但在启动时会损失启动力矩，对电动机也有一定损害。

（3）转矩控制启动：电压变化曲线如图 5-34（c）所示，电动机的启动转矩从初始值上升到额定值。这种启动方式的电压变化曲线比较平滑，对电网的冲击较小，是最优的重载启动方式，但启动时间较长。

（4）转矩加突跳控制启动：电压变化曲线如图 5-34（d）所示，当电动机负载为重载时，启动开始时的静摩擦力会很大，如果力矩不够，电动机就不能转动，此时需要足够大的力矩去克服静摩擦力及负载等阻力转矩，以使电动机转动起来。一旦电动机能够转动，阻力转矩将减小，因此需要采用转矩加突跳启动方式。操作如下：在电动机初始启动时，先加一个较高的能够克服阻力转矩的电压让电动机转动，等阻力转矩减小再将电压降低到一个设定的初始值，之后电动机电压从这个初始值线性增大到额定电压。这种启动方式可减小电动机启动电流，同时避免出现电动机因初始转矩过小而不能启动的现象，但这种突跳会给设备发送尖脉冲，干扰其他设备。

（5）电压控制启动：电压变化曲线如图 5-34（e）所示。这种启动方式是最优的空载、轻载启动方式。它在保证启动压降的同时尽可能缩短启动时间，发挥电动机的最大启动转矩优势。

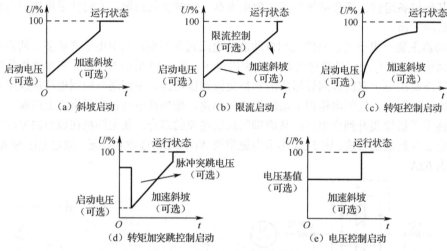

图 5-34　软启动电压变化曲线

图 5-35 所示为三相异步电动机软启动实际控制线路图。在现场使用中，需要根据实际场合和负载特性选择软启动器的启动参数和启动方式。

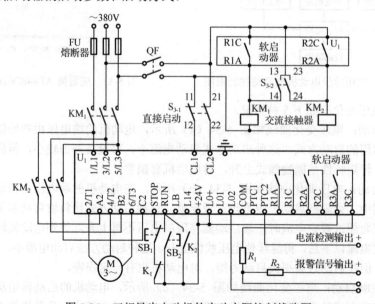

图 5-35　三相异步电动机软启动实际控制线路图

　　图 5-35 所示电路从 AC 380V 电网取电，闭合空气开关 QF，按下启动按键 SB$_2$（或用指令控制开关 K$_2$ 闭合），若无故障，则软启动器的 R1A、R1C 闭合，交流接触器线圈 KM$_1$ 得电控制其主触点闭合，软启动器通电，电动机进行软启动运行。电动机成功启动后，软启动器的 R2A、R2C 闭合，交流接触器线圈 KM$_2$ 得电控制其主触点闭合，电动机退出软启动，切换到旁路正常运行；按下停机按键 SB$_1$（或用指令控制开关 K$_2$ 断开），软启动器的 R2A、R2C 断开，电动机由旁路正常运行方式切换到软启动运行方式，软启动器根据设定的停机方式（软停机、自由停机等）来停止电动机。

　　图 5-36 所示为软启动时的电动机电流，最大电流为 140A；图 5-37 所示为直接启动时的电动机电流，最大电流为 400A。对比图 5-36 和图 5-37 可知软启动方式有效地减小了电动机启动电流，降低了大启动电流对电网的冲击。

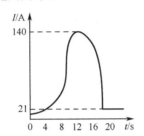

图 5-36　软启动时的电动机电流

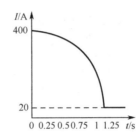

图 5-37　直接启动时的电动机电流

【课后自主学习】

　　1．寻找身边的电力电子实用小电路，摘抄元器件清单，上网进行比价；再自己制定一份元器件清单，将两份清单做比较，说明哪一份清单在成本控制方面更合理。

　　2．掌握本模块中的基本概念，扫码完成自测题。

习　题

模块五自测题

　　1．双向晶闸管有哪些触发方式？在元器件标称上双向晶闸管与普通晶闸管的主要区别在哪里？

　　2．在实际应用中，额定电流为 100A 的双向晶闸管可以用额定电流为多少的普通晶闸管来代替？

　　3．在单相交流调压电路中，当控制角小于负载功率因数角时，为什么输出电压不可进行调压？

　　4．一个单相交流调压器的输入电压有效值为 220V，频率为 50Hz 的交流电，$L = 1.838\text{mH}$，$R = 1\Omega$，试求控制角的移相范围、负载电流的最大有效值、最大输出功率和功率因数。

　　5．对于单相交流调压电路，在工程上可以使用查图法对晶闸管的电流进行计算。若一种单相交流调压电路的输入电压有效值为 2300V，负载为阻感负载，电阻为 0.575Ω，感抗为 $0.575\text{j}\Omega$，最大输出功率为 2300kW，试计算在输出最大功率时，晶闸管能承受的电流平均值和有效值。

　　6．在如图 5-38 所示的交流调压电路中，采用 GTO，在电源电压处于正半周期时，若门极在 $\omega t = 45°$ 时加导通信号，在 $\omega t = 135°$ 时加关断信号，试画出一个控制周期内电路中的不同电流通路和负载电压波形，求出负载上的电压有效值。

　　7．与相控式交流调压电路相比，斩控式交流调压电路有何优缺点？

　　8．在用 SIMULINK 对三相三线制交流调压电路进行仿真时，除了用 Pulse Generator 搭建触发电路，还可以用什么模块搭建触发电路？请具体描述。

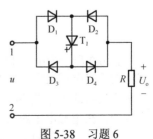

图 5-38　习题 6

模块六 变频电路

随着科技的发展，变频技术被广泛应用到各个领域。全控型器件在电路中的使用，使得变频装置成本降低，可靠性增加，体积减小。变频电路一般分为两大类，一类是交-交变频电路（也称为直接变频电路），用于将频率为50Hz的交流电直接变成其他频率不高于50Hz的交流电；另一类是交-直-交变频电路（也称为间接变频电路），用于将频率为50Hz的交流电先整流成直流电，再将直流电逆变成另一种频率的交流电。变频器的主电路由交-直-交变频电路构成，用于对电动机进行变频调速，优化调速性能。

本模块学习交-交变频电路、交-直-交变频电路和软开关技术。学生通过实训操作和案例分析，可加深对本模块相关知识点的理解。

理实一体化、线上线下混合学习导学：

1. 学生自主学习和讨论"6.1 交-交变频电路"，并进行"实训 1 单相交-交变频电路仿真实践"，教师安排课堂学习检测。

2. 学生在学习"6.2 交-直-交变频电路""6.3 软开关技术""6.5 典型案例"后完成"实训 2 变频器的认识"。

6.1 交-交变频电路

交-交变频电路不需要直流环节，直接将电网中频率为50Hz的交流电变成其他频率不高于50Hz的交流电，主要用于功率为500kW或1000kW以上的大功率、低转速的交流调速电路，如轧钢机、破碎机、鼓风机、球磨机、卷扬机和船舶推进等场合。

6.1.1 单相交-交变频电路

1. 降频降压原理

单相交-交变频电路原理图如图 6-1 所示，它是通过将正组（P组）变流器和反组（N组）变流器反向并联在负载两端构成的，改变晶闸管的控制角，可以在负载上得到输出电压和频率可调的交流电。

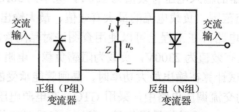

图 6-1 单相交-交变频电路原理图

交-交变频电路——降频降压原理

图 6-2 所示为由单相桥式变流电路构成的单相交-交变频电路的实际接线图，图 6-3 所示为负载上的输出电压波形，以固定的 α 控制 $T_1 \sim T_8$。在电源电压的第一个周期、第二个周期内，控制正组变流器的 T_1、T_4 和 T_2、T_3，在负载上得到上正下负的四脉波电压，相当于输出交流电的正半周期；在电源电压的第三个周期、第四个周期，控制反组变流器的 T_5、T_8 和 T_6、T_7，在负载上得到上负下正的四脉波电压，相当于输出交流电的负半周期。电源电压的四个周期是单相交-交变频电路输出电压的一个周期。若输出周期增大，则频率减小；若 α 增大，则输出电压减小。

由此可知，单相交-交变频电路实现的变频变压为降频降压。

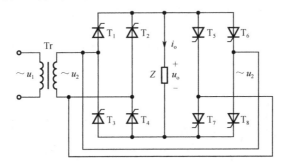

图 6-2　由单相桥式变流电路构成的单相交-交变频电路的实际接线图

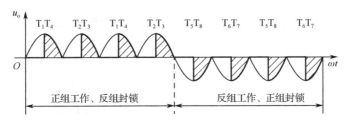

图 6-3　图 6-2 所示电路负载上的输出电压波形

为了增大输出的电压脉波数，可以将单相桥式变流电路换成三相桥式变流电路，实际接线图如图 6-4 所示，负载上的输出电压波形如图 6-5 所示。

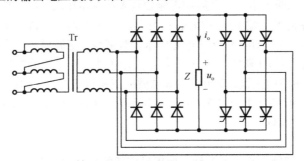

图 6-4　由三相桥式变流电路构成的单相交-交变频电路的实际接线图

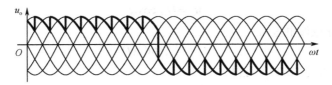

图 6-5　图 6-4 所示电路负载上的输出电压波形

2．控制角固定控制

采用控制角固定的方法进行单相交-交变频电路的控制，得到如图 6-5 所示的输出电压波形，对该波形进行傅里叶级数分解，可以发现波形中含有大量谐波，这些谐波不利于电动机工作，可以采用控制角正弦可调方法解决此问题。

3．控制角正弦可调

采用控制角正弦可调方法的目的是使得输出电压的波形为单一的正弦波，

交-交变频电路——
控制角固定控制

从而抑制谐波。控制角正弦可调是指在输出电压波形的正半周期，让正组变流器的控制角先按正弦规律从90°减到0°（或某个值），然后逐渐增大到90°。这样每个控制间隔内的输出电压平均值将按正弦规律先从零逐渐增大到最大电压，再逐渐减小到零，波形如图6-6所示。在输出电压波形的负半周期对反组变流器进行同样的控制。

交-交变频电路——
控制角正弦可调

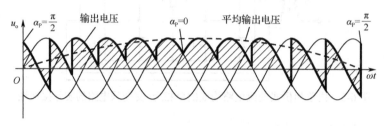

图6-6　控制角正弦可调单相交-交变频电路输出电压波形

缺点：输出的正弦波是由若干段电源电压拼接而成的，因此输出电压波形并不是平滑的正弦波，含有一定谐波。

解决思路：输出电压一个周期内包含的电源电压段数越少，其波形越偏离正弦波，波形畸变越严重，含的谐波越多；反之，输出电压一个周期内包含的电源电压段数越多，其波形越接近正弦波，波形畸变越小，含的谐波越少。由此可见，**只要让输出电压包含的电源电压段数足够多，就可以得到相对理想的输出波形。**

4．确定输出频率上限

由上述分析可知，当输出电压一个周期内包含较多电源电压段数时，谐波减少，此时可将输出频率降低（输出周期增大）；反之，当输出频率较高（输出周期较小）时，输出电压一个周期内包含的电源电压段数减少，谐波增多。因此可通过**确定输出频率上限来抑制谐波**。这个输出频率上限很难有一个明确的界限，一般当单相交-交变频电路的正组、反组采用6脉波的三相桥式变流电路时，最高输出频率不高于电网频率的 1/3～1/2。若电网频率为 50Hz，则交-交变频电路的输出频率上限约为20Hz。

交-交变频电路——
频率上限确定

交-交变频电路——
余弦交点法

5．余弦交点法

控制角正弦可调的调制方法有很多种，使用最广泛的是余弦交点法。

设 U_{d0} 为 $\alpha = 0°$ 时整流电路的理想空载电压，u_o 为每个控制间隔输出的平均电压，则有

$$u_o = U_{d0} \cos\alpha \tag{6-1}$$

设希望输出的正弦波电压为

$$u_o = U_{om} \sin(\omega_o t) \tag{6-2}$$

联立式（6-1）和式（6-2），可得

$$\cos\alpha = \frac{U_{om}}{U_{d0}} \sin(\omega_o t) = \gamma \sin(\omega_o t) \tag{6-3}$$

式中，γ 为输出电压比：

$$\gamma = \frac{U_{om}}{U_{d0}} \qquad (0 \leqslant \gamma \leqslant 1) \tag{6-4}$$

则

$$\alpha = \arccos[\gamma \sin(\omega_o t)] \tag{6-5}$$

式（6-5）为余弦交点法对于输出电压进行正半周期控制的基本公式。

> **讨论**：余弦交点法对于输出电压负半周期进行控制时的基本公式是什么？
>
> **答**：之前讨论的余弦交点法基本公式为 $\alpha = \arccos[\gamma \sin(\omega_o t)]$，该式针对的是输出电压为正半周期的情况，当输出电压为负半周期时，$u_o = -U_{d0} \cos\alpha$，则有
>
> $$\alpha_{反} = \arccos[-\gamma \sin(\omega_o t)] = \pi - \alpha = \pi - \arccos[\gamma \sin(\omega_o t)]$$

对于余弦交点法，可以通过图解法进一步说明。图 6-7 所示为余弦交点法的图解原理图。

$u_1 \sim u_6$ 依次为电网线电压 u_{uv}、u_{uw}、u_{vw}、u_{vu}、u_{wu}、u_{wv}。相邻两个线电压的交点为 $\alpha = 0°$。$u_{s1} \sim u_{s6}$ 分别为 $u_1 \sim u_6$ 对应的同步信号，比 $u_1 \sim u_6$ 超前 30°，则 $u_{s1} \sim u_{s6}$ 的峰值对应的是相应线电压 $\alpha = 0°$ 时刻。当 $\alpha = 0$ 时，$u_{s1} \sim u_{s6}$ 为余弦信号。设输出电压为 u_o，同步信号 $u_{s1} \sim u_{s6}$ 的下降段和 u_o 的交点决定了各晶闸管的触发时刻。

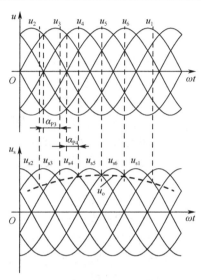

图 6-7　余弦交点法的图解原理图

6. 电路工作状态分析

交-交变频电路的负载可以是电阻负载、阻感负载（交流电动机负载）、阻容负载等，当需要知道电路的工作状态时（哪组变流器整流、哪组变流器逆变），需要针对具体问题进行具体分析。这里以阻感负载为例来说明电路的工作状态。图 6-8 给出了单相交-交变频电路带阻感负载时的输出电压和输出电流的波形，结合图 6-1 可对该电路的工作状态进行分析。

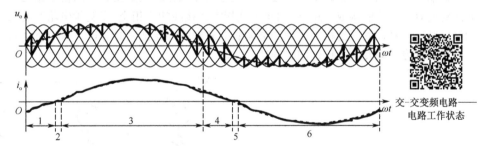

交-交变频电路——电路工作状态

图 6-8　单相交-交变频电路带阻感负载时的输出电压和输出电流的波形

在分析电路的工作状态时，需要注意如下两点。

（1）**哪组变流器工作由输出电流决定**。正组变流器在工作时，其中的电流需要从下往上流，因此负载上流过的电流方向为从上往下，$i_o > 0$；反组变流器在工作时，其中的电流需要从上往下流，因此负载上流过的电流方向为从下往上，$i_o < 0$。

（2）**变流电路是工作在整流状态还是逆变状态，是由输出电压实际方向和输出电流实际方向的异同决定的**。当输出电压实际方向和输出电流实际方向相同时，负载吸收能量，变流器释放能量，变流器工作在整流状态；当输出电压实际方向和输出电流实际方向相反时，负载释放能量，变流器吸收能量，变流器工作在逆变状态。

若考虑无环流方式下 i_o 过零的死区时间，则一个周期可以分为六个阶段。

第一阶段，$u_o > 0$，$i_o < 0$，反组变流器工作在有源逆变状态。

第二阶段，$u_o > 0$，电流过零，为无环流死区。

第三阶段，$u_o > 0$，$i_o > 0$，正组变流器工作在整流状态。

第四阶段，$u_o < 0$，$i_o > 0$，正组变流器工作在有源逆变状态。

第五阶段，$u_o < 0$，电流为零，为无环流死区。

第六阶段，$u_o < 0$，$i_o < 0$，反组变流器工作在整流状态。

另外，当u_o和i_o的相位差大于 90°时，一个周期内电网向负载提供的能量的平均值为负，电网吸收能量，电动机工作在发电状态。当u_o和i_o的相位差小于 90°时，一个周期内电网向负载提供的能量的平均值为正，电动机工作在电动状态。

6.1.2　三相交-交变频电路

当交-交变频器被用在交流调速系统中时，主要使用的是三相交-交变频电路。该电路有两种接线方式，即公共交流母线进线方式和输出星形连接方式。

1. 公共交流母线进线方式

公共交流母线进线方式主要用于中等容量的交流调速系统，其电路如图 6-9 所示，它由三组输出电压相位相差 120°、彼此独立的单相交-交变频电路构成。因此单相交-交变频电路的许多结论适用于公共交流母线进线方式接线的三相交-交变频电路。该电路的电源进线端共用，即电源进线通过进线电抗器接在公共交流母线上，因此三组输出端必须隔离。此时交流电动机的三组绕组必须拆开，引出六根线。

2. 输出星形连接方式

输出星形连接方式接线的三相交-交变频电路如图 6-10 所示。该电路的三组输出端及电动机的三组绕组采用的是星形连接方式。电动机只引出三根线，且电动机中点不和变频器输出端中点连接。由于该电路的三组输出连在一起，因此电源进线端必须分别用三个变压器进行隔离。由于变频器输出端中点不和负载中点相连，因此电路在工作时至少要有不同输出相的两组桥中的四个晶闸管同时导通才能构成回路。输出星形连接方式接线的三相交-交变频电路触发脉冲和整流电路的触发脉冲一样，同一组桥内的两个晶闸管靠双窄脉冲保证同时导通，两组桥之间的晶闸管靠各自有足够宽度的触发脉冲保证同时导通。

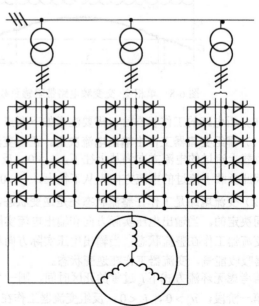

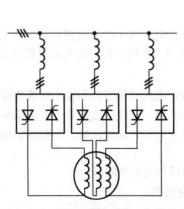

图 6-9　公共交流母线进线方式接线的
　　　　 三相交-交变频电路

图 6-10　输出星形连接方式接线的
　　　　　三相交-交变频电路

6.1.3　输入功率因数的改善

由式（6-5）可得

$$\alpha = \arccos[\gamma \sin(\omega_o t)] = \frac{\pi}{2} - \arcsin[\gamma \sin(\omega_o t)] \tag{6-6}$$

针对不同的输出电压比 γ，以 $\omega_o t$ 为自变量，以 α 为因变量，可以得到如图 6-11 所示的 γ、$\omega_o t$、α 关系曲线。从关系曲线中可以看出，在输出电压的一个周期内，α 以 90° 为中心上下变化；输出电压比 γ 越小，α 的变化越靠近 90°，位移因数越低，即输入功率因数越低。可通过如下方法提高输入功率因数。

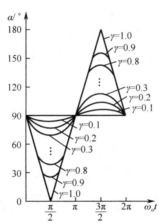

交-交变频电路——
输入功率因数的改善

图 6-11　γ、$\omega_o t$、α 关系曲线

1．采用三相交-交变频电路

下面针对单相交-交变频电路和三相交-交变频电路的输入电流进行傅里叶级数分析。

单相交-交变频电路输入电流的谐波频率为

$$f_{in} = \left|(6k \pm 1)f_i \pm 2lf_o\right| \tag{6-7}$$

和

$$f_{in} = \left|f_i \pm 2kf_o\right| \tag{6-8}$$

式中，$k = 1, 2, 3, \cdots$；$l = 0, 1, 2, \cdots$；f_i 为电网频率；f_o 为输出频率。

三相交-交变频电路输入电流谐波频率为

$$f_{in} = \left|(6k \pm 1)f_i \pm 6lf_o\right| \tag{6-9}$$

和

$$f_{in} = \left|f_i \pm 6kf_o\right| \tag{6-10}$$

式中，$k = 1, 2, 3, \cdots$；$l = 0, 1, 2, \cdots$；f_i 为电网频率；f_o 为输出频率。

由式（6-7）～式（6-10）可以看出，三相交-交变频电路的谐波要比单相交-交变频电路的谐波少，提高了输入功率因数的基波因数。

2．直流偏置

交-交变频电路中的变流器采用的是三相桥式变流器，各相输出的是相电压，而负载上的电压是线电压。在各相的相电压中叠加同样的直流分量，不会影响线电压，自然也不会影响负载的正常工作。例如，负载上线电压 $u_{AB} = u_{AN'} - u_{BN'}$，$u_{AN'}$ 和 $u_{BN'}$ 都相应添加相同的直流分量，在二者相减变为 u_{AB} 的过程中，直流分量会被抵消。另外，若增加的是负向直流分量，相当于增大了输

出电压比 γ，进而减小了控制角，提高了位移因数，因此利用这一方法可以改善输入功率因数。

3．交流偏置

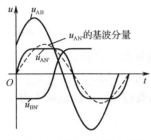

图 6-12　梯形波控制方式的理想输出电压波形

可以利用梯形波控制方式来改善输入功率因数。如图 6-12 所示，变频器的输出相电压 $u_{AN'}$ 为梯形波（也称准梯形波）。梯形波的主要谐波成分是 3 次谐波，在两个相电压相减得到线电压的过程中 3 次谐波可以被抵消，因此负载上得到的线电压 u_{AB} 仍为正弦波，不影响负载的正常工作。在采用梯形波控制方式时，由于电路工作在梯形波的平顶区（高输出电压区域）的时间较长，α 较小，位移因数被提高，因此输入功率因数得到改善。另外，梯形波中的基波幅值可提高 15% 左右，这可使变频器的输出电压提高约 15%。

由此可见，交流偏置是指在不影响输出的情况下，通过输出相电压中采用梯形波的方式消除 3 次谐波，提高功率因数。相对于直流偏置，此为交流偏置。

6.1.4　总结

交-交变频电路有如下特点。

（1）变流效率较高，可以方便地实现电动机的四象限工作，低频输出时的波形接近正弦波。

（2）输入功率因数较小；输入电流谐波含量大，频谱复杂。

（3）电路接线复杂，且受电网频率和变流电路脉波数的限制，输出频率较低。

6.2　交-直-交变频电路

交-直-交变频电路的典型应用之一是变频器，它先将恒压恒频的交流电通过整流器转换成直流电，再通过 PWM 逆变器将直流电转换成可控的交流电。

6.2.1　交-直-交变频电路分类

交-直-交变频电路有三种控制方式。

1．可控整流器调压、逆变器调频方式

可控整流器调压、逆变器调频方式结构框图如图 6-13 所示，调压和调频分别在两个环节上进行。这种方式的缺点在于输入环节使用的是由晶闸管组成的可控整流器，当电压较低时，电网输入端功率因数较低；输出环节使用的是由晶闸管组成的多拍逆变器，输出的谐波较大，因此应用范围不广。

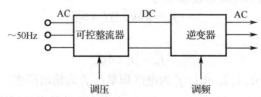

图 6-13　可控整流器调压、逆变器调频方式结构框图

2．不可控整流器整流、斩波器调压、逆变器调频方式

不可控整流器整流、斩波器调压、逆变器调频方式结构框图如图 6-14 所示。该方式的整流环节采用的是由二极管构成的不可控整流器，只进行整流，不进行调压；调压是通过不可控整流器之后单独设置的斩波器进行的；最后通过逆变器进行调频。这种方式由于中间增加了斩波器，克服了可控整流器调压、逆变器调频方式功率因数较低的问题，但是输出环节仍为由晶闸管组成的

多拍逆变器，输出仍有较大的谐波。

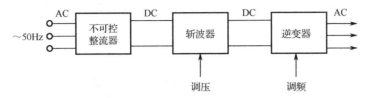

图 6-14 不可控整流器整流、斩波器调压、逆变器调频方式结构框图

3. 不可控整流器整流、PWM 逆变器同时调压调频方式

不可控整流器整流、PWM 逆变器同时调压调频方式结构框图如图 6-15 所示。该方式用不可控整流器整流，用 PWM 逆变器调压调频。这种方式既保证了输入功率因数不变，又减小了输出谐波，得到广泛应用。PWM 逆变器在工作时输出谐波与开关频率有关，开关频率越高，输出谐波越小。PWM 逆变器的输出可再通过 LC 滤波器进行滤波，最终将得到完整的正弦波。此控制方式是当前发展前景最好的。

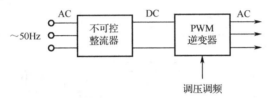

图 6-15 不可控整流器整流、PWM 逆变器同时调压调频方式结构框图

6.2.2 交-直-交变频主电路

目前，交-直-交变频电路的主电路有两种形式，一种是交-直-交电压型 PWM 变频主电路，另一种是交-直-交电流型 PWM 变频主电路。

1. 交-直-交电压型 PWM 变频主电路

图 6-16 所示为一种常用的交-直-交电压型 PWM 变频主电路。整流器通过二极管将交流电转换成不可控的直流电 U_d，直流电 U_d 通过大电容 C_d 滤波后经由 $T_1 \sim T_6$ 构成的 PWM 逆变器输出频率和电压均可调节的交流电。该电路存在泵升电压问题，即当负载电动机由电动状态变为制动状态时，其能量通过逆变电路中的反馈二极管送入中间直流电路，直流电压升高，从而产生过电压（泵升电压）问题。

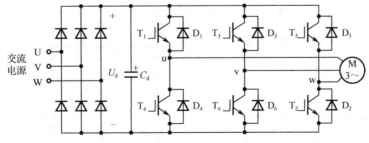

图 6-16 一种常用的交-直-交电压型 PWM 变频主电路

为了限制泵升电压，可采用如图 6-17 所示的电路，该电路可被应用在对制动时间有一定要求的调速系统中。该电路在直流侧电容前并联有一个由电力晶体管 T_0 和能耗电阻 R 构成的泵升电压限制电路。当出现泵升电压时，T_0 触发导通，能量消耗在 R 上，进而限制过电压。

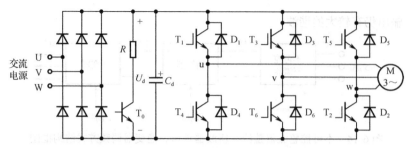

图 6-17　带有泵升电压限制电路的交-直-交电压型 PWM 变频主电路

图 6-18 所示为可实现再生制动的交-直-交电压型 PWM 变频主电路。在要求电动机频繁快速加减速工作时，如图 6-17 所示的电路耗能较多，R 需要较大的功率，若增加一套有源逆变电路把电动机的动能反馈回电网，将提高能源的利用率。

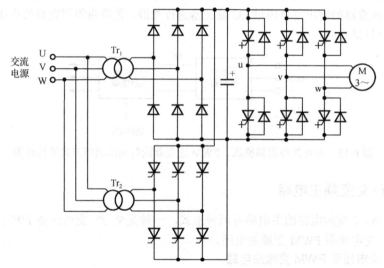

图 6-18　可再生制动的交-直-交电压型 PWM 变频主电路

2. 交-直-交电流型 PWM 变频主电路

图 6-19 所示为一种常用的交-直-交电流型 PWM 变频主电路。整流器是由晶闸管构成的可控整流电路，它将交流电转换成可控的直流电 U_d，再采用大电感 L_d 滤波；逆变器采用由晶闸管构成的串联二极管式电流型逆变电路，以将直流电转化成可调频的交流电。

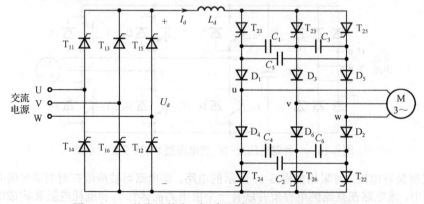

图 6-19　一种常用的交-直-交电流型 PWM 变频主电路

图 6-19 所示电路可实现能量回馈。图 6-20 给出了交-直-交电流型 PWM 变频调速系统的电动运行和回馈制动两种运行状态，其中 A 为整流器，B 为逆变器。如图 6-20（a）所示，当 $\alpha \leqslant 90°$ 时，整流器工作在整流状态，逆变器工作在逆变状态，I_d 从左往右流动，U_d 的极性为上正下负，电能 P 由交流电网经变频器传给电动机，变频器的输出频率 $\omega_1 > \omega$（电动机转动角频率），电动机处于电动状态；当 $\alpha > 90°$ 时，整流器工作在有源逆变状态，逆变器工作在整流状态，电流 I_d 方向不变，U_d 反向，此时降低变频器的输出频率 ω_1（或提高电动机频率 ω），使 $\omega_1 < \omega$，电能 P 由电动机回馈给交流电网，电动机进入发电状态，实现了电动机的回馈制动。

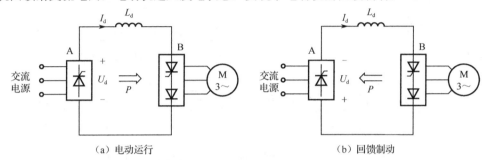

（a）电动运行　　　　　　　　　　　（b）回馈制动

图 6-20　交-直-交电流型 PWM 变频调速系统的两种运行状态

图 6-21 所示为一种交-直-交电流型 PWM 变频主电路，负载为三相异步电动机，逆变器中的开关管为反向导电型 GTO，可进行 PWM。GTO 串联二极管承受反向电压。整流器中的开关管采用的是晶闸管，可以实现电动机的快速回馈制动。

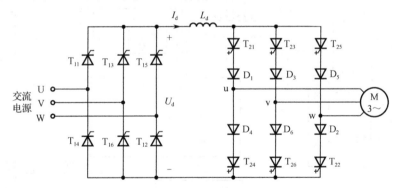

图 6-21　一种交-直-交电流型 PWM 变频主电路

6.2.3　三菱变频器工作原理

在一般情况下，三菱变频器主要由主电路、控制电路等组成。图 6-22 所示为三菱变频器实物图，图 6-23 所示为三菱变频器结构框图，图 6-24 所示为三菱变频器原理框图。

三菱变频器的主电路采用的是交-直-交电压型 PWM 变频主电路，这里不再赘述。控制电路包括 CPU 主控电路、检测电路、开关管驱动电路、保护电路、外部接口电路及操作器等。控制电路将检测电路得到的各种信号送给 CPU 主控电路进行运算，并根据运算结果、驱动要求为变频器的主电路提供必要的驱动信号，以及为变频器及电动机提供必要的保护，它是变频器的核心，具体分析如下。

CPU 主控电路是一个高效的微处理器，其主要作用有：①接收并存储给定信号、控制信号、预置信号及状态信号等；②进行矢量运算，SPWM 波形触发时刻计算等；③控制显示或输出当前的各种状态和结果于显示器或外接端子上；④协助保护电路和开关管驱动电路实现各种控制功能和保护功能。

图 6-22　三菱变频器实物图

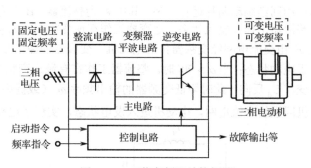

图 6-23　三菱变频器结构框图

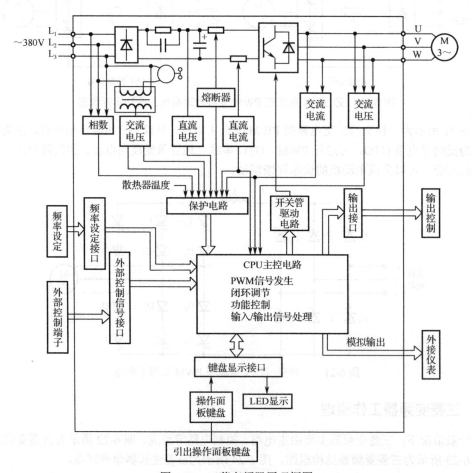

图 6-24　三菱变频器原理框图

　　检测电路的主要作用是检测变频器主电路和电动机的状态,并将检测结果反馈到 CPU 主控电路,CPU 主控电路在进行算法处理后,为需要的电路提供保护和控制信号等。

　　开关管驱动电路的作用是为主电路的开关管提供功率足够大的驱动信号。另外,该驱动信号需要有一定宽度,并且采用强触发,需要保证开关管可靠开通及关断。

　　保护电路主要是对变频器实施保护,主要保护有:①对变频器过热、过流、过压、过载、欠压等进行保护;②对驱动电动机进行保护;③对系统进行保护。

外部接口电路可接收电动机正转信号、反转信号，多段调速控制信号、频率指令信号、监测信号、网络通信信号等。

操作器一般包括操作键盘（用于向 CPU 主控电路发送各种指令或控制信号）、数码显示（用于显示 CPU 主控电路提供的数据）和状态指示（用于监视变频器运行状况）等部分。

6.3　软开关技术

小型化、高功率、高密度化是电力电子装置的发展趋势，电力电子器件的高频工作便于装置的小型化和高密度化，同时可以大大减小滤波器、变压器体积和重量，但存在开关损耗大、电路效率降低、电磁干扰大等问题。软开关技术的引入可以解决电路中的开关损耗和开关噪声问题，进一步提高开关频率。

6.3.1　软开关的基本概念

1. 硬开关与软开关

在对电力变换电路进行分析时，认为电力电子器件的开关状态的转换是瞬间完成的，电力电子器件被理想化。但在实际电路中电力电子器件在开关过程中的电压、电流均不为零，有开通损耗和关断损耗，这些损耗统称为开关损耗（Switching Loss）。电力电子器件的开关频率越高，其开关损耗越大。另外，电路中的电压和电流的变化很快，在波形出现明显过冲时，会产生开关噪声。具有这样开关过程的电力电子器件被称为**硬开关**。硬开关的开通和关断过程如图 6-25 所示。

为了降低电力电子器件的开关损耗和开关噪声，可以采用软开关方式。软开关方式是在开关电路中加入小电感和电容等元件，在开通、关断过程前后引入谐振，让器件在电压或电流谐振过零时刻实现开通和关断，降低电压、电流的变化率，以达到降低或消除开关损耗和开关噪声的目的。具有这样开关过程的电力电子器件被称为**软开关**。软开关的开通和关断过程如图 6-26 所示。

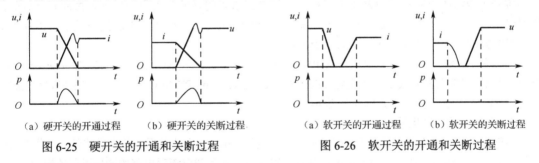

（a）硬开关的开通过程　（b）硬开关的关断过程　　（a）软开关的开通过程　（b）软开关的关断过程

图 6-25　硬开关的开通和关断过程　　　　图 6-26　软开关的开通和关断过程

2. 零电压开关与零电流开关

软开关分为零电压开关和零电流开关。零电压开关又分为零电压开通和零电压关断。零电流开关又分为零电流开通和零电流关断。

零电压开通是指在开关管开通前，使其电压下降到零，开通损耗基本减小到零。

零电压关断是指在开关管关断时，使其电压保持为零，或者限制电压的上升率，以大大降低关断损耗。零电压关断通过将谐振电容与开关管并联，来延缓开关关断后的电压上升率，降低关断损耗。

零电流开通是指在开关管开通时，使其电流保持为零，或者限制电流的上升率，以大大降低开通损耗。零电流开通通过将谐振电感与开关管串联，来延缓开关开通后的电流上升率，降低开通损耗。

零电流关断是指在开关管关断前，使其电流减小到零，关断损耗基本降低到零。

6.3.2　软开关电路分类

根据软开关电路发展史,软开关电路可以分成准谐振电路、零开关PWM电路和零转换PWM电路。

1. 准谐振电路

准谐振电路是最早出现的软开关电路,有些准谐振电路现如今仍被大量使用。准谐振电路中的电压或电流的波形为正弦波,因此称为准谐振。由于准谐振电路的谐振电流的有效值很大,谐振电压的峰值很高,谐振周期随输入电压、负载的变化而变化,因此器件耐压要求高、电路导通损耗大。这种电路只能采用PFM(Pulse Frequency Modulation,脉冲频率调制)方式来控制,给电路设计带来了不便。

准谐振电路可以分为零电压开关准谐振电路 (Zero-Voltage-Switching Quasi-Resonant Converter,ZVS QRC)、零电流开关准谐振电路(Zero-Current-Switching Quasi-Resonant Converter,ZCS QRC)、零电压开关多谐振电路(Zero-Voltage-Switching Multi-Resonant Converter,ZVS MRC)、谐波直流环节电路 (Resonant DC Link),这四种准谐振电路的基本开关单元如图6-27所示。

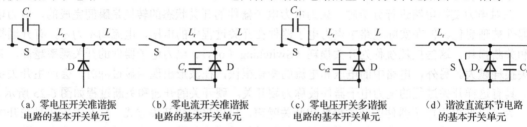

　(a)零电压开关准谐振　　(b)零电流开关准谐振　　(c)零电压开关多谐振　　(d)谐波直流环节电路
　　电路的基本开关单元　　　电路的基本开关单元　　　电路的基本开关单元　　　的基本开关单元

图6-27　准谐振电路的基本开关单元

2. 零开关PWM电路

零开关PWM电路采用PWM方式控制,该电路引入的辅助开关用于控制谐振的开始时刻,使得谐振只发生在开通、关断过程前后。零开关PWM电路中的电压和电流波形是上升沿和下降沿较缓的方波,大大降低了开关管的承受力。

零开关PWM电路分为零电压开关PWM电路(Zero-Voltage-Switching PWM Converter,ZVS PWM电路)和零电流开关PWM电路(Zero-Current-Switching PWM Converter,ZCS PWM电路)。零开关PWM电路的基本开关单元如图6-28所示。

3. 零转换PWM电路

零转换PWM电路的特点在于,在很宽的输入电压范围内,电路从零负载到满载都能工作在软开关状态下。该电路的主开关管与谐振电路并联,输入电压和负载电流对电路的谐振过程的影响很小。

零转换PWM电路分为零电压转换PWM电路(Zero-Voltage-Transition PWM Converter,ZVT PWM电路)和零电流转换PWM电路(Zero-Current-Transition Converter,ZCT PWM电路)。零转换PWM电路的基本开关单元如图6-29所示。

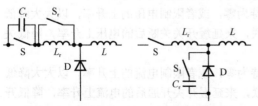

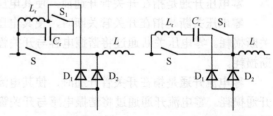

　(a)零电压开关PWM电路　　(b)零电流开关PWM电路的　　　　(a)零电压转换PWM电路的　　(b)零电流转换PWM电路的
　　的基本开关单元　　　　　基本开关单元　　　　　　　　基本开关单元　　　　　　基本开关单元

　图6-28　零开关PWM电路的基本开关单元　　　　　图6-29　零转换PWM电路的基本开关单元

6.3.3　软开关电路分析

运用软开关技术构成的软开关电路的类型较多，几种常见的软开关电路如图 6-30～图 6-33 所示。下面仅对如图 6-30 所示的零电压开关准谐振电路进行详细分析，其他电路不再赘述。

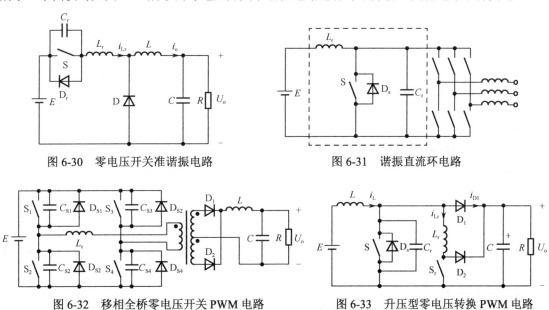

图 6-30　零电压开关准谐振电路　　　　图 6-31　谐振直流环电路

图 6-32　移相全桥零电压开关 PWM 电路　　　图 6-33　升压型零电压转换 PWM 电路

图 6-34、图 6-35 分别所示为零电压开关准谐振电路的波形图和等效电路图。图 6-35 中的 L_r 为谐振电感、C_r 为谐振电容、S 为功率开关管。若 L 为电感值无穷大的电感，C 为电容值为无穷大的电容，则 L 可等效为恒流源，C 可等效为恒压源，零电压开关准谐振电路的工作过程可分解成四个阶段。

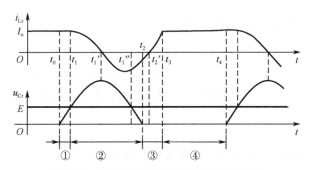

图 6-34　零电压开关准谐振电路的波形图

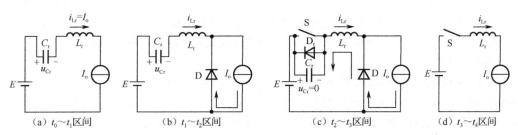

（a）$t_0 \sim t_1$ 区间　　　（b）$t_1 \sim t_2$ 区间　　　（c）$t_2 \sim t_3$ 区间　　　（d）$t_3 \sim t_4$ 区间

图 6-35　零电压开关准谐振电路的等效电路图

1. $t_0 \sim t_1$ 区间

在 t_0 时刻前开关 S 闭合，D 承受来自电源 E 的反向电压截止，$u_{Cr} = 0$，$i_{Lr} = I_o$。

t_0 时刻，开关 S 断开，由于并联电容 C_r 的作用，开关 S 两端的电压缓慢上升，此时开关 S 零电压断开，关断损耗小。开关 S 断开后，D 承受反向电压尚未导通前，L_r 和 L 放电，C_r 恒流充电（$i_{Lr} = I_o$），由于 L 的电感很大可等效为恒流源，u_{Cr} 线性上升，D 两端的电压 u_D 下降，直到 t_1 时刻，$u_{Cr} = E$，$u_D = 0$，D 导通。

2. $t_1 \sim t_2$ 区间

$t_1 \sim t_1'$ 区间：t_1 时刻后，$u_{Cr} > E$，由于 D 已导通，可等效为恒流源的 L 通过 D 续流，则 C_r、L_r 和电源 E 构成串联谐振电路。在谐振过程中，L_r 向 C_r 正向充电，u_{Cr} 不断上升，i_{Lr} 不断下降，直到 t_1' 时刻，i_{Lr} 下降到零，u_{Cr} 谐振到正峰值。

$t_1' \sim t_1''$ 区间：C_r 向 L_r 放电，i_{Lr} 改为反方向，u_{Cr} 不断下降，直到 t_1'' 时刻，$u_{Cr} = E$，L_r 两端电压为零，i_{Lr} 达到反向谐振峰值。

$t_1'' \sim t_2$ 区间：L_r 向 C_r 反向放电，u_{Cr} 继续下降，直到 t_2 时刻，$u_{Cr} = 0$。

3. $t_2 \sim t_3$ 区间

$t_2 \sim t_2'$ 区间：t_2 时刻，$u_{Cr} = 0$，D_r 导通，开关 S 受 D_r 导通压降的限制暂时不能闭合，C_r 两端电压也被限制，i_{Lr} 线性衰减，直到 t_2' 时刻，$i_{Lr} = 0$。

$t_2' \sim t_3$ 区间：t_2' 时刻，$i_{Lr} = 0$，D_r 截止，此时开关 S 可以在零电压、零电流条件下闭合。开关 S 闭合后 i_{Lr} 线性上升，直到 t_3 时刻，$i_{Lr} = I_o$，D 截止。

4. $t_3 \sim t_4$ 区间

t_3 时刻，$i_{Lr} = I_o$，此后负载电流流过开关 S，开关 S 闭合，D 截止，$u_{Cr} = 0$，再次为开关 S 断开准备了零电压条件，t_4 时刻进入下一个周期。此时刻可通过控制触发脉冲来控制。谐振电路采用调频控制。

6.4　实　训　提　高

实训 1　单相交-交变频电路仿真实践

一、实训目的

1. 学会使用 MATLAB 进行单相交-交变频电路模型的搭建和仿真。

2. 通过对单相交-交变频电路进行仿真掌握该电路的波形，了解其工作原理。

二、实训内容

综合运用前面所学知识，进行单相交-交变频电路仿真。

单相交-交变频电路
MATLAB 仿真——
六路双窄子封装搭建

三、实训步骤

1. 六路双窄子封装模型搭建

（1）将 AC Voltage Source 和 Ground 拖入 SIMULINK 仿真文件。将三个 AC Voltage Source 的 Peak amplitude 设为 100，将 Frequency 设为 50，将 Phase 依次设为 0、-120、120。

（2）将 Synchronized 6-Pulse Generator 和 Voltage Measurement 拖入 SIMULINK 仿真文件。修改 Synchronized 6-Pulse Generator 的参数，将 Frequency of synchronization voltages 设为 50，将 Pulse width 设为 10，勾选 Double pulsing 复选框，随后对相关模块进行搭建。

（3）选中搭建的 Synchronized 6-Pulse Generator 和三个 Voltage Measurement，右击，在弹出

的快捷菜单中选择 Create Subsystem 命令，建立子封装模型。

（4）对子封装的输入口和输出口进行命名。六路双窄子封装内部建模图如图 6-36 所示，两组六路双窄子封装与三相电源连接图如图 6-37 所示。

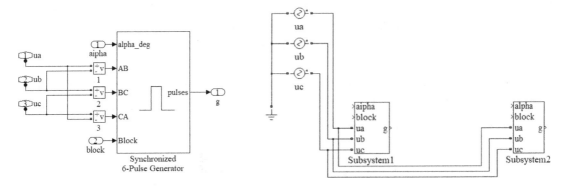

图 6-36　六路双窄子封装内部建模图　　　　图 6-37　两组六路双窄子封装与三相电源连接图

2. 单相交-交变频主电路搭建

（1）将 Mux、Series RLC Branch、Current Measurement、Voltage Measurement、Scope、Universal Bridge（通用桥模块）拖入 SIMULINK 仿真文件，对相关模块进行搭建，搭建时注意正反组桥与负载的连线。搭建完成的单相交-交变频主电路建模图如图 6-38 所示。

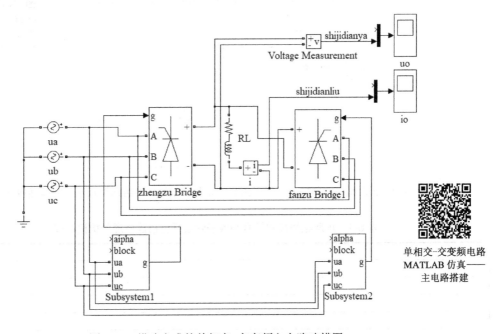

图 6-38　搭建完成的单相交-交变频主电路建模图

（2）参数修改：将 Mux 的 Number of inputs 设为 2；将 Scope 的 Number of axes 设为 1；将 Series RLC Branch 的 Resistance 设为 2，将 Inductance 设为 0.001，将 Capacitance 设为 inf；将 Universal Bridge 的 Number of arms 设为 3，将 Power Electronic device 设为 Thyristors。

3. 正反组桥控制信号切换子封装搭建

（1）继续将 Sine wave、Switch（选择模块）、Constant、Abs（取绝对值模块）、Sum（求和模

块）、Out（输出模块）、Mux、Scope 拖入 SIMULINK 仿真文件，随后对相关模块进行搭建。

（2）参数修改：将 Sine wave 的 Amplitude 设为 1，将 Frequency 设为 2*pi*10；将 Mux 的 Number of inputs 设为 2；将 Scope 的 Number of axes 设为 2；将 Switch 的 Criteria for passing first input（选择条件）设为 u2>-Threshold，将 Threshold（阈值）设为 0；将三个 Constant 的三个 Constant value 分别设为 0、1、1；将 Sum 的 List of signs（标识符号）设为|+-。

（3）选中除 Sine wave 外的其他模块，右击，在弹出的快捷菜单中选择 Create Subsystem 命令，建立子封装模型。

（4）对子封装的输入口、输出口进行命名。正反组桥控制信号切换子封装内部建模图如图 6-39 所示，正反组桥控制信号切换子封装与正弦波模块、两组六路双窄子封装连接图如图 6-40 所示。对搭建原理进行分析，并记录于表 6-1 中。

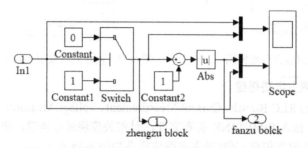

图 6-39　正反组桥控制信号切换子封装内部建模图

单相交–交变频电路 MATLAB
仿真——正反组桥控制信号切
换子封装搭建

图 6-40　正反组桥控制信号切换子封装与正弦波模块、两组六路双窄子封装连接图

表 6-1　正反组桥控制信号切换子封装模型搭建原理分析记录表

4．模块整合

（1）余弦交点法电路搭建：将 Trigonometric Function（三角函数模块）、Gain、Constant、Sum 拖入 SIMULINK 仿真文件，对相关模块进行搭建。将 Constant 的 Constant value 设为 180；将 Sum 的 List of signs 设为|-+；将 Gain 的 Gain Value 设为 180/pi；将 Trigonometric Function 的 Function（功能）设为 acos。余弦交点法电路建模图如图 6-41 所示。对建模原理进行分析，并记录于表 6-2 中。

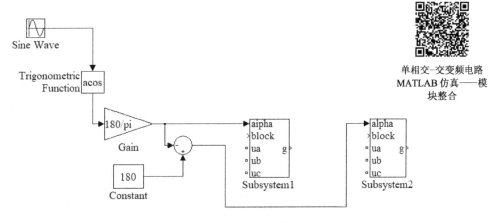

图 6-41 余弦交点法电路建模图

表 6-2 余弦交点法电路建模原理分析记录表

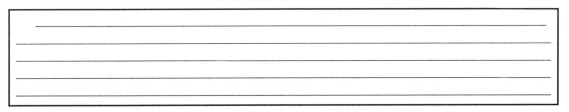

（2）期望理论输出的电压、电流电路搭建：将 Gain 拖入 SIMULINK 仿真文件，对相关模块进行搭建。将三个 Gain 的 Gain Value 分别设为 2.34、100/sqrt(2)、50/sqrt(2)。期望理论输出的电压、电流电路建模图如图 6-42 所示。对建模原理进行分析，并记录于表 6-3 中。

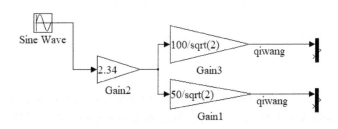

图 6-42 期望理论输出的电压、电流电路建模图

表 6-3 期望理论输出的电压、电流电路建模原理分析记录表

（3）单相交-交变频电路建模图如图 6-43 所示。

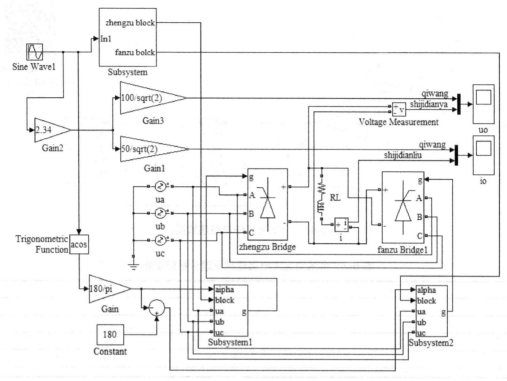

图 6-43　单相交-交变频电路建模图

5. 系统环境参数设置

在 Simulation 菜单中选择 Simulation Parameters 命令进行仿真参数设置。在 Simulation Parameters 窗口中设置仿真时间,将 Start time 设置为 0,将 Stop time 设置为 0.3,将 Solver 设置为 ode23tb。

注意:有的版本的 MATLAB 在将 Solver 设置为 ode23tb 时会出错,若出错,则可以将其设置为 auto。

6. 运行

在 Simulation 菜单中选择 Start 命令,或者单击快捷运行图标 ▶,对建好的模型进行仿真。

注意:有的版本的 MATLAB 在运行时会自动形成 powergui,若不能自行生成,可在运行前搜索 powergui 模块,并将它拖到建模图内。

注意:不同版本的 MATLAB 参数设置界面不同,应根据具体情况进行设置。

7. 实训结果记录

观察相关波形,并记录波形于表 6-4 中。

表 6-4　单相交-交变频电路输出波形记录表

输出电压波形	输出电流波形
*在需要调节单相交-交变频电路输出波形的幅值和频率时,应调节	

四、实训错误分析

在表 6-5 中记录本次实训中遇见的问题与解决方案。

表 6-5 问题与解决方案

问　题	解　决　方　案
1.	
2.	
……	

五、思考题

三相交-交变频电路怎么搭建？将具体过程记录于表 6-6 中。

表 6-6 思考题建模分析记录表

项　目	结　论
建模图	
输出波形图	

实训 2 变频器的认识

一、实训目的

1．熟悉通用变频器的结构及各部分作用，解释变频器的型号。

2．熟悉通用变频器的外壳和端子盖板的拆卸步骤和安装步骤。

3．熟悉通用变频器的主回路接线端子和控制回路接线端子的名称和功能。

4．熟悉通用变频器的试运行过程。

二、实训器材

表 6-7 所示为实训器材。

表 6-7 实训器材

序　号	名　称	序　号	名　称
1	FR-A700 通用变频器	3	螺丝刀
2	电动机	4	万用表

三、实训内容

1．认识通用变频器的结构，理解通用变频器的型号。

2．学会通用变频器的拆卸步骤和安装步骤。

3．了解通用变频器的主回路接线端子和控制回路接线端子的名称和功能。

4．进行通用变频器的试运行。

四、辅助学习资料

《三菱通用变频器 FR-A700 使用手册》。

五、实训步骤

（1）学习《三菱通用变频器 FR-A700 使用手册》，解释通用变频器结构、面板含义，并记录到表 6-8 中。

表 6-8　通用变频器结构、面板含义记录表

通用变频器整机结构与面板外形	含　义
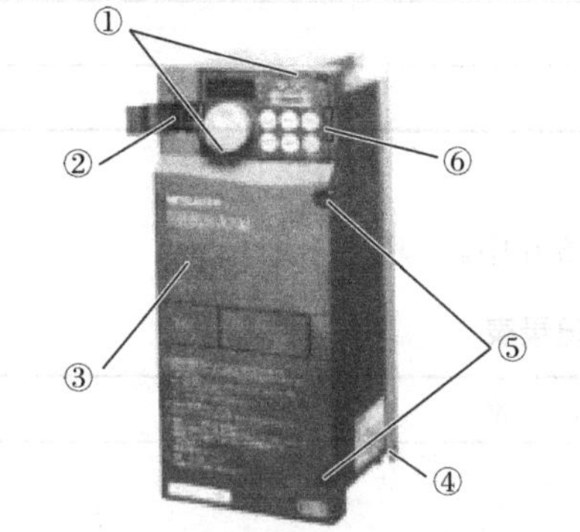	①＿＿＿＿＿＿＿＿＿， ②＿＿＿＿＿＿＿＿＿， ③＿＿＿＿＿＿＿＿＿， ④＿＿＿＿＿＿＿＿＿， ⑤＿＿＿＿＿＿＿＿＿， ⑥＿＿＿＿＿＿＿＿＿
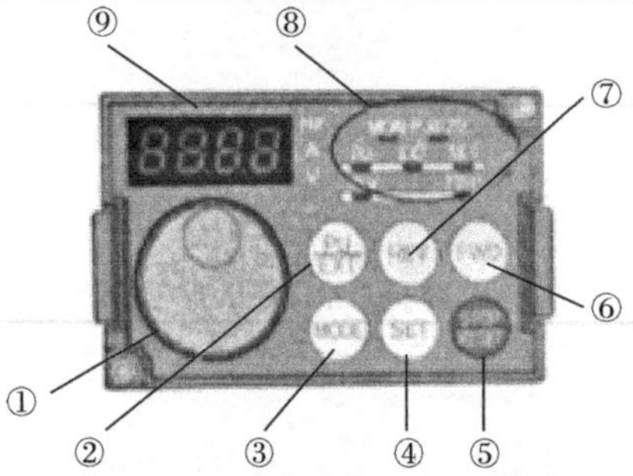	①＿＿＿＿＿＿，②＿＿＿＿＿＿， ③＿＿＿＿＿＿，④＿＿＿＿＿＿， ⑤＿＿＿＿＿＿，⑥＿＿＿＿＿＿， ⑦＿＿＿＿＿＿，⑧＿＿＿＿＿＿， ⑨＿＿＿＿＿＿

（2）学习《三菱通用变频器 FR-A700 使用手册》，解释通用变频器型号的含义，并记录到表 6-9 中。

表 6-9　通用变频器型号含义记录表

型　号	FR - A740 - 0.4K - (CH)　①②③④			
	①	②	③	④
含　义				

（3）学习《三菱通用变频器 FR-A700 使用手册》，学会通用变频器面板和前盖板的拆卸步骤和安装步骤，并记录到表 6-10 中。

表 6-10　面板和前盖板的拆卸步骤和安装步骤记录表

面板拆卸步骤和安装步骤（包括图文）	前盖板拆卸步骤和安装步骤（包括图文）

（4）学习《三菱通用变频器 FR-A700 使用手册》，对通用变频器主回路接线端子的名称和功能进行解释，并记录到表 6-11 中。

表 6-11　通用变频器主回路接线端子的名称和功能记录表

通用变频器主回路接线端子	释　义
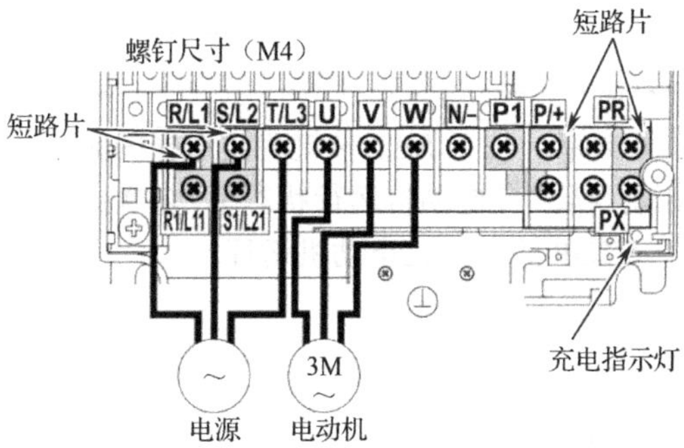	R/L1: _____, S/L2: _____, T/L3: _____, U: _____, V: _____, W: _____, N/-: _____, P1: _____, P/+: _____, PR: _____, PX: _____, R1/L11: _____, S1/L21: _____

（5）学习《三菱通用变频器 FR-A700 使用手册》，对通用变频器控制回路接线端子的名称和功能进行解释，并记录到表 6-12 中。

表 6-12　通用变频器控制回路接线端子的名称和功能记录表

通用变频器控制回路接线端子	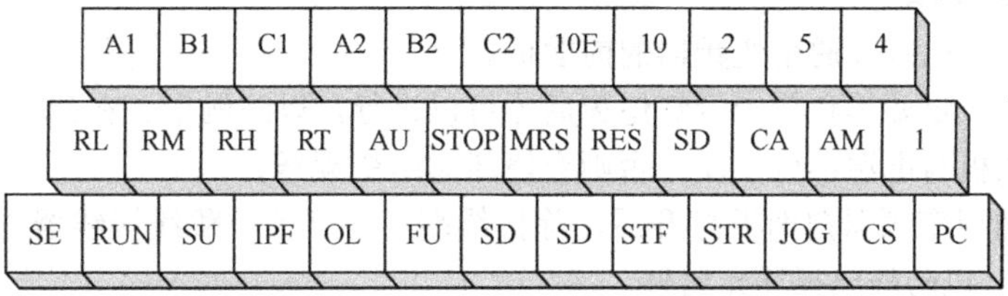
释　义	A1: _____, RES: _____, B1: _____, SD: _____, C1: _____, CA: _____, A2: _____, AM: _____, B2: _____, 1: _____, C2: _____, SE: _____, 10E: _____, RUN: _____, 10: _____, SU: _____, 2: _____, IPF: _____, 5: _____, OL: _____, 4: _____, FU: _____, RL: _____, SD: _____, RM: _____, SD: _____, RH: _____, STF: _____, RT: _____, STR: _____, AU: _____, JOG: _____, STOP: _____, CS: _____, MRS: _____, PC: _____

（6）学习《三菱通用变频器 FR-A700 使用手册》，根据表 6-11 中的电路接线，即电源接 R/L1 端子、S/L2 端子、T/L3 端子，电动机接 U 端子、V 端子、W 端子。接通电源，通用变频器得电，通过面板将运行频率分别设置为 15Hz、30Hz、45Hz、50Hz。通过面板监视画面查看对应电压，并将电压记录到表 6-13 中。

表 6-13　电动机试运行记录表

运 行 频 率/Hz	15	30	45	50
电　　　压/V				

注意：在待机状态下，旋转面板上的 M 旋钮选择频率，按下 SET 按键确定选择的频率，按下 FWD 按键或 REV 按键设置电动机启动是正转，还是反转。在电动机运行状态下，多次按下 SET 按键在频率、电流、电压监视界面间进行切换，按下 STOP 按键停止电动机运行。

六、实训错误分析

在表 6-14 中记录本次实训中遇见的问题与解决方案。

表 6-14　问题与解决方案

问　　　题	解 决 方 案
1.	
2.	
……	

七、注意事项

1．不可带电打开通用变频器的前面板。

2．接线一定要等负荷指示灯熄灭后才可以进行，以防触电。在确认无误后方可通电。

3．电动机与电源不可接反，否则会烧坏通用变频器。

4．在通用变频器前面板打开后，除接线端子、开关、跳线接线器外，不可用手触摸控制板上的元器件，以防静电损坏元器件。

6.5　典型案例

案例 1　中频感应加热电源

感应加热基于英国物理学家法拉第发现的电磁感应现象，即交变电流在闭合导体中会产生感应电流，从而导致导体发热。在大部分场合需要抑制这种发热现象，以降低损耗。例如，在进行高频变压器的设计时，需要减小感应电流导致的涡流损耗，以提高变压器效率。19 世纪末，技术人员发现这种发热效应也有可用之处，如加热工件等。感应加热有加热速度快、效率高、易控温、可局部加热等优点，有利于实现精准自动控制。图 6-44 所示为中频感应加热电源应用场景。

1．感应加热原理

电磁感应原理图如图 6-45 所示，两个线圈相互耦合，突然闭合开关 S 接通直流电源 E，或者突然断开开关 S 切断电源 E，在接入第二线圈的电流表中可以看到指针有正方向或反方向的摆动，说明有电

图 6-44　中频感应加热电源
应用场景

流（感应电流）流过，这一现象被称为**电磁感应现象**。开关 S 每秒内通断次数越多，即通断频率

越高，第二线圈中的感应电流越大；若第一线圈（感应线圈）中通入交流电流，则第二线圈中也感应出交流电流。将第二线圈置于第一线圈内（第二线圈直径略小于第一线圈直径），让两个线圈耦合得更紧密，电磁感应现象更明显。鉴于这些现象，可在一根钢管上绕感应线圈（第一线圈），钢管可看作有一匝直接短接的第二线圈。若给感应线圈通以交流电流，则钢管中将产生感应电流，进而产生交变磁场，形成涡流，导致钢管发热，可利用这个发热效应进行热加工。对感应线圈通入 50Hz 的交流电流，若钢管产生的热量不够高，则可通过增大电流或提高开关通断频率来放大发热效果，即通过控制感应线圈内的电流大小和频率，可将钢管加热到需要温度（通常为 1200℃ 左右）。

利用高频电源加热的方法通常有两种：电介质加热和感应加热。**电介质加热**是利用高频电压实现加热的，通常用来加热不导电材料（如木材、橡胶等），微波炉就是利用电介质加热的。电介质加热示意图如图 6-46 所示，在两个极板上加高频电压，两个极板间就会产生交变电场，将需加热的介质放入这个电场，介质中的极性分子或离子会随着电场进行同频的旋转或振动，从而产生热量。**感应加热**是利用高频电流来实现加热的，示意图如图 6-47 所示，交变的电流产生交变的磁场，进而形成涡流，产生热量。

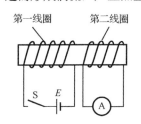

图 6-45 电磁感应原理图

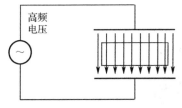

图 6-46 电介质加热示意图

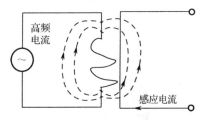

图 6-47 感应加热示意图

2．中频感应加热电源装置

利用晶闸管把三相工频电流转换成中频电流的电源装置称为中频感应加热电源装置，主要用于在感应熔炼和感应加热领域代替中频发电机组。中频发电机组具有生产周期长、体积大、运行噪声大、输出频率固定的特点，而中频感应加热电源具有生产周期短、体积小、质量小、运行噪声小、输出频率可调的特点。中频发电机组效率低（为 80%～85%），而中频感应加热电源效率高（为 90%～95%）。中频发电机组在生产过程中不能停机，而中频感应加热电源启动、停止方便，可以随时停机。中频发电机组在运行时只有随时调整电容大小才能保持最大输出功率，操作烦琐；而中频感应加热电源的输出频率可以随负载参数的变化而变化，能够保证装置始终运行在最佳状态，无须频繁调整电容大小。

3．中频感应加热电源用途

感应加热主要用于淬火、透热、熔炼及各种热处理等。

为了增加工件硬度和耐磨性，可对工件进行淬火处理。**淬火**就是将工件加热到一定温度后快速冷却。图 6-48 所示为螺丝刀口的淬火处理。

透热是指在工件加热过程中，使整个工件的表面温度和内部温度大致相等。透热主要用在锻造弯管等加工前的加热工艺中。中频感应加热电源用于钢管弯制的工作过程示意图如图 6-49 所示，在钢管待弯部分套上感应线圈，在线圈中通入中频电流，钢管上的阴影区域被加热，经过一段时间后温度升高，当温度到达钢管的塑性温度时便可对钢管进行弯制。

熔炼是中频感应加热电源最早被应用的场合。图 6-50 所示为中频感应熔炼炉，在感应线圈（用铜管绕成，管中通水冷却）中通入中频交变电流使熔炼炉中的炉料熔化，从而将液态金属加热到所需温度。

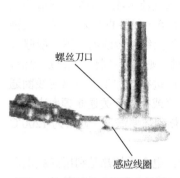

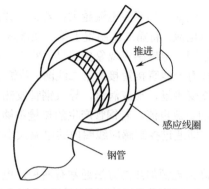

图 6-48 螺丝刀口的淬火处理　　　　图 6-49 中频感应加热电源用于钢管弯制的工作过程示意图

钎焊是指将钎焊料加热到熔化温度，从而使两个或几个零件连接在一起。图 6-51 所示为铜洁具钎焊。在一般情况下，铜焊和锡焊都是钎焊。金刚石锯刀、磨具、钻具、刃具的焊接，硬质合金车刀、铣刀、刨刀、铰刀、锯片、锯齿的焊接，其他金属材料的复合焊接（如眼镜部件、铜部件、不锈钢锅的焊接）等都是钎焊。

图 6-50 中频感应熔炼炉

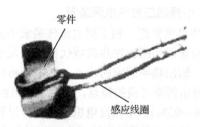

图 6-51 铜洁具钎焊

4．中频感应加热电源的组成

在一般情况下，中频感应加热电源主要由可控整流电路或不可控整流电路、滤波器、逆变器和驱动控制保护电路组成。三相工频交流电经过整流器和滤波器变成平滑的直流电并输送至逆变器，逆变器把直流电转变成中频交流电输送给负载。中频感应加热电源组成结构框图如图 6-52 所示。并联谐振式中频感应加热电源原理结构图如图 6-53 所示。

一般要求中频感应加热电源的整流电路输出的直流电连续可调，电流脉动系数小；整流电路的最大输出电压不受负载影响，能够自动限制在给定范围内；当逆变失败时，能够把储存在滤波器中的能量通过整流电路回馈给电网。

中频感应加热电源的逆变电路由晶闸管、感应线圈、补偿电容（用于提高功率因数）等共同组成。补偿电容与感应线圈组成串联谐振电路作为串联逆变器；补偿电容与感应线圈组成并联谐振电路作为并联逆变器；综合以上两种逆变器结构的为串-并联逆变器。

中频感应加热电源的平波电抗器具有续流、平波、电气隔离、限制电流上升率、逆变失败时保护晶闸管等作用。

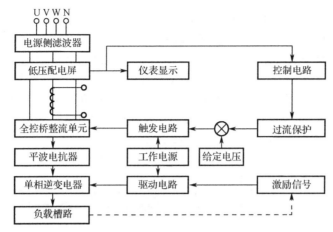

图 6-52　中频感应加热电源组成结构框图

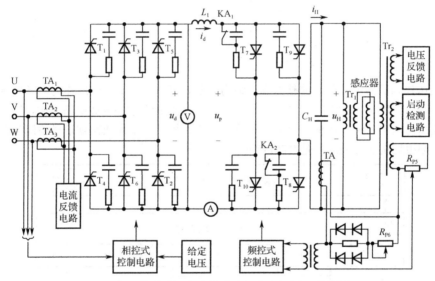

图 6-53　并联谐振式中频感应加热电源原理结构图

中频感应加热装置的驱动控制电路包括整流触发电路、逆变触发电路、启动停止控制电路、保护电路等。触发电路要具有足够的抗干扰能力、良好的对称性、自动跟踪能力、足够的脉冲宽度、足够的触发功率，且脉冲的前沿要有一定的坡度等；启动停止控制电路要动作可靠；保护电路要有阻容吸收装置、抑制内部过电压电路、过电流保护电路等。

案例 2　变频器与 DC/DC 装置综合示例——变频器电压暂降保护电源

变频器是在工业领域被广泛应用的一类电力电子电压敏感负荷。充分利用变频器交-直-交的结构特点，从变频器的直流环节着手，提出的基于直流侧附加拓扑的电压暂降治理技术为变频器直流母线提供了电压支撑，保证了变频器逆变部分正常工作，进而保证了变频驱动的电动机不间断运行。相关技术方案有电网残压作为后备电源、储能作为后备电源、直流屏作为后备电源。

1．电网残压作为后备电源

电网残压作为后备电源利用电力电子技术将电网残压先整流再升压，继而输出稳定的满足负载电压等级要求的直流电压。电网残压作为后备电源装置并联在传统发电厂机组辅机变频器的直流母线上，在电压暂降期间保证变频器逆变部分正常工作，输出稳定的交流电压，从而保证传统发电厂机组辅机具备满足要求的低电压穿越能力。结合变频器原理和工作方式，直流侧附加拓扑的电压暂降治理技术是解决变频器低压跳闸的较好办法。

电压暂降治理装置为采用交错并联 Boost 电路结构升压的 VSP（Voltage Sag Protector，电压暂降保护器），其中电网残压作为后备电源装置的原理图如图 6-54 所示，其输入端与电网三相电压相连，输出端通过压差控制开关单元并联至负载侧变频器直流母线。电网残压作为后备电源装置主要由整流单元、DC/DC 升压单元、压差控制开关单元和馈出单元组成。变频器控制部分采用 UPS 改造，提升了变频器控制部分的低电压穿越能力。

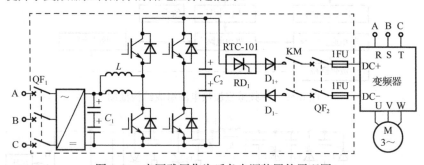

图 6-54　电网残压作为后备电源装置的原理图

电网残压作为后备电源装置的整体设计结构如图 6-55 所示。电网残压作为后备电源装置的核心装置是 VSP，在确定 VSP 的设计方案时，主电路采用交错并联 Boost 电路结构，以减小输出电流纹波并提高升压比。装置控制芯片采用的是 PIC 单片机，用来集成常规信号检测与保护、通信功能；显示面板控制芯片采用的是 STM32 单片机。

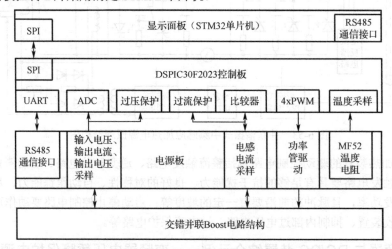

图 6-55　电网残压作为后备电源装置的整体设计结构

电网残压作为后备电源装置实时监测交流电压，当三相交流电压正常时，关闭升压 DC/DC 单元 PWM 信号，压差控制开关单元内部的开关器件断开，VSP 进入热备用状态，变频器由三相交流电正常供电。当交流电压出现暂降，VSP 检测到交流电压下降且满足压差控制单元内部的开关器件闭合条件时，电网残压作为后备电源装置自动开始运行，即开启升压 DC/DC 单元 PWM 信号，通过升压 DC/DC 单元对电网残压进行升压，输出稳定的 DC500V 并联至变频器的直流母线，以提供电压支撑，确保变频器逆变部分正常工作，从而使得变频器后端的电动机正常工作，待电网恢复正常后，压差控制开关单元内部的开关器件断开，升压 DC/DC 单元 PWM 信号关闭，VSP 自动停止运行，再次进入热备用状态。电网残压作为后备电源装置工作流程如图 6-56 所示。

应用：电网残压作为后备电源装置应用于给煤机工业控制场景如图 6-57 所示。电网残压作为后备电源装置应用效果如图 6-58 所示。由图 6-58 可以看出，当交流输入电压（CH1）降至 20% 时，在 VSP 的支撑下，变频器直流母线电压（CH3）保持在 DC 484V（探头衰减倍率为 2），从而输出稳定的交流电（CH2），保证给煤机在低电压穿越期间不间断运行。

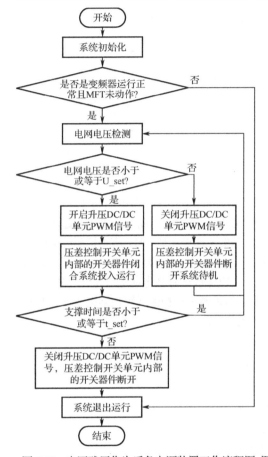

（a）场景1

（b）场景2

图 6-56　电网残压作为后备电源装置工作流程图　图 6-57　电网残压作为后备电源装置应用于给煤机工业控制场景

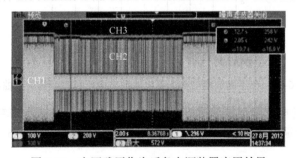

图 6-58　电网残压作为后备电源装置应用效果

2. 储能作为后备电源

储能作为后备电源装置的拓扑结构与电网残压作为后备电源装置的大致相同。储能作为后备电源装置的实物图如图 6-59 所示，示意图如图 6-60 所示。

图 6-59　储能作为后备电源装置的实物图

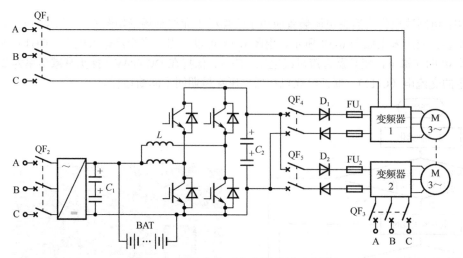

图 6-60 储能作为后备电源装置示意图

　　储能作为后备电源的电压暂降解决方案涉及蓄电池的容量及数量的选择,蓄电池的容量和数量决定了电压暂降保护装备的支撑时间。蓄电池在放电时,随着放电时间的增加,蓄电池电压会逐步降低,当蓄电池电压降至终止电压(是指蓄电池不宜再继续放电的最低工作电压值)时,应当切断放电回路。终止电压值不是固定不变的,它随着放电电流的增大而降低。对于同一蓄电池而言,放电电流越大,终止电压越低;放电电流越小,终止电压越高。也就是说,大电流放电时蓄电池电压允许下降到较低值,而小电流放电时蓄电池电压不允许下降到较低值,否则会造成蓄电池损毁或缩短蓄电池使用寿命。图 6-61 所示为在不同放电倍率下蓄电池放电电压和时间的关系曲线。

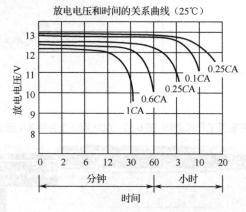

图 6-61 在不同放电倍率下蓄电池放电电压和时间的关系曲线

　　蓄电池在工作中的电流强度常使用倍率来表示,写作 KC。K 是倍率;C 是容量,单位为 Ah 数。倍率 K 乘以容量 C 等于放电电流 I。例如,20Ah 蓄电池采用 0.5 倍率放电,则放电电流 $I = 0.5 \times 20 = 10\text{A}$。

　　在选择蓄电池时,需要先确定支撑需求,确定负载功率及支撑时间。设变频器总功率为 P,需要支撑的时间为 t 秒,预先选择蓄电池容量为 C_1,单节蓄电池放电 t 秒后的终止电压为 U_1(查询图 6-61 获得),蓄电池数量为 N 节,蓄电池组最大放电总电流为 I,则

$$I = \frac{P}{NU_1} \tag{6-11}$$

　　设蓄电池放电倍率为 K,则蓄电池容量 C 为

$$C = \frac{I}{K} = \frac{P}{NU_1K} \tag{6-12}$$

考虑蓄电池容量储备：

$$C_{\text{bat}} = K_{\text{S}}C \tag{6-13}$$

式中，K_{S} 为蓄电池容量储备系数，通常 $K_{\text{S}} = 1.1$。

最后比较计算结果 C_{bat} 与预先选择的蓄电池容量 C_1，若

$$C_{\text{bat}} \leq C_1 \tag{6-14}$$

则所选蓄电池满足要求。

应用：以化纤行业某案例为例。该电压暂降保护装置用于增压泵、空调吹风侧变频器直流母线的改造，该变频器输入电源为频率为 50Hz 的三相交流电，电压为 380(1±10%)V；变频器型号为富士品牌 P11S 系列，总装机功率为 1560kW，实际使用功率为 1180kW。改造基本要求为#1、#2 增压泵和空调吹风侧变频器分别配置电压暂降保护装置（AC 380V、516kW、4 回路和 AC 380V、664kW、8 回路），电压暂降保护装置应确保增压泵和空调吹风侧变频器在设备功能范围内正常运行，实现在电压暂降时不出现停机。

针对上述改造要求，增压泵侧变频器直流母线改造后的电气原理图如图 6-62 所示。空调吹风侧变频器直流母线改造与此类似。改造采用的是交错并联 Boost 电路结构升压支撑的 VSP 解决方案，对储能电池直流电压进行 PWM 控制，将变频器直流母线电压维持在变频器正常工作允许的范围内，同时保证变频器控制柜内控制电源不丢失，从而确保在出现电压暂降时增压泵、空调吹风侧变频器能正常运行。在正常运行时电压暂降保护装置与变频器之间完全隔离，采取后备式运行方式。当电网电压跌落到 90% 以上时，电压暂降保护装置不启动，处于热备用状态；当电网电压跌落到 0%～90% 范围内时，电压暂降保护装置瞬时启动工作，维持增压泵和空调吹风侧变频器直流母线电压在 500V 左右，保证增压泵和空调吹风侧变频器正常运行；电压暂降保护装置支撑时间为 10s。当电网电压恢复时，变频器自动转换至电网供电；当紧急停车系统（Emergency Shutdown System，ESD）或分布式控制系统（Distributed Control System，DCS）发出停车信号时，电压暂降保护装置自动退出，恢复热备用状态。图 6-62 中直流侧蓄电池组作为 VSP 的电源，经电池充电机连接至三相交流电源，当蓄电池组电量不足时，电池充电机为蓄电池组充电。VSP 输入侧共同连接在铜排上，形成直流母线；VSP 输出侧连接到变频器直流端子上，当变频器交流侧发生电压暂降时，VSP 将蓄电池组电压升高，为变频器直流母线提供电压支撑。独立控制电源的主要供电对象是触摸屏、继电器、霍尔传感器、巡检仪等。

图 6-63 所示为电压暂降保护装置支撑效果，从监测到的波形中可观察到，在电压暂降保护装置支撑的 10s 内，波形未受到明显影响。

VSP 在投入运行后，增压泵、空调吹风侧变频器能够不间断运行，避免了雷电等因素造成的生产线停车。实际的储能作为后备电源装置应用现场如图 6-64 所示，方框中为 VSP。

3. 直流屏作为后备电源

现有的普通电压暂降保护装置的输入与输出是共地的，如果输入端或输出端有故障，就会对另一端及连接的设备产生影响，同时会对电压暂降保护装置造成影响。隔离型电压暂降保护器（Ride-Through Module，RTM）是用于直流负载的电压暂降保护装置，RTM 的输入电源为直流电源，输入电压为 DC 220V，可采用厂家的 DC 220V 的保安电源来供电，以节约工业现场占地面积。

电源输出的直流电通过全桥 PWM 电路逆变为高频交流电，高频交流电再经高频变压器隔离变换后通过高频整流滤波成为直流电（DC/AC-AC/DC 变换），最后经防反接保护输出。RTM 电路原理图如图 6-65 所示，RTM 电路包括全桥逆变、变压器升压、不可控整流 3 部分。RTM 的功能模块图如图 6-66 所示。

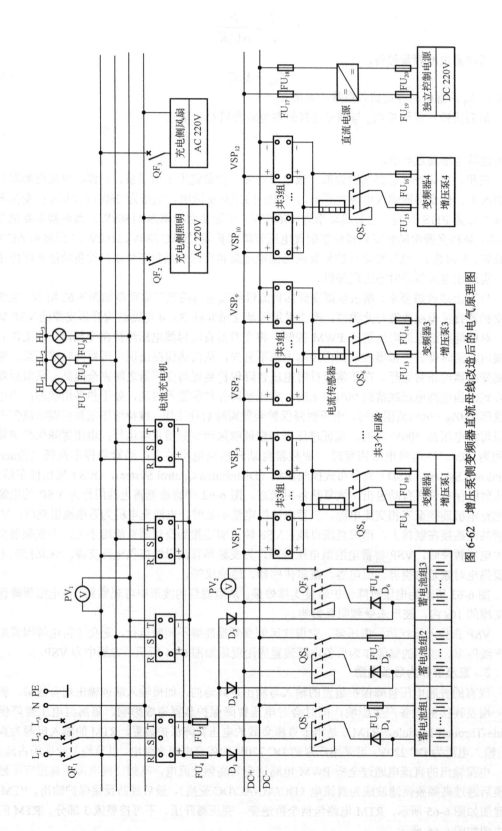

图 6-62 增压泵侧变频器直流母线改造后的电气原理图

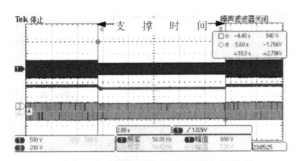

图 6-63　电压暂降保护装置支撑效果

图 6-64　实际的储能作为后备电源装置应用现场

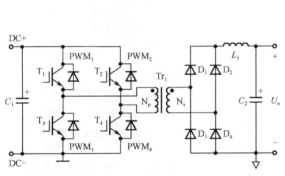

图 6-65　RTM 电路原理图

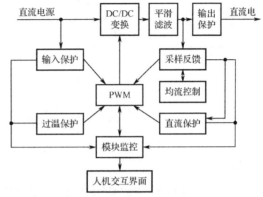

图 6-66　RTM 的功能模块图

RTM 内部有一个高频变压器，用来实现输入与输出的电气隔离，而且 RTM 具有主动式保护、输出短路保护、允许保安电源单点接地运行等功能。保安电源经 RTM 通过直流压差控制开关单元与变频器的直流母线连接。RTM 的外围接线框图如图 6-67 所示。

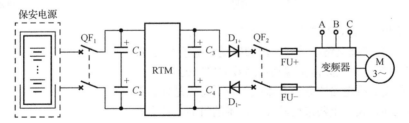

图 6-67　RTM 的外围接线框图

应用：某自备电厂共有 4 台 220T/h 燃煤锅炉，每台燃煤锅炉配置 8 台 3kW 给粉机，均采用 SIEMENS 420 变频器调速。某日因系统电压波动，给粉机变频器工作电源和备用电源电压均下降至额定值的 30%，持续时间达 1.7s，所有给粉机变频器因低压保护动作停止输出，导致 4 台燃煤锅炉短时熄火。

考虑到场地有限，选择基于直流支撑技术的 RTM 解决方案进行电压暂降治理，锅炉系统保护信号、监控单元信号、变频器运行信号共同控制 RTM 系统执行单元动作。炉膛安全给粉系统工作原理图如图 6-68 所示。图 6-69 所示为现场的 RTM 系统柜体。

RTM 解决方案与变频器组成的电动机不停电系统具有可靠的系统安全性。该供电系统应用后完全不影响原有变频器及厂内直流屏的使用及性能，在母线电压正常时该系统仅作为后备电源，由此可知直流屏作为后备电源装置的投入和退出不会对变频器产生影响。由于 RTM 具有隔离作用，因此设备侧故障不会窜入厂内直流屏，提高了炉膛安全监控系统（Furnace Safeguard Supervisory System，FSSS）和给粉系统联锁跳闸的安全系数，确保了在主燃料跳闸（Main Fuel Trip，MFT）动作时给粉系统准确跳闸停止运行，不会因为拒动或误动提高爆炉风险。

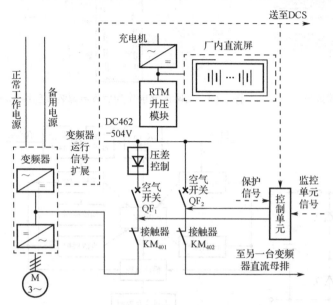

图 6-68　炉膛安全给粉系统工作原理图

图 6-69　现场的 RTM 系统柜体

【课后自主学习】

1. 查阅资料，了解电压暂降保护装置在我国其他领域的具体应用。
2. 掌握本模块中的基本概念，扫码完成自测题。

模块六自测题

习　题

1. 简述单相交-交变频电路为什么能实现降频降压。
2. 简述交-交变频电路中最高输出频率受哪些条件限制。
3. 交-交变频电路是如何实现功率因数的提高的？
4. 交-直-交变频电路的分类有哪些？各自特点是什么？
5. 什么是软开关？电路采用软开关技术的目的是什么？
6. 软开关电路可以分为哪几种类型？它们的特点是什么？
7. 在单相交-交变频电路仿真实践中，调整 SIMULINK 中的哪个模块的参数可以改变输出电压和输出频率？具体如何调整？
8. 通用变频器在使用过程中要注意什么？

附录 A　元器件符号/标注说明

序号	元器件名称		图形符号	文字符号/标注	序号	元器件名称	图形符号	文字符号/标注
1		晶闸管		T（VT）	13	电容		C
2		GTO			14	电解电容		
3	电力电子器件	GTR	NPN／PNP	T	15	常开开关/指令开关		S/K
					16	常闭开关/指令开关		
					17	常开按钮		SB
					18	常闭按钮		
4		功率MOSFET	N沟道／P沟道		19	多路选择开关		KS
					20	两路选择开关		SA
5		双向晶闸管			21	三相变压器		Tr
6		IGBT		T（V）				
7	整流电路中的续流二极管			VD	22	电池组		BAT
8	二极管			D	23	电流表		PV
9	发光二极管				24	电压表		PA
10	稳压二极管			D_Z（V）	25	氖管		N
11	压敏电阻			R_V	26	隔离开关		QS
12	热敏电阻			R_T				

序号	元器件名称	图形符号	文字符号/标注	序号	元器件名称	图形符号	文字符号/标注
27	断路器（空气开关）	1P 2P 3P	QF	40	晶体管（三极管）	NPN PNP	V
28	中间继电器控制回路常开、常闭触点		KA				
29	中间继电器线圈			41	单结晶体管		
30	温控仪控制回路常开、闭触点		KT	42	整流变压器/同步变压器/脉冲变压器/高频变压器		Tr/Ts/TP/Tr
31	温控仪线圈						
32	地		GND				
33	保护地		PGND	43	滑线变阻器（可调电阻器）		R_P
34	大地		EGND				
35	集成芯片	1		44	电感		L
				45	电阻/复阻抗		R/Z
				46	二输入接线端子/三输入接线端子		B
36	集成运算放大器/比较器		U	47	灯		HL
37	TL431稳压管			48	插头		XC
38	PC817集成光耦			49	电流互感器		TA
39	熔断器（熔断器）		FU	50	电热丝		RW

序号	元器件名称	图形符号	文字符号/标注	序号	元器件名称	图形符号	文字符号/标注
51	温控开关		S_T	66	单相桥式整流模块		BD $(D_1{\sim}D_4)$
52	测量点		TP				
53	直流电源		E				
54	电压源		U（u）				
55	电流源		I（i）				
56	电源	+15V　−15V	VCC	67	RFI 滤波器		LB
57	接触器主触点		KM	68	EMI 滤波电感		LF
58	接触器控制回路常开触点			69	一般避雷器		F
59	接触器控制回路常闭触点			70	阀型避雷器		
60	接触器线圈	A_1 A_2		71	直流-交流变换器		/
61	单相交流电动机	M 1~	M	72	直流-直流变换器		
62	测速直流发电机	TG		73	交流-直流变换器		
63	三相交流电动机	M 3~		74	变流器		
64	直流电动机	M		75	交流系统电源		
65	直流发电机	G		—	—	—	—

参考文献

[1] 王兆安. 电力电子技术（第 5 版）[M]. 北京：机械工业出版社，2015.

[2] 周渊深. 电力电子技术与 MATLAB 仿真（第 2 版）[M]. 北京：中国电力出版社，2014.

[3] 刘志刚. 电力电子学[M]. 北京：清华大学出版社，2005.

[4] 张波，丘东元. 电力电子学基础[M]. 北京：机械工业出版社，2020.

[5] 龚素文，李图平. 电力电子技术（第 3 版）[M]. 北京：北京理工大学出版社，2021.

[6] 党智乾. 电力电子技术[M]. 北京：北京邮电大学出版社，2021.

[7] 浣喜明. 电力电子技术（第 6 版）[M]. 北京：高等教育出版社，2021.

[8] 姚正武. 电力电子变流技术应用案例项目教程[M]. 西安：西安电子科技大学出版社，2018.

[9] 刘春华. 经典电子电路 300 例[M]. 北京：中国电力出版社，2015.

[10] 廖宇，郭黎，郭强. DSP 电力机车微机控制系统的设计[J]. 湖北民族学院学报（自然科学版），2010，28（2）：168-170.

[11] 张莹. 高压直流输电控制技术及换流新技术[J]. 电气技术与自动化，2008，37（2）：123-125.

[12] 电力工程技术编辑部. 采用 LCC 技术的特高压直流输电[J]. 电力工程技术，2021，40（2）：2.

[13] 刘静，陈拉拉. 小功率纯正弦波单相逆变器装置的设计与实现[J]. 中国照明电器. 2020（1）：12-16.

[14] 闫鹏，易媛媛. 三相异步电机软启动设计[J]. 舰船电子工程，2013，33（3）：139-141.

[15] 李志勇，孙尧，孙妙平，等. 电气工程及其自动化专业课程思政教学案例[M]. 长沙：中南大学出版社，2021.

[16] 李先允，陈刚. 电力电子技术习题集[M]. 北京：中国电力出版社，2007.

[17] 严建海，张保，黄刚，等. 台区柔直互联系统在农村地区的应用研究[J]. 供用电，2022，39（8）：58-66.

[18] 张保，邹学毅，严建海，等. 柔性直流双向变换器及其控制策略研究[J]. 电工电气，2020（8）：12-16，36.

[19] 陈文波. 具有精确限压限流及最大功率点跟踪的变换器的控制方法：CN102843035B[P]. 2014-10-22.

[20] 李江龙，王丽，陈文波. 基于直流供电技术的电压暂降保护系统研究[J]. 电源学报，2015，13（5）：105-111.

[21] 陶霞. 一种低电压穿越装置在给煤机系统中的应用[J]. 电气开关，2019，57（4）：64-66.

[22] 陈文波. 一种线圈类负载电压暂降保护设备：CN204179946U[P]. 2014-11-12.